개념을 알면 중학 수학이 쉬워져요

개념을 알면 중학 수학이 쉬워져요

중학생이 꼭 알아야 할 수학 기본 개념

조규범 지음

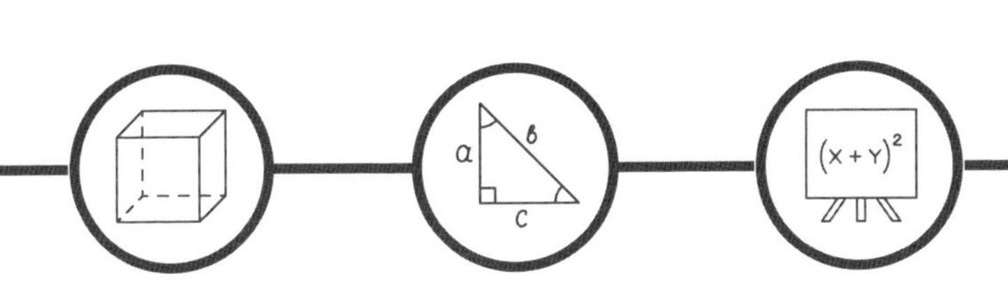

초록북스

초록북스

우리는 책이 독자를 위한 것임을 잊지 않는다.
우리는 독자의 꿈을 사랑하고,
그 꿈이 실현될 수 있는 도구를 세상에 내놓는다.

개념을 알면 중학 수학이 쉬워져요

초판 1쇄 발행 2024년 8월 2일 | **지은이** 조규범
펴낸곳 (주)원앤원콘텐츠그룹 | **펴낸이** 강현규·정영훈
편집 안정연·신주식 | **디자인** 최선희
마케팅 김형진·이선미·정재훈 | **경영지원** 최향숙
등록번호 제301-2006-001호 | **등록일자** 2013년 5월 24일
주소 04607 서울시 중구 다산로 139 랜더스빌딩 5층 | **전화** (02)2234-7117
팩스 (02)2234-1086 | **홈페이지** www.matebooks.co.kr | **이메일** khg0109@hanmail.net
값 17,000원 | ISBN 979-11-6002-901-7 43410

공부가 인생의 전부는 아니다.
그러나 인생의 전부도 아닌
공부 하나 정복하지 못한다면
과연 무슨 일을 할 수 있겠는가?

• 하버드대학교 도서관에 붙은 명언 •

개념 이해가
수학 공부의 열쇠다

학생들 사이에 '수포자'라는 말이 유행할 정도로 학생들에게 수학은 어렵고 귀찮고 복잡한 과목이라는 생각이 만연한 요즘이다. 열심히 공부해도 성적이 잘 나오지 않는 과목이라고 생각해 관심조차 보이지 않고, "수학은 나에게 커다란 벽"이라는 학생들의 말을 들을 때, 현직에서 수학을 가르치고 있는 교사로서 매우 안타깝다.

수학은 용어와 기본 원리를 잘 이해한다면 굉장히 재미있고 문제를 잘 풀어낼 수 있을 뿐만 아니라, 창의력과 두뇌 개발을 할 수 있는 멋진 과목이다. 그런데 원리를 이해하지 않고 문제 풀이에만 집중하기 때문에 학년이 올라갈수록 흥미를 잃는 경우가 많다.

수학을 공부한다는 것은 멋진 산을 여행하는 것과 같다. 산을 오르기 위해서는 먼저 필요한 준비물을 챙긴다. 처음 산에 가면 내가 걸어가야 할 길을 정

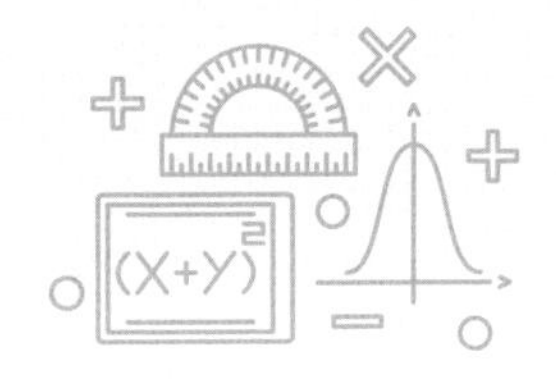

확히 알 수 없는 데다 어떤 일이 일어날지 몰라 두렵다. 그러나 준비해온 나침반과 지도를 이용해 길을 찾고, 내가 알고 있는 지식을 동원해 나무들을 관찰한다면, 나무 한 그루 한 그루의 아름다움과 나무들이 만들어내는 멋진 경치를 보며 즐거움을 느낄 수 있다.

수학도 마찬가지다. 먼저 수학을 공부하기 위해서 수와 셈의 방법을 익히고 수학적 감각을 익힌다. 수학에서 하나하나의 원리와 개념들을 이해하고, 각 개념들의 관계를 통해 문제를 해결해나가는 방법을 배우다 보면 어느새 수학이라는 여행이 즐거워진다.

중학교에서 배우는 수학 개념들은 수학이라는 여행을 위한 준비단계다. 여행하기에 앞서 준비물을 잘 챙기고 꼼꼼히 확인해야 하는 것처럼, 중학교에서 배우는 수학 개념들은 앞으로 펼쳐질 수학으로의 여행에 필수적인 도구다. 도구를 잘 이해하고 사용방법을 연습해야만 여행에서 필요할 때 적절하게 잘 사용할 수 있다.

이 책에서는 현재 중학교 수학과 교육과정에 포함되어 있는 용어와 개념을 하나하나 이해하기 쉽게 설명했다. 수학교과의 기본 개념을 교과서 단원에

맞게 7장으로 구성했고, 각각의 개념을 정확하게 이해할 수 있도록 저자의 생각과 설명을 곁들였다. 수업 시간에 설명하는 내용과 함께 학생들이 궁금해하던 내용과 개념들도 포함하고 있다. 또한 중학교 교과과정에서 저자가 중요하다고 생각하는 개념을 재구성해 정리했고, 각각의 개념을 이해할 수 있도록 간단한 예시 문제를 제시했다.

수학 공부를 시작할 때는 쉽게 접근해야 하고, 기본 개념에 충실해야 한다고 생각한다. 또한 개념이 왜 필요하며 어느 곳에 사용되는가에 대해 생각하고, 예시 문제를 통해 개념을 정확하게 이해해야 한다. 무언가를 배울 때 흔히 기본에 충실하라고 말한다. 그런데 기본에 충실한 것은 쉬우면서도 어려운 일 중 하나다. 수의 연산과 수학 개념들은 문제를 해결하거나 생활 속에서 활용하기 위한 기본 학문이다. 이러한 기본이 쌓여서 문제를 해결할 수 있고, 생활 속의 다양한 부분에서 활용할 수 있는 것이다.

무엇보다 이 책이 학생들에게 기본 개념의 중요성을 이해하고 생각할 수 있는 기회가 되길 바란다. 또한 개념이라는 나무 하나하나를 이해하고, 더 나아가 중학교 수학이라는 숲 전체를 이해함으로써 앞으로 수학을 공부해나가는 데 도움이 되길 바란다.

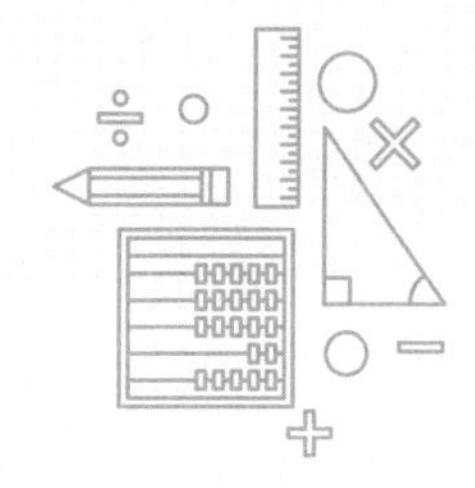

이 책이 나오기까지 늘 편안하게 집필할 수 있게 해주셨던 메이트북스 임직원 여러분에게 감사드린다. 또한 집필하는 과정에서 무한한 애정과 믿음을 주었던 우리 가족에게 감사한다. 특히 처음부터 마지막까지 한 방향으로 흔들리지 않고 집필할 수 있도록 함께 고민해 주고, 의견을 주었던 수학을 좋아하는 아내 김미영의 도움과 배려로 이 책을 마무리 할 수 있었다. 아내와 함께 독자의 입장에서 의견을 주었던 딸 현정이와 아들 민기에게도 감사의 마음을 전한다.

이 책은 휘문중학교 학생들과 함께했던 지난 27년간의 나의 경험과 생각들을 정리해 만들어졌다. 그래서 그동안 저자와 함께했던 모든 학생들과 동료 선생님들에게도 감사하다는 말을 전하고 싶다.

조규범

❶ 꼭 알아야 할 용어를 확인하자

1은 소수도 합성수도 아니다

- 소수: 1보다 큰 자연수 중에서 1과 자기 자신만을 약수로 가지는 수

예 2, 3, 5, 7, 11, 13, 17, 19, …

- 합성수: 1보다 큰 수 중에서 소수가 아닌 수를 말하며, 1과 자기 자신을 제외한 다른 약수를 가지는 수

예 4, 6, 8, 9, 10, 12, 14, …

- 소인수분해: 자연수를 소수들의 곱으로 나타낸 것

예 6을 $6=1\times6$으로 나타내면 소인수분해가 아니고, $6=2\times3$으로 나타내어야 소인수분해다.

수학을 공부할 때 가장 중요한 것은 기본적인 개념을 정확하게 이해하는 것이다. 꼭 알아야 할 핵심 용어를 깔끔하게 설명하고, 예시까지 보여주어 개념을 쉽고 명확하게 파악할 수 있다. 중학교 수학에서 꼭 알아두어야 할 용어들을 차근차근 짚고 넘어가보자.

❷ 기본 개념을 이해하자

소인수분해하는 방법

12를 예로 들어 생각해보자. 우선 12를 자연수의 곱으로 나타내며 모든 인수가 소수가 될 때까지 분해한다. 그러면 $12=2\times6=2\times2\times3=2^2\times3$이다.
또 다른 방법은 가장 작은 소수로 나누어 몫이 소수가 될 때까지 나누는 것이다. 이 방법을 이용해 12를 소인수분해하면 $2^2\times3$이다.

```
2) 12
2)  6
     3 ←—— 몫이 소수
```

꼭 알아야 할 용어를 확인했다면 관련된 개념을 숙지해야 한다. 정확한 용어 파악을 통해 기본 개념을 이해하는 것이 문제 풀이의 시작이다. 기본 개념을 예시를 통해 이해해보자.

❸ 풀이 과정을 보면서 문제를 파악하자

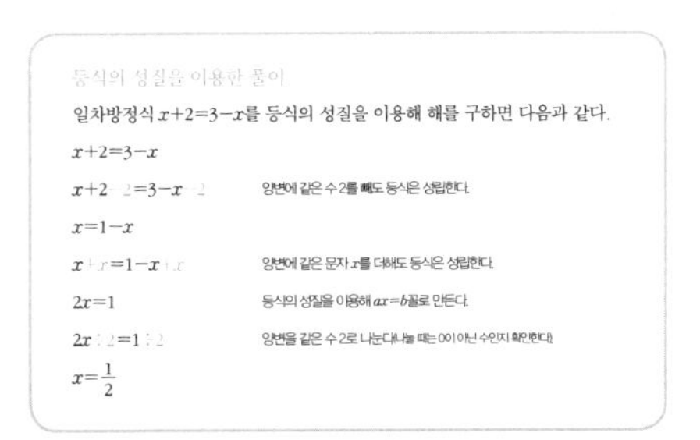

등식의 성질을 이용한 풀이

일차방정식 $x+2=3-x$를 등식의 성질을 이용해 해를 구하면 다음과 같다.

$x+2=3-x$

$x+2-2=3-x-2$ 양변에 같은 수 2를 빼도 등식은 성립한다.

$x=1-x$

$x+x=1-x+x$ 양변에 같은 문자 x를 더해도 등식은 성립한다.

$2x=1$ 등식의 성질을 이용해 $ax=b$꼴로 만든다.

$2x \div 2=1 \div 2$ 양변을 같은 수 2로 나눈다(나눌 때는 0이 아닌 수인지 확인한다).

$x=\frac{1}{2}$

문제 풀이의 핵심은 개념을 활용해 해결방안을 찾아내는 것이다. 찾아낸 해결방안을 통해 단계별로 풀이해나가는 과정을 볼 수 있게 해놓았으며, 교실에서 선생님께 직접 설명을 듣고 있는 듯한 느낌을 받을 수 있을 것이다.

❹ 예제를 꼼꼼히 풀어보고, 개념을 완전히 익히자

Ⓠ 가로가 36cm, 세로가 24cm인 직사각형 모양의 꽃밭을 따라 같은 간격으로 가로등의 개수를 **최소**로 설치하려고 할 때, 설치해야 할 가로등 수를 구해보자. (단, 꽃밭의 네 모퉁이에는 가로등을 반드시 설치한다.)

Ⓐ 가로등의 개수가 최소가 되려면 가로등의 설치 간격을 최대로 해야 한다. 네 모퉁이 A, B, C, D에는 반드시 가로등을 설치해야 하므로 이 문제는 변 AD와 변 CD의 최대공약수를 구하는 문제가 된다.

36과 24의 최대공약수는 12다. 그러므로 가로등 사이의 최대 간격은 12cm다.

$$\begin{array}{r|rr} 2 & 36 & 24 \\ \hline 2 & 18 & 12 \\ \hline 3 & 9 & 6 \\ \hline & 3 & 2 \end{array}$$

다양한 예제를 풀면서 설명했던 개념을 완전히 정리하고 넘어가자. 수학은 개념 이해부터 문제에 적용하기까지의 과정을 거쳐야 완전히 정복할 수 있다.

차례

1장

수와 연산에 대해 알아보자

2장

식의 계산, 이보다 더 쉬울 수 없다

3장

방정식과 부등식, 이보다 더 재미있을 수 없다

4장

함수, 이보다 더 즐거울 수 없다

5장

통계와 확률, 이보다 더 알찰 수 없다

6장

평면도형, 이보다 더 분명할 수 없다

7장

입체도형, 이보다 더 명확할 수 없다

수학을 요리에 비유하면 수는 재료이고, 연산은 조리법이라 할 수 있다. 재료가 되는 수는 필요에 의해서 자연수·정수·유리수·무리수·실수로 확장되었고, 그에 따라 조리법과 같은 연산 방법도 발전했다. 특히 수의 의미로서의 0이 발견되면서 음수의 개념을 생각하게 되었고, 0과 1 사이의 수가 필요해지면서 유리수를 알게 되었으며, 정사각형의 대각선 길이를 어떻게 구할까 하는 고민을 통해 무리수를 알게 되었다.

1장에서는 수의 종류와 역사에 대해 알아보며, 각각의 수에서 연산 방법을 이해하고 연산을 해결한다. 또한 소수·합성수·약수·배수의 개념을 이해하고, 소인수분해로 수를 분해해 다양하게 활용하는 방법을 배운다. 이를 통해 실수 안에서 사칙연산을 자유롭게 하고, 수를 분해하거나 활용할 수 있는 힘을 키우는 것이 1장의 목적이다.

1장

수와 연산에 대해 알아보자

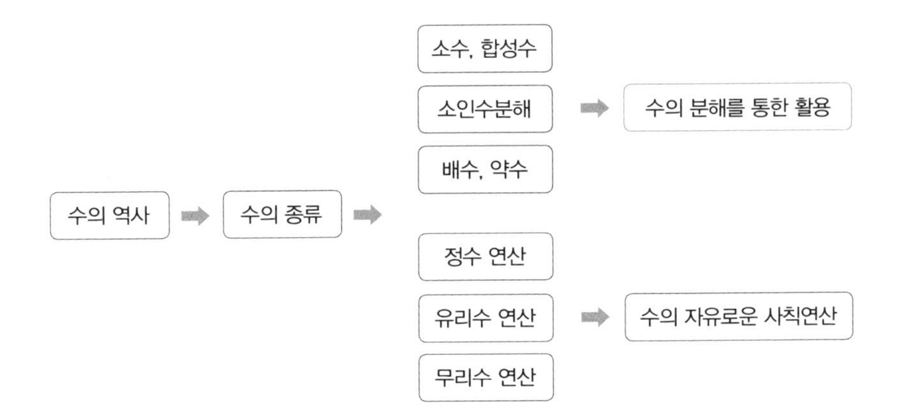

수의 역사는 어떻게 되나요?

수학을 배우면서 "수(數)는 언제부터 사용하기 시작했고, 어떤 방법으로 사용되었을까?"라는 생각을 한 번쯤 했을 것이다. 문명이 발전하면서 수가 필요해졌고 자연스럽게 수가 만들어졌다. 수를 세고 사용하는 방법은 시대와 지역마다 차이가 있지만, 기본적으로는 **약속의 수단**으로 사용되었다. 수를 세는 방법들을 지역과 시대별로 살펴보고 어떻게 수가 발전했는지 알아보자.

원시시대의 수의 개념

큰 수가 필요 없던 원시시대에는 가축과 표식을 동일한 것으로 생각하는 일대일 대응의 개념을 사용했다. 자신이 소유하고 있는 가축의 수를 주위에서 쉽게 구할 수 있는 돌, 나무, 동물의 뼈 등에 표시하는 것이다. 이때는 어린 아이가 수를 처음 받아들일 때와 같이, '1'이라는 숫자만 가지고 수를 나타냈다. 자신이 가진 가축을 셀 때 가축 한 마리, 또 다른 가축 한 마리, 또 다른 가축 한 마리 등으로 수를 세어 표현했다.

그러나 문명이 발전함에 따라 수는 더욱 발전해나갔으며, 숫자 1과 일대일 대응의 개념만으로는 자신이 소유하고 있는 모든 것을 나타내기가 어려웠다. 그래서 더 큰 수의 개념이 필요하게 되었다.

수의 표현과 수를 세는 방법

사람마다 수를 다르게 표현한다면 모든 수를 표현해내기 힘들 뿐만 아니라 정확하게 전달하는 데도 어려움이 있다. 그래서 보통 기준이 되는 몇 개의 수를 만들고, 몇 개가 모이면 모양이나 위치를 다르게 해서 나타낸다.

고대에는 수를 표현할 때 이해하기 쉬운 그림이나 모양으로 간단하게 나타냈다. 1을 기준으로 개수를 의미하는 모양을 겹쳐 수를 표현한 것이 가장 일반적이었다. 예를 들어 고대 이집트에서는 1부터 9까지의 숫자를 개수를 의미하는 모양을 겹쳐 만들었고, 10이 되면 다른 모양으로 나타냄으로써 수를 표현했다.

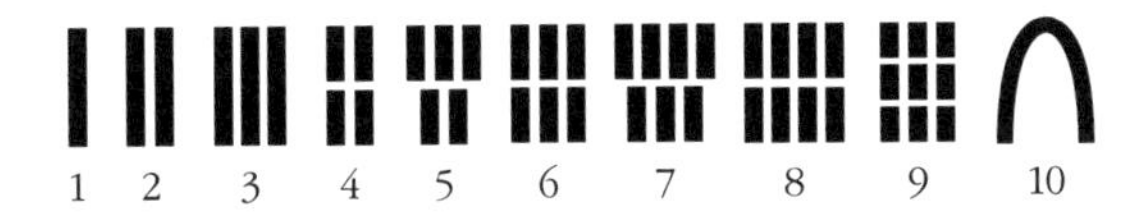

아이가 손가락을 이용해 수를 셀 때 1, 2, 3을 세다가 10까지 세면 손가락이 모두 접힌다. 그다음의 수 11을 세려면 다시 처음으로 돌아와 손가락을 펴면서 1, 2, 3을 세야 한다. 이것은 한 묶음을 10개로 해서 10개가 되면 다시 처음으로 돌아가 더 큰 수를 표현하는 방법이다.

시대와 지역마다 방법은 다르지만 수의 표현과 함께 **한 묶음을 몇 개로 해서 수를 셀 것인가**에 대한 생각은 중요한 것이었다.

수의 진법

진법은 수를 표기하는 기수법의 하나로, 한 묶음을 몇 개로 해서 모양이나 자릿수를 변경할 것인가에 따라 수를 표기하는 방법이다. 현재는 주로 10진법을 사용하고 있지만 그 외에 2진법, 5진법 등도 여전히 활용되고 있다.

진법은 수를 표현하고 연산할 때 **기준이 되는, 자**와 같은 것이다. 길이를 측정할 때 자가 있어야 정확한 길이를 잴 수 있듯이, 수를 표현하고 연산을 할 때 진법을 기준으로 계산한다.

우리가 사용하고 있는 10진법을 예로 들어보자. 10개가 한 묶음이 되면 아래 그림과 같이 더 큰 모양으로 표현하거나 위치를 변경해 더 큰 수를 나타낸다. 또다시 10개가 한 묶음이 되어도 마찬가지다.

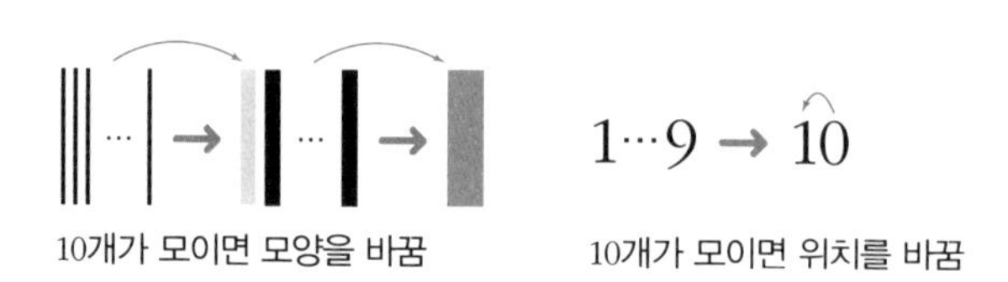

이러한 방법으로 12진법, 60진법 등도 우리의 실생활에서 여전히 다양하게 사용되고 있다. 12개월이 모여 1년이 되고, 1분은 60초, 1시간은 60분이며, 하루는 24시간이다. 한 묶음을 몇 개로 할 것인가에 대한 고민은 실생활 속에서도 이어졌고, 물건을 세는 단위에 그 결과가 많이 남아 있다.

고대 문명 속 진법의 사용

메소포타미아 문명인 수메르와 바빌로니아에서는 진흙으로 만든 점토판 위에 쐐기모양으로 숫자를 나타내는 **60진법**을 사용했다. 60진법은 후에 10진법을 사용하게 된 계기가 되었다. **고대 이집트**에서는 상형문자로 기호를 만들어 수를 표현했고, **10진법**을 사용했다. **고대 중국**에서는 상형문자로 '한 일(一)'부터 '열 십(十)'까지의 수를 한자로 표현했고, **10진법**을 사용했다. **고대 로마**에서는 **5진법**과 **10진법**을 함께 사용해 계산이 불편했다.

위치적 기수법

고대 문명에서 대부분의 수들은 10진법을 기준으로, 10개가 모이면 모양을 달리하거나 위치를 달리함으로써 수를 나타냈다. 그러나 '0'의 개념이 없어 1402와 같은 수를 표현할 때, 0의 자리를 빈 공간으로 처리했기 때문에 1402와 1042를 정확하게 구분해 나타내기에는 어려움이 있었다. 처음에는 0을 빈 공간을 채우기 위한 표시로 사용했지만, 인도에서 '아무것도 없다'라는

진법의 일반화

10진법은 10개가 모이면 자릿수를 변경해 10이라 쓰고, "10진법의 수 일영" 또는 "십"이라고 읽는다. 이러한 방법으로 10뿐만 아니라 여러 가지 다양한 수를 한 묶음으로 하는 진법을 만들어낼 수도 있다. 만약에 3진법이라면 3개를 한 묶음으로 해서 0, 1, 2의 3개 수만 사용할 수 있다. 3이 되면 $10_{(3)}$으로 표현하고, "3진법의 수 일영"이라고 읽는다.

또 이러한 방법으로 n진법의 수도 만들 수 있다. n진법에서는 0, 1, 2, ⋯, $n-2$, $n-1$의 n개 수만 사용할 수 있고, $abc_{(n)}$(a, b, c : n보다 작은 수)로 표현하며, "n진법의 수 a, b, c"라고 읽는다.

수의 개념으로 0을 사용하게 되었다. 수로서의 0은 위치에 따라 자릿수를 변화해 수를 나타내는 것뿐만 아니라 양수와 음수의 기준이 되었다. 이러한 0의 개념이 인도에서 아라비아로 넘어가 지금 우리가 사용하고 있는 아라비아 숫자를 완성하게 되었다.

수의 종류에는 어떤 것이 있나요?

중·고등학교에서 다루는 수의 종류에는 자연수·정수·유리수·무리수·실수·복소수 등이 있다. 같은 문제라고 할지라도 답을 자연수 범위 안에서 찾는 경우와 정수 범위에서 찾는 경우에 따라 답은 달라질 수 있다. 예를 들어 '−3보다 크고 2보다 작은 수'를 찾는 문제에서 자연수만 알고 있는 학생은 오직 1이라는 답만 구할 수 있다. 그러나 정수를 알고 있다면 1뿐 아니라 0과 −1, −2까지 답할 것이다. 만약 더 넓은 범위의 수를 알고 있다면 답은 또 달라진다. 즉 수의 종류를 아는 것이 문제 해결의 시작이자 핵심이다.

● **자연수**(Natural number): 사람들의 필요에 의해서 자연적으로 얻어진 수

자연수는 기준이 되는 숫자 1에 1을 더하면 2가 되고, 또 1을 더하면 3이 되고, 또 1을 더하면 4가 되고…, 이렇게 계속 반복되어 만들어진 수다. 1을 기

0의 발견

수학사에서 일어난 커다란 사건 중 하나는 바로 숫자 0을 발견한 것이다. 수의 의미로서 0을 발견하면서 기준점이 1에서 0으로 변경되었다.

기준점의 변경은 자연수의 반대 방향을 생각하게 된 계기가 되었다. 0을 기준으로 자연수 1, 2, 3, …과 자연수의 반대 방향인 음의 정수에 대한 개념을 알게 된 것이다.

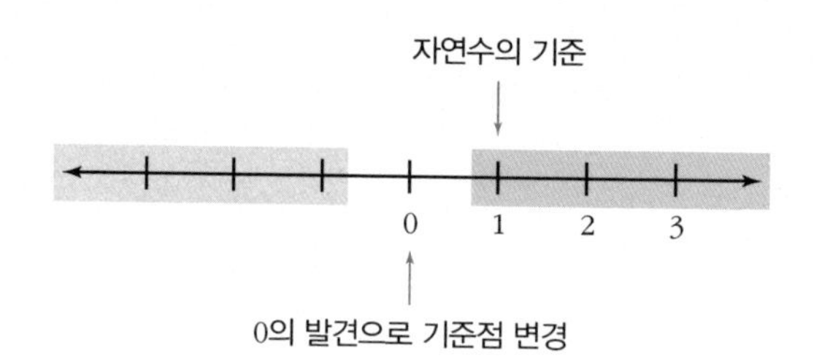

준으로 해서 한쪽 방향(양의 방향)으로 1, 2, 3, 4, 5, …의 순서로 진행되는 무수히 많은 수들로 구성되어 있다.

- **정수(Zahlen, Integer):** 자연수(양의 정수), 0, 음의 정수를 합한 수

음의 정수는 마이너스(−) 기호를 사용해 −1, −2, −3, …으로 나타낸다. 무리수(irrational number)의 표현이 I이므로 정수는 영어 integer가 아닌, 독일어 zahlen을 사용해 Z라고 나타낸다.

- **유리수(Quotient number, Rational number):** 이치에 맞는 수, 정수의 비율의 수, $\frac{a}{b}$ ($b \neq 0$, a, b는 서로소인 정수) 꼴로 나타낼 수 있는 수

생활 속에서 모든 것을 정수만을 가지고 표현할 수 없는 경우가 발생했

다. 예를 들어 사과 4개를 5명에게 나누어줄 때, 정수가 아닌 다른 수가 필요해진 것이다. 그래서 정수의 비율의 수인 유리수가 탄생했다. 유리수는 '이치에 맞다'라는 의미의 rational number 또는 '몫'을 의미하는 quotient number를 사용해 Q로 나타낸다.

예 $-2, 0, 2$: 정수 $\frac{1}{2}, \frac{7}{3}, \frac{2}{1}$: 유리수

- **무리수**(Irrational number): 이치에 맞지 않는 수, 정수의 비율의 수로 나타낼 수 없는 수

무리수는 유리수와 정확히 다른 수다. 즉 유리수가 $\frac{a}{b}$($b \neq 0$, a, b는 서로소인 정수) 꼴로 나타낼 수 있는 수라면, 무리수는 $\frac{a}{b}$($b \neq 0$, a, b는 서로소인 정수) 꼴로 나타낼 수 없는 수다.

예 원주율(π), $\sqrt{2}$, $\sqrt{3}$, $\sqrt{5}$, $\sin 5°$ 등

- **실수**(Real number): 실생활에서 사용되는 수, 유리수와 무리수를 합한 수

- **허수**(Imaginary number): 제곱해 음수가 되는 허상의 수

$(\ \ )^2 = -1$이 되는 수를 허수단위 i로 나타내어 $i = \sqrt{-1}$로 표현했고, $i^2 = -1$이다. 실생활에서 사용되는 실수에는 제곱해 음수가 되는 수는 존재하지 않는다. 그런데 방정식의 해를 구하는 과정에서 제곱해 음수가 되는 수가 필요하게 되었다. 그 수를 현실세계에는 존재하지 않은 허상의 수, 허수라고 했다. 처음에는 음수도 수로 인정하지 않았기 때문에 허수는 당연히 허구의 존재로 여겨져 가짜 수라고 한 것이다.

● **복소수**(Complex number): 허수와 실수를 합해 확장된 수의 개념

복소수는 $a+bi$(a, b: 실수)의 형태로 나타내며, $b=0$이면 실수가 되고 $b\neq0$이면 허수가 된다.

수의 체계

지금까지 배운 수를 체계별로 정리하면 다음과 같다.

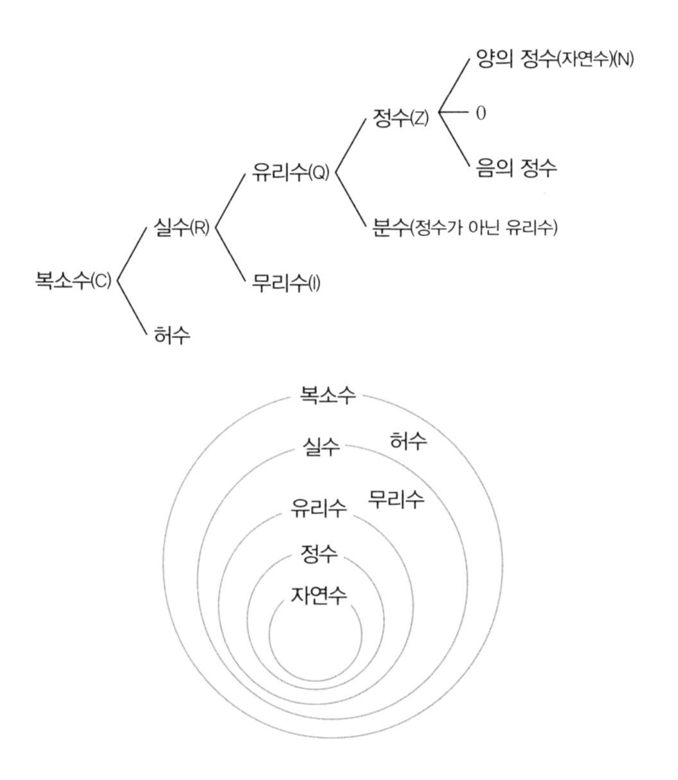

소수, 합성수, 소인수분해란 무엇인가요?

1은 소수도 합성수도 아니다

- **소수:** 1보다 큰 자연수 중에서 1과 자기 자신만을 약수로 가지는 수

예 2, 3, 5, 7, 11, 13, 17, 19, …

- **합성수:** 1보다 큰 자연수 중에서 소수가 아닌 수를 말하며, 1과 자기 자신을 제외한 다른 약수를 가지는 수

예 4, 6, 8, 9, 10, 12, 14, …

- **소인수분해:** 자연수를 더이상 분해되지 않는 소수들의 곱으로 유일하게 표현되는 것

예 6을 $6=1\times6$으로 나타내면 소인수분해가 아니고, $6=2\times3$으로 나타내어야 소인수분해다.

1을 자연수의 곱으로 나타내면 1×1이다. 만약 1을 소수라고 한다면 모든 수는 소수인 1로 소인수분해가 가능하다. 즉 1이 소수라면 12의 소인수분해는 $2^2\times3$, $2^2\times3\times1$, $2^2\times3\times1^2$ 등 무수히 많을 것이다.

이것은 소인수분해가 유일하다는 것에 모순된다.

또한 1은 1과 자기 자신을 제외한 다른 약수를 갖고 있지 않기 때문에 합성수도 될 수 없다. 따라서 1은 소수도 합성수도 아니다.

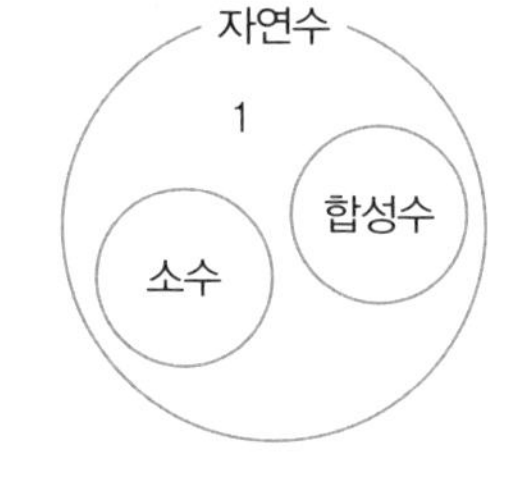

자연수에서 소수와 합성수는 어떻게 구분할까?

1보다 큰 수를 자연수의 곱으로 나타낼 때 (자신)$=1\times$(자신)의 형태로만 가능하면 소수이고, 다른 수의 곱으로도 나타낼 수 있다면 합성수다.

예 $12=1\times12=2\times6=3\times4$: 합성수(약수의 개수가 3개 이상)

$13=1\times13$: 소수(약수의 개수가 2개)

에라토스테네스의 방법을 이용해 소수 찾기

수학자 에라토스테네스는 수를 체에 걸러내듯 소수가 아닌 수를 지워나가는 방법으로 소수를 찾았다. 즉 소수를 제외한 소수의 배수가 되는 수를 지워나가는 방식이다.

먼저 1은 소수도 합성수도 아니므로 지운다.

2는 소수다. 2를 제외한 2의 배수는 소수가 될 수 없으므로 지운다(왜냐하면 2를 제외한 2의 배수는 최소한 1과 자기 자신, 그리고 2를 약수로 갖기 때문이다).

3은 소수다. 3을 제외한 3의 배수는 소수가 될 수 없으므로 지운다.

이와 같이 계속 반복하면 소수를 제외한 소수의 배수는 모두 지워지고 소수만이 남게 된다.

$$2, 3, 5, 7, 11, 13, 17, 19, 23, \cdots$$

이런 식으로 소수를 찾을 수 있으며, 수가 무한한 것과 같이 소수도 무한하다.

	2	3	~~4~~	5	~~6~~	7	~~8~~	~~9~~	~~10~~	11	~~12~~	13	~~14~~	~~15~~
~~16~~	17	~~18~~	19	~~20~~	~~21~~	~~22~~	23	~~24~~	~~25~~	~~26~~	~~27~~	~~28~~	29	~~30~~
31	~~32~~	~~33~~	~~34~~	~~35~~	~~36~~	37	~~38~~	~~39~~	~~40~~	41	~~42~~	43	~~44~~	~~45~~
~~46~~	47	~~48~~	~~49~~	~~50~~	~~51~~	~~52~~	53	~~54~~	~~55~~	~~56~~	~~57~~	~~58~~	59	~~60~~
61	~~62~~	~~63~~	~~64~~	~~65~~	~~66~~	67	~~68~~	~~69~~	~~70~~	71	~~72~~	73	~~74~~	~~75~~
~~76~~	~~77~~	~~78~~	79	~~80~~	~~81~~	~~82~~	83	~~84~~	~~85~~	~~86~~	~~87~~	~~88~~	89	~~90~~
~~91~~	~~92~~	~~93~~	~~94~~	~~95~~	~~96~~	97	~~98~~	~~99~~	~~100~~					

소인수분해에 대해 알아보자

소인수분해는 자연수를 더이상 분해되지 않는 소수들의 곱으로 나타낸 것으로, 항상 한 가지 형태로 나타낼 수 있다. 예를 들어 자연수 12를 자연수의 곱으로 나타내면 1×12, 2×6, 3×4로 3가지다.

그러나 소인수분해하면 $12=2^2\times3$의 한 가지 형태로만 나타낼 수 있고, 소인수분해를 통해 얻은 $2^2\times3$을 이용해 모든 약수와 배수 등을 구할 수 있다. 큰 수일수록 소인수분해해서 소수들의 곱으로 나타내면 수의 계산이 쉬워지고, 약수와 배수들을 쉽게 찾아낼 수 있다는 장점이 있다.

소인수분해하는 방법

12를 예로 들어 생각해보자. 우선 12를 자연수의 곱으로 나타내며 모든 인수가 소수가 될 때까지 분해한다. 그러면 $12=2\times6=2\times2\times3=2^2\times3$이다.

또 다른 방법은 가장 작은 소수로 나누어 몫이 소수가 될 때까지 나누는 것이다. 이 방법을 이용해 12를 소인수분해하면 $2^2\times3$이다.

```
2 ) 12
2 )  6
     3 ←—— 몫이 소수
```

Q 36을 소인수분해해서 약수와 약수의 개수를 찾아보자.

A 먼저 소인수분해를 하면 $36=4\times9=2^2\times3^2$이 2^2, 3^2으로 이루어진 수라는 것을 알 수 있다.

36의 약수는 $(1,\ 2,\ 2^2)$과 $(1,\ 3,\ 3^2)$의 곱으로 조합해 만들 수 있는 모든 수다.

$1\times1=1$, $1\times3=3$, $1\times3^2=9$, $2\times1=2$, $2\times3=6$, $2\times3^2=18$, $2^2\times1=4$, $2^2\times3=12$, $2^2\times3^2=36$이 가능하므로 총 9개다.

➡ 어떤 자연수 A를 소인수분해해서 $A=p^mq^n$(p, q: 소수) 꼴로 나타낸다면 자연수 A

는 소인수 p를 m번 사용하고, q를 n번 사용해 만들어진 수다.

소인수 p, q로 만들 수 있는 수는 $1, p, p^2, \cdots, p^m$과 $1, q, q^2, \cdots, q^n$이므로 p, q를 동시에 사용해 만들 수 있는 수는 1×1, $1\times q$, $\cdots$, $p^m q^n$이다.

1을 포함해 p와 q의 개수는 각각 $(m+1)$, $(n+1)$이므로 약수의 총 개수는 $(m+1)(n+1)$(개)이다.

최대공약수와 최소공배수란 무엇인가요?

약수와 배수는 무엇일까?

우선 약수와 배수의 개념부터 확실히 알아보자.

● **약수**(divisor): 어떤 정수를 나누어 떨어지게 하는 0이 아닌 정수

음의 정수도 약수지만 일반적으로 중학교에서는 양의 정수만 약수로 다룬다.

예 $12=2^2\times3$이므로 12의 약수는 소수들의 곱의 조합으로 1, 2, 3, 4, 6, 12가 된다.

● **배수**(multiple): 어떤 정수의 몇 배가 되는 수

일반적으로 중학교에서는 배수를 다룰 때 자연수배만 다룬다. 예를 들어 3의 배수는 자연수배인 3×1, 3×2, 3×3, …으로 생각한다.

예 $12=2^2\times3$이므로 12는 1, 2, 3, 4, 6, 12의 배수가 됨을 알 수 있다.

➡ $a=bq$(a, b, q: 자연수)면 a를 b, q의 배수라 하고, b, q는 a의 약수가 된다.

공약수와 공배수는 무엇일까?

공약수와 공배수에서 '공(common)'은 공통을 의미한다. 따라서 공약수는 2개 이상의 수 또는 식에서 **공통된 약수**이고, 공배수는 **공통된 배수**다.

예 12와 18의 공약수와 공배수를 구해보자.

12의 약수는 1, 2, 3, 4, 6, 12이고, 18의 약수는 1, 2, 3, 6, 9, 18이므로 공약수는 1, 2, 3, 6이다.

12의 배수는 12, 24, 36, 48, 60, 72, …이고, 18의 배수는 18, 36, 54, 72, …이므로 공배수는 36, 72, …다.

최대공약수와 최소공배수는 무엇일까?

- **최대공약수:** 공약수 중에서 가장 큰 값
- **최소공배수:** 공배수 중에서 가장 작은 값

공약수 중에서 가장 큰 값을 최대공약수라고 한다면 가장 작은 값은 최소공약수다. 마찬가지로 공배수 중에서 가장 작은 값을 최소공배수라고 한다면 가장 큰 값은 최대공배수다. 그런데 왜 최소공약수는 다루지 않는 것일까?

모든 자연수는 1과 자기 자신의 곱으로 나타낼 수 있기 때문에 1은 모든 수의 약수이면서 가장 작은 공약수가 된다. 다시 말해 2개 이상의 수에서 가장 작은 공약수는 항상 1이므로 굳이 다룰 필요가 없다. 그래서 공약수는 최대공약수만 다루는 것이다.
그렇다면 왜 최대공배수는 다루지 않을까? 어떤 자연수가 주어지면 그 수의 배수는 자연수배이므로 무한히 많다. 무한히 커지는 배수에서 가장 큰 값은 구할 수 없다. 따라서 공배수는 최소공배수만을 다룬다.

최대공약수와 최소공배수 구하기

2개 이상의 수에서 최대공약수와 최소공배수를 구하는 방법에는 공약수와 공배수의 개념을 이용하는 방법, 소인수분해를 이용하는 방법, 직접 계산하는 방법이 있다. 그럼 두 수 8과 12에서 최대공약수와 최소공배수를 구하는 방법을 알아보자.

공약수와 공배수의 개념 이용하기

우선 8과 12의 약수를 각각 구하면 1, 2, 4, 8과 1, 2, 3, 4, 6, 12가 나온다. 두 수의 공약수는 1, 2, 4이고, 공약수 중 가장 큰 값은 4이므로 두 수의 최대공약수는 4다.
같은 방법으로 8과 12의 배수를 각각 구하면 8, 16, 24, 32, …와 12, 24, 36, 48, …이다. 두 수의 공배수는 24, 48, …이고, 공배수 중 가장 작은 값은 24다. 따라서 두 수의 최소공배수는 24다.

소인수분해 이용하기

두 수를 소인수분해를 통해 각각 소수들의 곱으로 나타낸다. 두 수의 공통된 소수로 만들 수 있는 가장 큰 값이 최대공약수가 된다.

8과 12의 공통된 소수는 2이며, 2가 2개이므로 $2\times2=4$가 최대공약수다.

$$8=2\times2\times2$$
$$12=2\times2\times3$$

최대공약수

소인수분해를 통해 최소공배수를 구하기 위해서는 두 수의 배수의 형태를 먼저 살펴보아야 한다.

8의 배수는 $2\times2\times2\times a$(a: 자연수)의 형태이고, 12의 배수는 $2\times2\times3\times b$(b: 자연수)의 형태다. 공배수는 두 수의 공통된 인수 2×2를 반드시 가지고 있어야 하고, 8과 12만이 가진 인수 2와 3 또한 반드시 포함해야 한다. 따라서 8과 12의 공배수 중 가장 작은 값인 최소공배수는 $2\times2\times2\times3=24$가 된다.

8의 배수: $2\times2\times2\times a$
12의 배수: $2\times2\times3\times b$ (a, b: 자연수)

$$8=2\times2\times2$$
$$12=2\times2\times3$$
→ $2\times2\times2\times3\times m$

최소공배수($m=1$일 때)

직접 계산하기

두 수가 동시에 나누어지는 가장 작은 소수로 몫이 서로소가 될 때까지 나눈다. 서로소는 1 이외에 공약수를 갖지 않는 둘 이상의 자연수다.

오른쪽 계산 과정에서 8과 12는 소수인 2로 2번 나누었고, 몫은 2와 3이 나왔다. 2와 3은 최대공약수가 1인 서로소다.

최대공약수

```
2 ) 8  12
2 ) 4   6
    2   3
```

최소공배수

여기서 최대공약수는 $2 \times 2 = 4$이고, 최소공배수는 $2 \times 2 \times 2 \times 3 = 24$임을 알 수 있다.

➡ 두 수를 $A = aG$, $B = bG$(a, b: 서로소)라고 한다면 두 수의 최대공약수는 G이고, 최소공배수 $l = abG$다. 또한 두 수의 곱 $AB = (aG)(bG) = (G)(abG)$이므로 (최대공약수)×(최소공배수)가 된다.

최대공약수와 최소공배수 문제 해결 방법

약수 또는 배수에 관한 문제인지 확인하기

주어진 문제에 $a = bq$(a, b, q: 자연수)를 적용해 a를 구하는 문제인지, 아니면 b를 구하는 문제인지를 파악한다. 만약 a를 구하는 문제라면 배수에 대한 것이고, b를 구하는 문제라면 약수에 대한 것이다.

b를 구하는 문제이면 약수에 대한 유형이다.

$$a = b \times q$$

a를 구하는 문제이면 배수에 대한 유형이다.

공약수 또는 공배수에 대한 유형인지 확인하기

약수에 대한 문제인지 배수에 대한 문제인지를 확인한 다음, 2개 이상의 공통된 약수 혹은 배수를 구하는 것이라면 공약수 또는 공배수에 관한 문제다.

최대공약수 또는 최소공배수에 대한 유형인지 확인하기

주어진 문제에 '가장 작은'이나 '가장 큰'이라는 의미가 포함되어 있다면 최소공배수·최대공약수 유형이다. 그러나 모든 문제에서 **최대·최소라는 단어만 보고 최대공약수·최소공배수 유형의 문제로 판단해서는 안 된다.**

Q 가로가 36cm, 세로가 24cm인 직사각형 모양의 꽃밭을 따라 같은 간격으로 가로등의 개수를 **최소**로 설치하려고 할 때, 설치해야 할 가로등 수를 구해보자. (단, 꽃밭의 네 모퉁이에는 가로등을 반드시 설치한다.)

A 가로등의 개수가 최소가 되려면 가로등의 설치 간격을 최대로 해야 한다. 네 모퉁이 A, B, C, D에는 반드시 가로등을 설치해야 하므로 이 문제는 변 AD와 변 CD의 최대공약수를 구하는 문제가 된다.

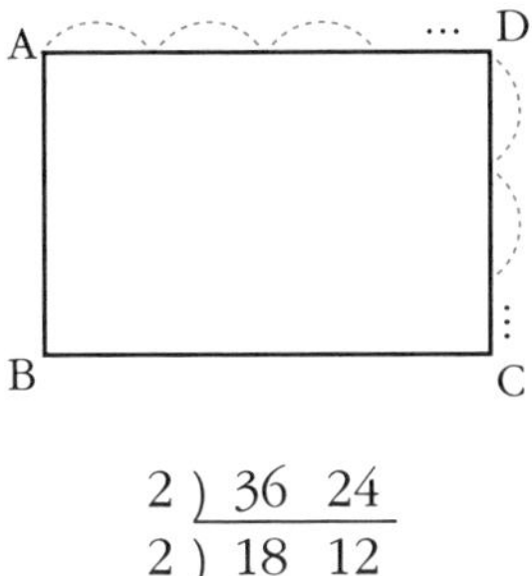

2) 36 24
2) 18 12
3) 9 6
3 2

36과 24의 최대공약수는 12다. 그러므로 가로등 사이의 최대 간격은 12cm다.

변 AD와 변 BC에는 3개씩, 변 AB와 변 CD에는 2개씩 설치되므로 설치해야 할 가로등의 최소 개수는 10개다.

정수와 유리수 연산, 어떻게 하나요?

부호의 결정

지금까지는 수학을 배우면서 사칙연산(+, −, ×, ÷)을 가장 많이 사용하고 연습했을 것이다. 이러한 연산은 실생활에서 여러 가지 문제나 상황을 해결하는 데 반드시 필요한 도구이며 약속이다. 물건을 사고팔거나 전체의 양을 일정하게 분배할 때 연산은 매우 유용하고 편리하게 사용된다. 중학교 수학 교과를 통해 자연수부터 실수까지 수의 개념과 범위를 확장해나가면서 사칙연산의 기본적인 방법과 새로운 연산법칙을 배우게 될 것이다.

수의 연산에서 가장 먼저 생각할 것은 연산 결과의 부호를 결정하는 일이다. 단순히 양의 값에 대한 사칙연산이라면 쉽게 해결할 수 있으나, 음수가 포함되어 있는 사칙연산은 연산 결과의 부호를 먼저 결정하는 것이 편리하다.

덧셈과 뺄셈의 부호 결정

정수와 유리수의 덧셈은 수직선을 통해 이해하는 것이 가장 쉽다. 수직선은 원점 0을 기준으로 오른쪽 방향을 양(+)의 방향, 왼쪽 방향을 음(−)의 방향으로 나타낸 직선이다. 덧셈은 수직선의 **오른쪽 방향**으로 더해가고, 뺄셈은 **왼쪽 방향**으로 더해가서 연산을 해결할 수 있다.

예 4+4는 +4를 기준으로 양의 방향(오른쪽)으로 4만큼 더해가서 8을 얻을 수 있다.

−4+(−4)는 −4를 기준으로 음의 방향(왼쪽)으로 4만큼 더해가서 −8을 얻을 수 있다.

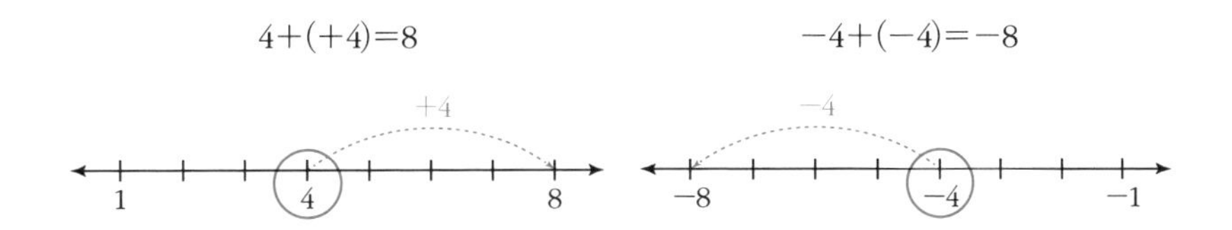

곱셈과 나눗셈의 부호 결정

음수가 포함된 곱셈과 나눗셈의 계산에서 음수의 개념을 이해하기란 쉽지 않다. 그래서 음수가 포함된 곱셈과 나눗셈의 연산에서는 부호 +와 −를 수직선에서의 방향성으로 이해하는 것이 사칙연산을 하는 데 도움이 된다.

수직선 위에 나타낼 때 첫 번째 부호는 **기준 방향**을 나타내고, 두 번째 부호는 **기준 방향과 같은 방향**(+) 또는 **반대 방향**(−)을 의미한다.

1. (+)×(+)=(+), (+)÷(+)=(+)

예 4×2에서 +4의 방향을 기준으로, **같은 방향**으로 4를 2만큼 곱해 8을 얻을 수 있다.

4÷2에서 +4의 방향을 기준으로, **같은 방향**으로 4를 2만큼 나누어 2를 얻을 수 있다.

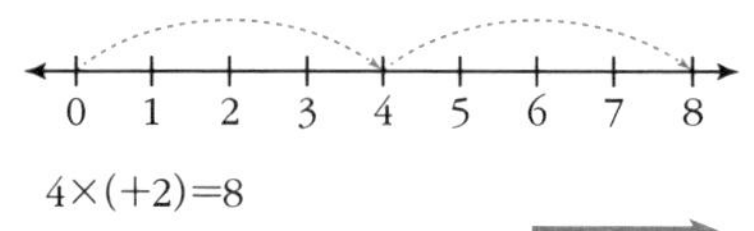

기준이 되는 방향, +의 방향(같은 방향)

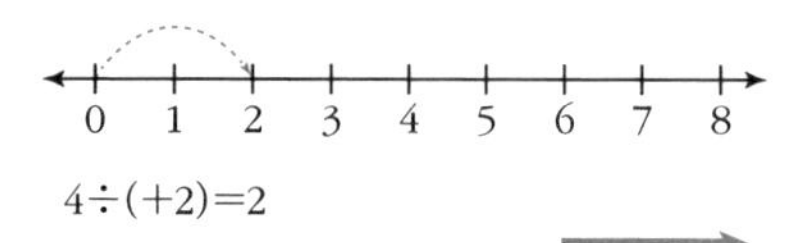

기준이 되는 방향, +의 방향(같은 방향)

2. (+)×(−)=(−), (+)÷(−)=(−)

예 4×(−2)에서 +4의 방향을 기준으로, **반대 방향**으로 4를 2만큼 곱해 −8을 얻을 수 있다.

4÷(−2)에서 +4의 방향을 기준으로, **반대 방향**으로 4를 2만큼 나누어 −2를 얻을 수 있다.

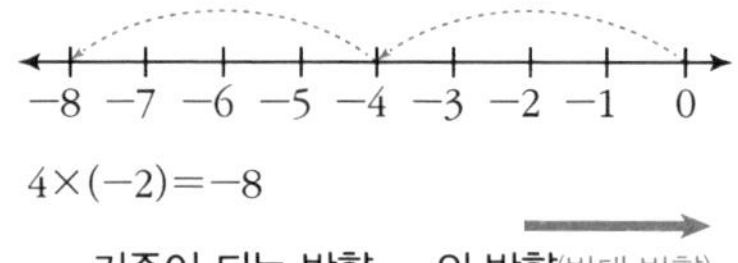

기준이 되는 방향, −의 방향(반대 방향)

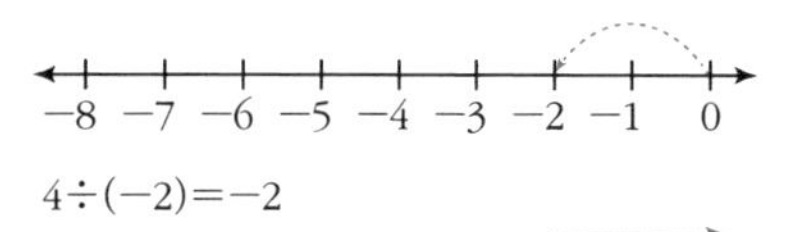

기준이 되는 방향, −의 방향(반대 방향)

3. (−)×(+)=(−), (−)÷(+)=(−)

예 −4×(+2)에서 −4의 방향을 기준으로, **같은 방향**으로 −4를 2만큼 곱해 −8을 얻을 수 있다.

−4÷(+2)에서 −4의 방향을 기준으로, **같은 방향**으로 −4를 2만큼 나누어 −2를 얻을 수 있다.

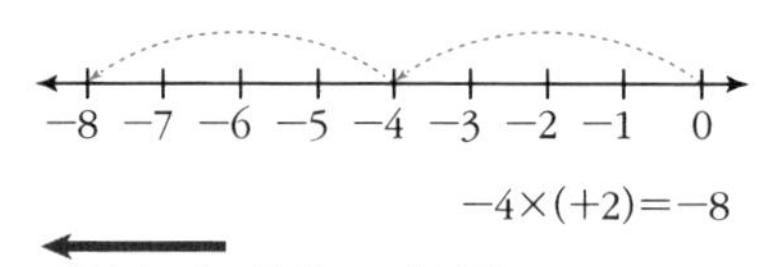

기준이 되는 방향, +의 방향(같은 방향)

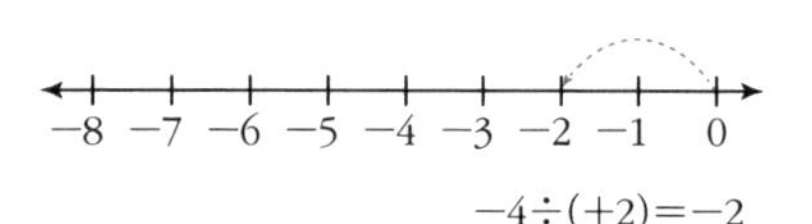

기준이 되는 방향, +의 방향(같은 방향)

4. $(-)\times(-)=(+)$, $(-)\div(-)=(+)$

예 $-4\times(-2)$에서 -4의 방향을 기준으로, **반대 방향**으로 -4를 2만큼 곱해 8을 얻을 수 있다.

$-4\div(-2)$에서 -4의 방향을 기준으로, **반대 방향**으로 -4를 2만큼 나누어 2를 얻을 수 있다.

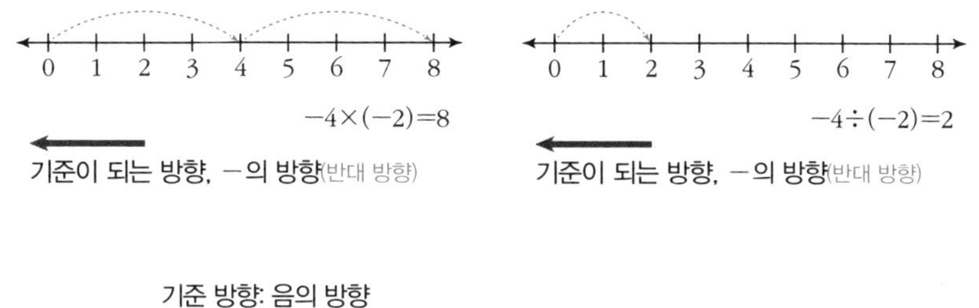

기준 방향: 음의 방향

음의 방향: 반대 방향

4번은 음에 대한 음의 방향이므로
양의 방향으로 이동한다.

절댓값의 크기 비교

절댓값이란 어떤 수가 수직선 상에서 원점 0으로부터 떨어져 있는 거리다. 예를 들어 3과 -3의 절댓값 $|3|=|-3|=3$이다. 정수와 유리수의 곱셈과 나눗셈 계산은 부호를 결정한 다음, 두 수의 절댓값을 곱하면 연산의 결과를 얻을 수 있다.

예 $+3\times(-4)=-(3\times4)=-12$, $\left(-\frac{1}{2}\right)\times(-3)=+\left(\frac{1}{2}\times3\right)=\frac{3}{2}$

유리수와 순환소수란 무엇인가요?

분수는 분모와 분자의 비율을 정수비로 나타낸 수이고, 소수는 1보다 작은 소수점 이하에 수를 써서 나타낸 수다.

유리수는 분수나 소수로 표현이 가능하고, 분수를 소수로, 소수를 분수로 나타낼 수 있다. 예를 들어 다음과 같이 표현할 수 있다.

$$\frac{1}{2}=0.5,\ \frac{1}{3}=0.333\cdots,\ \frac{1}{4}=0.25,\ \frac{1}{5}=0.2,\ \cdots$$

소수에는 유한소수와 무한소수가 있다. 무한소수 중 순환소수는 소수점 이하 0이 아닌 수가 무한히 반복되므로 일정한 규칙이 있다. 이러한 규칙을 이용해 분모가 0이 아닌 분수로 나타낼 수 있다. 다시 말해 순환소수는 유리수의 한 표현이다.

분수를 소수로 나타내기

분수를 소수로 나타내는 방법은 분자를 분모로 나누어주는 것이다.

예 $\frac{1}{2}$은 1을 2로 나누어 0.5로 나타낼 수 있다.

$\frac{1}{3}$은 1을 3으로 나누어 0.333…으로 나타낼 수 있다.

위의 예시에서 분수를 소수로 나타낸 결과를 바탕으로 유한소수와 무한소수의 개념을 정리해볼 수 있다.

- **유한소수:** 0.5와 같이 소수점 아래 0이 아닌 숫자가 유한개인 수
- **무한소수:** 0.333…과 같이 소수점 아래 0이 아닌 숫자가 무한히 계속되는 수

순환소수를 표현하는 방법

분수를 소수로 나타낼 때 분자를 분모로 나누다 보면 0.5와 같이 유한소수로 나타나거나 0이 아닌 일정한 숫자가 무한히 계속되는 무한소수로 나타나기도 한다. 이러한 무한소수 중 0.333…, 0.1666…과 같이 소수점 아래 0이 아닌 수가 무한히 반복되는 소수를 **순환소수**라 한다.

순환소수에서 한없이 되풀이되는 숫자를 순환마디라 하고, 순환소수는 순환마디 위에 점을 찍어 나타낸다.

예 $0.3333\cdots=0.\dot{3}$으로 나타내고, "**순환마디가 3인 순환소수 0.3**"이라 읽는다.

$0.2555\cdots=0.2\dot{5}$로 나타내고, "**순환마디가 5인 순환소수 0.25**"라고 읽는다.

소수를 분수로 나타내기

유한소수를 분수로 나타내기

소수는 수의 표현방법으로 우리가 주로 사용하는 십진법의 수다. 소수 0.21이면 1의 자리에 0이 있고, $\frac{1}{10}$의 자리에 2, $\frac{1}{100}$의 자리에 1이 있는 것이다. 즉 유한소수는 각 자리의 수에 그 수의 자릿수를 곱해 분수로 나타낼 수 있다.

예 $0.2=2\times\frac{1}{10}=\frac{2}{10}=\frac{1}{5}$, $0.24=2\times\frac{1}{10}+4\times\frac{1}{100}=\frac{24}{100}=\frac{6}{25}$

유한소수 $0.abc$는 자릿수를 고려해

$0.abc=a\times\frac{1}{10}+b\times\frac{1}{100}+c\times\frac{1}{1000}=\frac{100a+10b+c}{1000}$

으로 나타낼 수 있다.

순환소수를 분수로 나타내기

순환소수를 분수로 나타낼 때 $0.\dot{3}$은 쉽게 $\frac{1}{3}$이라는 것을 알 수 있지만, $0.\dot{4}65\dot{4}$는 바로 분수로 나타내는 것이 쉽지 않다. 순환소수를 분수로 나타내려면 먼저 무한에 대한 개념부터 이해하고 있어야 한다.

무한은 한계가 없다는 의미로, 수의 개념이 아니라 무한히 계속되는 상태의 개념이다. 예를 들어 무한소수 0.999…는 소수점 이하 9가 무한히 반복되는 수이므로 $1-0.999\cdots=0.000\cdots1$과 같이 결과가 유한소수가 된다고 생각할 수 없다. 왜냐하면 무한은 수의 개념이 아니기 때문에 $1-0.999\cdots$를 하면 소수점 이하에서 0이 무한히 반복되는 상태가 된다. 그래서 순환소수를 분수로 나타낼 때 무한히 반복되는 상태를 같게 만들어주어 연산한다.

순환소수를 분수로 고치는 방법

1단계 순환마디를 확인하고, 순환소수를 $x=0.abab\cdots$의 꼴로 놓는다.

2단계 순환마디 한 마디가 소수점 왼쪽에 오도록 10의 거듭제곱을 곱해준다.

3단계 순환마디가 소수점 오른쪽에 오도록 10의 거듭제곱을 곱해준다.

4단계 2단계 식에서 3단계 식을 빼주어 x를 계산한다.

1. $0.333\cdots$을 분수로 나타내면 다음과 같다.

$x=0.333\cdots$이라고 하자.

순환마디가 소수점 첫째 자리에서 시작되고, 순환마디의 개수는 1개이므로 양변에 10을 곱한다.

$10x=3.333\cdots$ ① 순환마디 한 마디가 소수점 왼쪽에 오도록 10을 곱해준다.

$x=0.333\cdots$ ②

①−②, $9x=3$

$\therefore x=\dfrac{1}{3}$

2. $0.\dot{4}\dot{5}$를 분수로 나타내면 다음과 같다.

$x=0.454545\cdots$라고 하자.

$100x=45.4545\cdots$ ① 순환마디 두 마디가 소수점 왼쪽에 오도록 100을 곱해준다.

$x=0.4545\cdots$ ②

①−②, $99x=45$

$\therefore x=\dfrac{45}{99}=\dfrac{5}{11}$

3. $0.1\dot{6}$을 분수로 나타내면 다음과 같다.

$x=0.1666\cdots$이라고 하자.

$100x=16.666\cdots$ ① 순환마디 한 마디가 소수점 왼쪽에 오도록 100을 곱해준다.

$10x=\ 1.666\cdots$ ② 순환마디 한 마디가 소수점 오른쪽에 오도록 10을 곱해준다.

①－②, $90x=16-1$

$\therefore x=\dfrac{15}{90}=\dfrac{3}{18}$

제곱근과 실수란 무엇인가요?

"한 변의 길이가 1인 정사각형의 대각선의 길이는 얼마일까?"라는 의문에서부터 무리수의 개념이 탄생하게 되었다. 또한 "정사각형의 넓이가 2일 때 한 변의 길이는 어떻게 될까?"라는 생각을 하면서 제곱근의 필요성을 느끼게 되었다. 제곱근의 성질을 통해 무리수를 이해하고, 수를 실수의 범위까지 확장해보자.

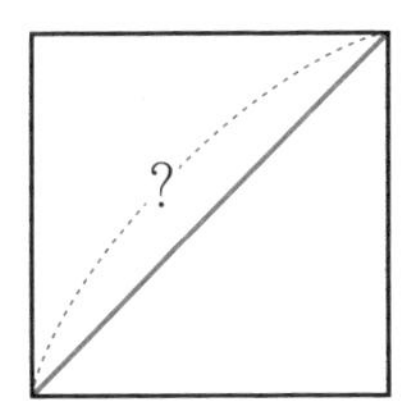

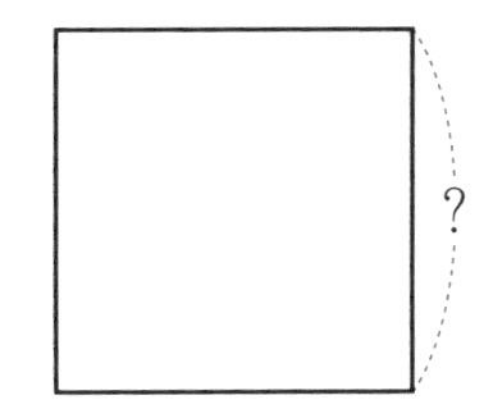

제곱근이란 무엇일까?

제곱근은 제곱의 반대 의미다. 어떤 수를 제곱해서 $a(a \geq 0)$가 될 때 제곱해서 a가 되는 수를 a의 **제곱근**이라 한다.

-2, 2를 각각 제곱하면 $(-2)^2=2^2=4$다.
반대로 4가 되려면 -2, 2를 제곱해야 한다.
이때 -2, 2를 4의 **제곱근**이라 한다.
-2는 4의 음의 제곱근, 2는 4의 양의 제곱근이다.

제곱
-2 → 4
2 ← 4
제곱근

$a \geq 0$일 때, $-\sqrt{a}$, $\sqrt{a}$를 각각 제곱하면
$(-\sqrt{a})^2=(\sqrt{a})^2=a$다.
반대로 a가 되기 위해서는 $-\sqrt{a}$, $\sqrt{a}$를
제곱해야 한다. 이때 $-\sqrt{a}$, $\sqrt{a}$를 a의 제곱근이라 한다.

제곱
$-\sqrt{a}$ → $a(a \geq 0)$
$\sqrt{a}$ ← $a(a \geq 0)$
제곱근

예 4의 제곱근은 $x^2=4$이므로 $x=-2$, 2다.
2의 제곱근은 $x^2=2$이므로 $x=-\sqrt{2}$, $\sqrt{2}$ 다.
0의 제곱근은 $x^2=0$이므로 $x=0$이다.

➡ -4의 제곱근은 $x^2=-4$이므로 실수 안에서는 만족하는 x의 값은 존재하지 않는다. 만약 복소수까지 수를 확장해 -4의 제곱근을 구하면 $x=-2i$, $2i$지만, 중학교에서는 **실수범위 안**에서만 근을 다루기 때문에 제곱해서 음수가 되는 허근은 근으로 생각하지 않는다. 그래서 중학교에서는 $x^2=a$의 경우 $a \geq 0$으로 제한해 제곱근을 다루는 것이 일반적이다.

제곱근의 기본 성질

제곱근의 성질은 2가지가 있으며 다음과 같이 확인할 수 있다.

1. $a>0$일 때 $(-\sqrt{a})^2=(\sqrt{a})=a$

   $-\sqrt{2}$, $\sqrt{2}$는 2의 제곱근이므로 제곱근의 정의에 따라 $(-\sqrt{2})^2=2$, $(\sqrt{2})^2=2$다.

   그러므로 $a>0$일 때 $(-\sqrt{a})^2=(\sqrt{a})^2=a$다.

2. $a>0$일 때 $\sqrt{a^2}=\sqrt{(-a)^2}=a$

   $\sqrt{2^2}=\sqrt{4}=2$, $\sqrt{(-2)^2}=\sqrt{4}=2$이므로 근호(루트, $\sqrt{\ }$) 안에 제곱수가 존재하면 양의 값으로 나온다.

   그러므로 $a>0$일 때 $\sqrt{a^2}=\sqrt{(-a)^2}=a$다.

   덧붙이면 $a>0$일 때 $\sqrt{a^2}=|a|$이다. 즉 $\sqrt{a^2}$의 값은 절댓값 a의 값과 같다.

무리수는 비순환소수다

무리수 $\sqrt{2}$를 소수로 나타내면 순환하지 않는 무한소수, 즉 비순환소수가 된다. 이는 다음과 같이 확인할 수 있다.

$1^2<2<2^2$이므로 $1<2<4$다.

양변에 제곱근을 씌워 $\sqrt{1^2}<\sqrt{2}<\sqrt{2^2}$으로 나타내면 $1<\sqrt{2}<2$다.

$1.4^2<2<1.5^2$이므로 $1.96<2<2.25$다.

양변에 제곱근을 씌워 $\sqrt{1.4^2}<\sqrt{2}<\sqrt{1.5^2}$으로 나타내면 $1.4<\sqrt{2}<1.5$다.

$1.41^2<2<1.42^2$이므로 $1.9881<2<2.0164$다.

양변에 제곱근을 씌워 $\sqrt{1.41^2}<\sqrt{2}<\sqrt{1.42^2}$ 으로 나타내면

$1.41<\sqrt{2}<1.42$다.

$1.414^2<2<1.415^2$이므로 $1.999396<2<2.002225$다.

양변에 제곱근을 씌워 $\sqrt{1.414^2}<\sqrt{2}<\sqrt{1.415^2}$ 으로 나타내면

$1.414<\sqrt{2}<1.415$다.

위와 같은 방법으로 무한히 반복하면 $\sqrt{2}=1.41412135\cdots$와 같이 순환하지 않는 무한소수다. 그러므로 $\sqrt{2}$는 무리수다.

수직선 위에 무리수를 나타낼 수 있을까?

수직선은 일정한 간격으로 눈금을 표시해 수를 대응시킨 직선이다. 수직선을 통해 수의 위치를 알 수 있고, 두 수의 대소관계를 비교할 수 있다. 우리는 유리수를 배우고, 유리수를 수직선 위에 나타낼 때 1과 2 사이에 무수히 많은 유리수가 존재한다는 것을 알았다.

이렇게 무수히 많은 유리수를 수직선 위에 나타내면 1과 2 사이의 모든 점을 다 채울 수 있다고 생각할 수 있으나, 1과 2 사이에는 무수히 많은 유리수뿐만 아니라 무수히 많은 무리수도 존재한다.

예 1과 2 사이에 무리수 $\sqrt{2}$가 존재한다.

$\sqrt{2}$, $\sqrt{2}+0.1$, $\sqrt{2}+0.01$, $\cdots$

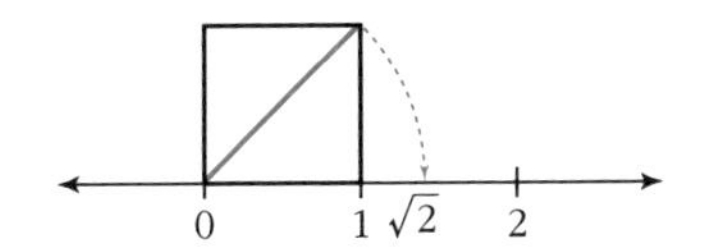

➡ 즉 수직선 위에는 무수히 많은 유리수와 무리수가 존재하고, 수직선 위에 나타낼 수 있는 모든 수는 실수를 의미한다.

근호가 포함된 식의 사칙연산을 해보자

근호가 포함된 식의 덧셈과 뺄셈

근호가 포함된 식의 덧셈과 뺄셈은 다항식의 연산과 유사하다. 다음 예시에 나오는 다항식의 덧셈에서 x를 대신해 $\sqrt{2}$를 대입하면 근호를 포함한 식의 계산을 쉽게 이해할 수 있다.

예 $(2x+3)+(3x-3)$

$=(2x+3x)+(3-3)$

$=(2+3)x+(3-3)$

$=5x$

예 $(2\sqrt{2}+3)+(3\sqrt{2}-3)$

$=(2\sqrt{2}+3\sqrt{2})+(3-3)$ 교환법칙 · 결합법칙 이용

$=(2+3)\sqrt{2}+(3-3)$ 분배법칙 이용

$=5\sqrt{2}$

근호가 포함된 식의 곱셈과 나눗셈

근호가 포함된 식의 곱셈과 나눗셈은 제곱근의 성질과 분모의 유리화를 이용해 계산할 수 있다.

제곱근의 곱셈과 나눗셈

1. $a>0$, $b>0$일 때 $\sqrt{a}\sqrt{b}=\sqrt{ab}$

$\sqrt{2}\times\sqrt{3}$을 제곱하면

$(\sqrt{2}\times\sqrt{3})^2=(\sqrt{2}\times\sqrt{3})\times(\sqrt{2}\times\sqrt{3})=(\sqrt{2})^2\times(\sqrt{3})^2=2\times3$이다.

$\sqrt{2}\times\sqrt{3}>0$이므로 $\sqrt{2}\times\sqrt{3}$은 2×3의 양의 제곱근이다.

즉 $\sqrt{2}\times\sqrt{3}=\sqrt{2\times3}$이다.

이것을 일반화하면 $a>0$, $b>0$일 때 $\sqrt{a}\sqrt{b}=\sqrt{ab}$가 됨을 알 수 있다.

2. $a>0$, $b>0$일 때 $\sqrt{a^2b}=a\sqrt{b}$

$\sqrt{2^2\times3}$은 제곱근의 성질에 의해 $\sqrt{2^2}\times\sqrt{3}$으로 나타낼 수 있다.

$\sqrt{2^2}=2$이므로 $\sqrt{2^2\times3}=\sqrt{2^2}\times\sqrt{3}=2\sqrt{3}$이 된다.

이것을 일반화하면 $a>0$, $b>0$일 때 $\sqrt{a^2b}=a\sqrt{b}$가 됨을 알 수 있다.

3. $a>0$, $b>0$일 때 $\frac{\sqrt{a}}{\sqrt{b}}=\sqrt{\frac{a}{b}}$

$\frac{\sqrt{2}}{\sqrt{3}}$을 제곱하면 $\left(\frac{\sqrt{2}}{\sqrt{3}}\right)^2=\frac{\sqrt{2}}{\sqrt{3}}\times\frac{\sqrt{2}}{\sqrt{3}}=\frac{(\sqrt{2})^2}{(\sqrt{3})^2}=\frac{2}{3}$다.

$\frac{\sqrt{2}}{\sqrt{3}}>0$이므로 $\frac{\sqrt{2}}{\sqrt{3}}$는 $\frac{2}{3}$의 양의 제곱근이다. 즉 $\frac{\sqrt{2}}{\sqrt{3}}=\sqrt{\frac{2}{3}}$다.

이것을 일반화하면 $a>0$, $b>0$일 때 $\frac{\sqrt{a}}{\sqrt{b}}=\sqrt{\frac{a}{b}}$가 됨을 알 수 있다.

4. $a>0$, $b>0$일 때 $\sqrt{\frac{a}{b^2}}=\frac{\sqrt{a}}{b}$

$\sqrt{\frac{2}{3^2}}$에서 제곱근의 성질에 의해 $\sqrt{\frac{2}{3^2}}=\frac{\sqrt{2}}{\sqrt{3^2}}=\frac{\sqrt{2}}{3}$가 된다.

이것을 일반화하면 $a>0$, $b>0$일 때 $\sqrt{\frac{a}{b^2}}=\frac{\sqrt{a}}{b}$가 됨을 알 수 있다.

분모의 유리화

분수의 형태는 분모가 전체가 되고, 분자는 분모에 대한 비율이다. **분모의 유리화는** 분자나 분모에 적당한 수를 곱해서 **분모에** 있는 **무리수를 유리수로 바꾸어주는 것을** 말한다.

예를 들어 분수 형태 $\frac{1}{\sqrt{2}}$에서 될 수 있으면 분모를 자연수로 해주는 것이 좋다. $\frac{1}{\sqrt{2}}$을 분모의 유리화를 통해 $\frac{\sqrt{2}}{2}$로 고쳐주면 통분·약분 등 여러 가지 계산에서 편리하다. 따라서 분수를 기약분수의 형태로 나타내는 것처럼, 분모의 유리화를 통해 분모의 무리수를 유리수로 바꾸어주는 것이 일반적이다.

예 $\frac{1}{\sqrt{2}}$에서 분자와 분모에 $\sqrt{2}$를 곱하면 $\frac{1\times\sqrt{2}}{\sqrt{2}\times\sqrt{2}}=\frac{\sqrt{2}}{(\sqrt{2})^2}=\frac{\sqrt{2}}{2}$로 유리화할 수 있다.

예 $\frac{1}{3\sqrt{2}}$에서 분자와 분모에 $\sqrt{2}$를 곱하면 $\frac{1\times\sqrt{2}}{3\sqrt{2}\times\sqrt{2}}=\frac{\sqrt{2}}{3(\sqrt{2})^2}=\frac{\sqrt{2}}{6}$로 유리화할 수 있다.

예 $\frac{1}{\sqrt{3}-\sqrt{2}}$에서 분자와 분모에 $\sqrt{3}+\sqrt{2}$를 곱하면

다항식의 곱셈공식 $(a+b)(a-b)=a^2-b^2$에 의해서

$\frac{1}{\sqrt{3}-\sqrt{2}}=\frac{\sqrt{3}+\sqrt{2}}{(\sqrt{3}-\sqrt{2})(\sqrt{3}+\sqrt{2})}=\frac{\sqrt{3}+\sqrt{2}}{(\sqrt{3})^2-(\sqrt{2})^2}=\frac{\sqrt{3}+\sqrt{2}}{3-2}=\sqrt{3}+\sqrt{2}$가 된다.

무리수에 어떤 수를 곱해야 유리수가 될 수 있을까?

무리수 $\sqrt{2}$를 유리수로 만들기 위해서 같은 수 $\sqrt{2}$를 곱해 $\sqrt{2}\times\sqrt{2}=(\sqrt{2})^2=2$로 만들 수 있다. 그러나 모든 무리수가 $\sqrt{2}$와 같은 형태만 있는 것은 아니다. $3\sqrt{2}$, $\sqrt{2}-1$, $\sqrt{3}-\sqrt{2}$ 등 다양한 형태의 무리수가 존재한다. 먼저 무리수를 유리수로 만드는 방법에 대해서 알아보고 분모의 유리화에 적용해보자.

1. 같은 무리수를 곱하면 무리수를 유리수로 만들 수 있다.

예 $\sqrt{2}\times\sqrt{2}=(\sqrt{2})^2=2$

2. 유리수를 제외한 무리수를 곱하면 무리수를 유리수로 만들 수 있다.

예 $3\sqrt{2}\times\sqrt{2}=3(\sqrt{2})^2=3\times2=6$

3. 다항식의 합과 차를 이용해 무리수를 유리수로 만들 수 있다.

예 $(\sqrt{3}-\sqrt{2})\times(\sqrt{3}+\sqrt{2})=(\sqrt{3})^2-(\sqrt{2})^2=3-2=1$

수학은 숫자와 기호, 문자로 이루어진 학문이다. 숫자와 기호, 문자는 수학적 생각을 간결하고 정확하게 표현할 수 있는 도구다. 숫자와 기호, 문자의 사용은 고대 그리스의 수학자 디오판토스(Diophantos)를 시작으로 인도, 유럽 등을 통해 발전해나갔다. 대수학이 발전하면서 본격적으로 기호와 문자가 사용되어 식의 계산과 연산, 방정식의 해를 찾는 데 중요한 역할을 했다.

2장은 문장이나 도형의 개념을 문자와 식을 사용해 표현하는 것부터 시작한다. 문자를 사용해 나타낸 식의 사칙연산이 필요할 때 동류항과 분배법칙의 개념, 지수법칙 등으로 해결할 수 있다. 또한 곱셈공식과 인수분해를 이용해 식을 전개식이나 곱의 형태로 변형해 활용할 수 있다. 필요에 따라 식을 변형할 수 있고, 식의 사칙연산을 자유롭게 해내는 것이 2장의 목적이다.

2장

식의 계산, 이보다 더 쉬울 수 없다

식의 계산에서 사용되는 개념들을 알아보자

기호와 문자의 사용

수학에서 사용되는 기호는 사칙연산(+, −, ×, ÷)을 포함해 등호(=), 부등호(>, ≥, <, ≤), 근호($\sqrt{\ }$), 원주율(π), 합동(≡), 닮음(∽) 등 다양한 것들이 있으며, 이러한 기호들은 식을 표현하는 데 사용된다.
식에서 표현하고자 하는 미지수의 양을 문자로 나타낼 때는 주로 알파벳 x, y, z와 a, b, c 등을 사용하고, 같은 문자의 곱은 거듭제곱의 형태인 x^2, x^3, x^4, … 으로 나타내어 간결하고 명확하게 표현하는 것이 일반적이다.

예 '아빠의 나이와 아들의 나이를 더하면 40세다.'라는 문장을 문자를 사용해 식으로 나타내보자.

아빠의 나이는 x, 아들의 나이는 y라 하면 $x+y=40$이다.

식의 계산에서 사용되는 개념들

수학에서 배우는 식에는 등식·항등식·단항식·다항식·일차식·이차식·방정식·부등식·함수식 등 다양한 종류가 있다.

- **항:** $x \times y$, $2 \times x$, $3 \times y$, 2×3과 같이 곱의 형태로 이루어진 것

항은 식을 이루는 기본 요소이며, 항과 항은 덧셈을 사용해 항이 2개인 $2x+1$과 같이 나타낸다.

- **식:** 숫자 · 문자 · 기호 등으로 표현된 것으로, 차수에 따라서 일차식 · 이차식 · 삼차식 등으로 나눌 수 있다.

- **차수:** 항에서 문자가 곱해진 개수

예 x: 1차, y^2: 2차, x^3: 3차

- **일차식:** 문자가 한 번 곱해져 있는 문자의 차수가 1인 식

예 $2x+1$, $3a+2$

- **등식:** 등호(=)가 있는 식

예 $2+1=3$, $2x+1=3$

- **항등식:** 미지수 x에 어떤 값을 넣어도 항상 참이 되는 등식

예 $x+x=2x$

- **방정식:** 미지수 x의 값에 따라 참이 되기도 하고 거짓이 되기도 하는 등식

예 $2x+1=3$

- **연립방정식:** 두 미지수 x, y에 대한 일차방정식 2개를 묶어서 나타낸 것

예 $\begin{cases} 2x+y=1 \\ 2x-y=3 \end{cases}$

- **부등식:** 부등호($>$, $\geq$, $<$, $\leq$)를 사용해 수 또는 식의 대소관계를 나타낸 식

예 $2+1>0$, $2x+1>3$

- **함수식:** 두 변수 x, y에 대해 x의 값이 하나 정해지면 그에 따라 y의 값도 오직 하나씩 정해지는 관계에 있는 식

예 $y=x+1$, $y=x^2+2$

기호의 생략

곱셈기호

1. 문자와 문자, 숫자와 문자의 곱에서 곱셈기호(×)는 생략한다.

예 $x\times y=xy$, $2\times x=2x$, $3\times y=3y$

2. 숫자와 문자의 곱에서는 숫자를 문자의 앞에 쓰고, 1 또는 −1과 문자의 곱에서는 1을 생략한다.

예 $a\times 2=2a$, $a\times(-3)=-3a$, $1\times a=a$, $a\times(-1)=-a$

3. 괄호와 괄호의 곱셈에서는 곱셈기호를 생략할 수 있고, 숫자와 괄호의 곱에서는 숫자를 괄호 앞에 쓴다.

예 $(x+3)\times(y-2)=(x+3)(y-2)$, $(x+3y)\times(-3)=-3(x+3y)$

4. 문자와 문자의 곱에서는 알파벳 순서대로 쓰고, 같은 문자의 곱은 거듭제곱 형태로 나타낸다.

예 $y\times x=xy$, $z\times x\times y=xyz$, $a\times a=a^2$

나눗셈기호

나눗셈기호(÷)를 곱셈으로 바꾸어 분수의 꼴로 나타낼 수 있다.

예 $a\div b=a\times\frac{1}{b}=\frac{a}{b}$ $(b\neq0)$, $3a\div 2b=\frac{3a}{2b}$ $(b\neq0)$

대입이란 무엇일까?

- **대입:** 식에서 문자를 대신해 숫자나 다른 문자가 들어가는 것

예 식 $x+1$에 $x=3$을 대입하면 $3+1=4$

식 $x+y+1$에 $x=a+1$, $y=b+2$를 대입하면 $(a+1)+(b+2)+1=a+b+4$

식 $-x^2+1$에 $x=-2$를 대입하면 $-(-2)^2+1=-4+1=-3$

➡ 대입을 할 때는 반드시 괄호를 사용해 대입한다.

식 $-x^2+2$에 $x=-1$을 대입하면 $-1(-1)^2+2=1$이 된다.

문자와 식을 이용한 문제 유형

문자와 식을 이용한 문제에서 중요한 것은 주어진 문장이나 도형을 보고 그 의미를 문자를 사용한 식으로 나타내는 데 있다. 이렇게 문자를 사용해 식으로 나타내면 활용을 위해 식을 변형할 수 있고, 수를 대입해 식의 값을 구할 수도 있다. 문자를 사용한 식으로 나타내는 것은 앞으로 배울 방정식, 함수 등에서 가장 기본이 되는 것으로, 다양하게 활용할 수 있다. 다음 몇 가지 유형을 통해 문자를 사용한 식으로 나타내는 방법을 알아보자.

가격과 관련된 유형

다음 예시를 통해 가격과 관련된 문제를 해결해보자.

Q 사과와 배 1개의 가격은 각각 500원, 600원이다. 사과를 a개 사고 배를 b개 살 때 지불해야 할 금액을 문자와 식으로 나타내보자.

A 500원짜리 사과를 a개, 600원짜리 배를 b개 구매하기 때문에 지불해야 할 총 금액은 $500a+600b$(원)이다.

속력과 관련된 유형

속력에서 사용되는 단위는 시속(km/시)·분속(m/분)·초속(m/초)이고, 주어진 문장 속에서 시속·분속·초속일 때 거리와 시간의 단위를 반드시 확인해야 한다. 속력을 구하는 공식은 아래와 같다.

$$(\text{속력})=\frac{(\text{거리})}{(\text{시간})},\ (\text{시간})=\frac{(\text{거리})}{(\text{속력})},\ (\text{거리})=(\text{속력})(\text{시간})$$

Q $a$km인 산에 분속 60m로 올라갈 때 걸린 시간을 구해보자.

A 우선 (속력)$=\frac{(\text{거리})}{(\text{시간})}$이므로 (시간)$=\frac{(\text{거리})}{(\text{속력})}$다.

속력의 단위가 분속으로 주어졌기 때문에 거리의 단위는 m이고, 시간의 단위는 (분)이다. 주어진 문제에서 산의 높이가 $a$km이므로 단위를 m로 나타내어 $1000a$m로 바꾸어주어야 한다. 그러면 걸린 시간은 $\frac{1000a}{60}=\frac{50a}{3}$(분)이다.

식의 덧셈과 뺄셈, 어떻게 연산하나요?

앞에서 우리는 어떤 상황에 관한 문제에 대해 문자를 사용해 식으로 나타내 보았다. 그런데 한 가지 상황이 아닌 여러 가지 상황에서 문자와 식 사이의 관계를 알아보기 위해 연산을 해야 하는 경우가 있다. 그렇다면 문자를 사용한 식에서는 어떻게 연산해야 할까?

문자를 사용한 식의 덧셈과 뺄셈의 계산 방법

1. 동류항끼리 계산하면 식을 간단히 할 수 있다.

- **동류항:** x와 $2x$, x^2과 $-2x^2$과 같이 문자와 차수가 같은 항

예 $(2x^2+3x)+(4x^2+x)$의 계산에서 $2x^2$, $4x^2$과 $3x$, x는 각각 동류항이므로 동류항끼리 계산해 식을 간단히 할 수 있다.

2. 교환법칙과 결합법칙을 이용해 식을 계산한다.

예 $2x+1$과 $4x-1$의 덧셈에서 교환법칙과 결합법칙을 이용해 동류항끼리 모은 후 다음과 같이 계산한다.

교환법칙 결합법칙

$$(2x+1)+(4x-1)=(2x+4x)+(1-1)$$

교환법칙과 결합법칙(a, b, c: 실수)

덧셈에 대한 교환법칙 $a+b=b+a$

곱셈에 대한 교환법칙 $a\times b=b\times a$

덧셈에 대한 결합법칙 $(a+b)+c=a+(b+c)$

곱셈에 대한 결합법칙 $(a\times b)\times c=a\times(b\times c)$

3. 분배법칙을 이용해 식을 정리한다.

분배법칙은 $a(b+c)$에서 곱하는 a를 분배해 $a(b+c)=ab+ac$로 나타내는 것을 말한다.

예 $(2x+1)+(4x-1)$을 동류항끼리 모은 $(2x+4x)+(1-1)$의 계산에서 분배법칙의 역 $ab+ac=(b+c)a$를 사용해 $2x+4x=(2+4)x=6x$로 계산한다.

분배법칙의 역은 각 항에서 공통적으로 포함되어 있는 문자 a를 공통인수로 해서 곱의 형태로 만드는 것이다.

분배법칙

$$a\times(b+c)=a\times b+a\times c=ab+ac$$

$$ab+ac=a(b+c)=(b+c)a$$

공통인수

문자를 사용한 식의 덧셈과 뺄셈의 예

예 $(2x+3)+(3x-2)$ 주어진 식에서 동류항을 찾는다. $2x$와 $3x$, 3과 -2는 동류항이다.

$=(2x+3x)+(3-2)$ 교환법칙과 결합법칙을 이용해 동류항끼리 모은다.

$=(2+3)x+(3-2)$ 분배법칙을 이용해 식을 계산한다.

$=5x+1$

예 $(2x^2+3x+1)-(x^2+y+2)$ -1을 분배해 뺄셈을 덧셈으로 나타낸다.

$=(2x^2+3x+1)+(-x^2-y-2)$ 주어진 식에서 동류항을 찾는다.

$=(2x^2-x^2)+(3x-y)+(1-2)$ 교환 · 결합 · 분배법칙을 이용해 식을 정리한다.

$=x^2+3x-y-1$

문자를 사용한 식의 곱셈과 나눗셈의 계산 방법

문자를 사용한 식의 곱셈과 나눗셈은 우선 곱셈의 형태를 분배법칙을 이용해 덧셈으로 바꾼다. 덧셈으로 나타낸 식은 동류항·교환법칙·결합법칙을 이용해 식을 정리하면 보다 간단히 할 수 있다.

예 $2(x+2)+3(x-1)$을 간단히 하면 다음과 같다.

$2(x+2)+3(x-1)$	분배법칙을 이용해 식을 덧셈으로 바꾸어준다.
$=2\times x+2\times 2+3\times x+3\times(-1)$	곱셈기호를 생략한다.
$=2x+4+3x-3$	동류항을 찾는다.
$=(2x+3x)+(4-3)$	분배법칙을 이용해 식을 정리한다.
$=5x+1$	

문자를 사용한 식의 곱셈과 나눗셈에서는 간단하게 수만 분배하는 경우만 있는 것이 아니라, 식끼리 곱셈이나 나눗셈을 해야 할 경우가 생긴다. 이때 필요한 것이 **지수법칙**, **다항식의 곱**, **인수분해**다. 이러한 개념들을 바탕으로 계산 방법을 이해해야 식의 곱셈과 나눗셈을 모두 해결할 수 있다.

예 $x^2(3x^2+4x)$를 간단히 하려면 x^2을 분배해 $x^2\times(3x^2)$과 $x^2\times(4x)$를 간단히 해야 한다. 두 문자식의 곱 $x^2\times(3x^2)$의 계산에서 필요한 것이 바로 지수법칙이다.

지수법칙, 어떻게 연산하나요?

지수법칙이란 무엇일까?

수나 식의 계산에서 2×2×2나 $a \times a \times a$와 같이 같은 숫자나 문자를 계속해서 곱할 때, 수를 모두 계산하거나 문자를 전부 나열해서 쓰면 불편할 뿐만 아니라 정확하게 전달하기도 어렵다.

이러한 문제는 지수법칙으로 쉽게 해결할 수 있다. 지수법칙은 거듭제곱으로 나타낸 식 사이의 곱셈과 나눗셈에 대한 규칙이자, 문자를 사용한 식의 사칙연산을 해결하기 위한 도구다.

이때 2^2, 2^3, 2^4, 2^5, …을 통틀어 2의 **거듭제곱**이라고 한다. 곱해지는 수 2를 거듭제곱의 **밑**이라 하고, 곱하는 횟수 2, 3, 4, 5, …를 거듭제곱의 **지수**라고 한다.

a^m ← 지수, ↑ 밑

거듭제곱 사용의 장점

① 식을 간단히 나타낼 수 있다. 예 $2\times2\times2=2^3$

② 같은 숫자나 문자가 몇 번 곱해졌는지 알 수 있다. 예 $a\times a\times a=a^3$

③ 정확하게 표현할 수 있다. 예 $\underbrace{2\times2\times\cdots\times2}_{\text{2의 개수: 100개}}=2^{100}$

다음의 지수법칙에 대해 알아보고 거듭제곱으로 나타낸 수나 식의 곱셈과 나눗셈에 사용해보자.

1. $a^m\times a^n=a^{m+n}$ (m, n: 자연수)

$2^2\times2^3$의 계산을 통해 $a^m\times a^n$의 계산 결과를 확인해보자.

$2^2\times2^3=2\times2\times2\times2\times2=2^5=2^{2+3}$ $2^2\times2^3$은 2를 2번, 또다시 3번 곱한다는 의미다.

$$a^m\times a^n=\underbrace{(a\times\cdots\times a)}_{m\text{번}}\times\underbrace{(a\times\cdots\times a)}_{n\text{번}}$$
$$=a^{m+n}$$

2. $(a^m)^n=a^{mn}$ (m, n: 자연수)

$(2^2)^3$의 계산을 통해 $(a^m)^n$의 계산 결과를 확인해보자.

$(2^2)^3=2^2\times2^2\times2^2=2^{2+2+2}=2^6=2^{2\times3}$ 2^2을 3번 곱한다는 의미다.

$$(a^m)^n=\underbrace{(a^m\times\cdots\times a^m)}_{n\text{번}}=a^{m\times n}=a^{mn}$$

3. $(ab)^m=a^mb^m$, $\left(\frac{a}{b}\right)^m=\frac{a^m}{b^m}$ ($b\neq0$, m: 자연수)

$(2^2 3)^2$의 계산을 통해 $(ab)^m$의 계산 결과를 확인해보자.

$(2^2 3)^2=(2^2 3)(2^2 3)=(2^2)^2(3)^2=2^4 3^2$ 　　 $2^2 3$을 2번 곱한다는 의미다.

$$(ab)^m=(ab)\times(ab)\times\cdots\times(ab)=\underbrace{(a\times\cdots\times a)}_{m\text{번}}\underbrace{(b\times\cdots\times b)}_{m\text{번}}=a^mb^m$$

$\left(\frac{3}{2^2}\right)^2$의 계산을 통해 $\left(\frac{a}{b}\right)^m$의 계산 결과를 확인해보자.

$\left(\frac{3}{2^2}\right)^2=\frac{3}{2^2}\times\frac{3}{2^2}=\frac{3\times3}{2^2\times2^2}=\frac{3^2}{(2^2)^2}=\frac{3^2}{2^4}$ 　　 $\frac{3}{2^2}$을 2번 곱한다는 의미다.

$$\left(\frac{a}{b}\right)^m=\left(\frac{a}{b}\right)\times\cdots\times\left(\frac{a}{b}\right)=\frac{\overbrace{(a\times\cdots\times a)}^{m\text{번}}}{\underbrace{(b\times\cdots\times b)}_{m\text{번}}}=\frac{a^m}{b^m}$$

4. $m>n$이면 $a^m\div a^n=a^{m-n}$, $m=n$이면 $a^m\div a^n=\frac{a^m}{a^n}=1$,

$m<n$이면 $a^m\div a^n=\frac{1}{a^{n-m}}$

거듭제곱으로 나타낸 식 $a^3\div a^2$, $a^2\div a^2$, $a^2\div a^3$의 계산방법을 통해 $a^m\div a^n$ $(a\neq0)$의 계산을 알아보면 다음과 같다.

먼저 $a^3\div a^2$ $(a\neq0)$의 계산을 알아보자$(m>n)$.

$a^3\div a^2=a^3\times\frac{1}{a^2}=\frac{a\times a\times a}{a\times a}=a=a^{3-2}$ 　　 $\frac{\overbrace{a\times a\times\cdots\times a}^{m\text{번}}}{\underbrace{a\times a\times\cdots\times a}_{n\text{번}}}=a^{m-n}$

다음으로 $a^2\div a^2$ $(a\neq0)$의 계산을 알아보자$(m=n)$.

$a^2\div a^2=a^2\times\frac{1}{a^2}=\frac{a\times a}{a\times a}=1$ 　　 $\frac{\overbrace{a\times a\times\cdots\times a}^{m\text{번}}}{\underbrace{a\times a\times\cdots\times a}_{n\text{번}}}=1=a^{m-n}=a^0$

마지막으로 $a^2 \div a^3$ $(a \neq 0)$의 계산을 알아보자$(m<n)$.

$$a^2 \div a^3 = a^2 \times \frac{1}{a^3} = \frac{a \times a}{a \times a \times a} = \frac{1}{a} = \frac{1}{a^{3-2}} \quad \frac{\overbrace{a \times a \times \cdots \times a}^{m\text{번}}}{\underbrace{a \times a \times \cdots \times a}_{n\text{번}}} = \frac{1}{a^{n-m}}$$

지수법칙에서 자주 하는 실수들

처음 지수법칙을 이용해 문제를 풀다 보면 흔히 다음과 같은 실수를 하게 될 수 있으니 주의해야 한다.

1. 거듭제곱으로 나타낸 식의 곱셈을 지수의 곱으로 착각한다.

지수끼리의 합

$a^2 \times a^3 = a^{2+3} = a^5$ (○)

$a^2 \times a^3 = a^{2\times3} = a^6$ (×)

2. 거듭제곱으로 나타낸 식의 제곱 꼴을 지수의 합으로 착각한다.

지수끼리의 곱

$(a^2)^3 = a^{2\times3} = a^6$ (○)

$(a^2)^3 = a^{2+3} = a^5$ (×)

3. 거듭제곱의 나눗셈에서는 지수 m, n의 크기에 상관없이 $a^m \div a^n = a^{m-n}$으로 지수법칙을 사용한다(심화 개념).

$2^2 \div 2^2 = 2^{2-2} = 2^0$이나 $2^2 - 2^4 = 2^{2-4} = 2^{-2}$과 같이 지수가 0 또는 음수가 나

오는 경우가 있다.

하지만 중학 교과에서는 **지수를 자연수로 제한**하고 있어 2^0이나 2^{-2}과 같은 표현은 쓰지 않는다. 그러므로 여기서는 2^0이나 2^{-2}과 같이 지수가 0이거나 음수, 분수인 경우에 어떤 형태를 이루게 되는지만 간단히 알아보자.

지수가 0인 경우 $2^2 \div 2^2 = 2^{2-2} = 2^0$과 $2^2 \div 2^2 = \frac{2 \times 2}{2 \times 2} = 1$로 나타낼 수 있으므로 $2^0 = 1$이다. 일반적으로 $a^0 = 1 (a \neq 0)$이다.

지수가 음수인 경우 $2^2 \div 2^4 = \frac{1}{2^{4-2}} = \frac{1}{2^2}$과 $2^2 \div 2^4 = 2^{2-4} = 2^{-2}$으로 나타낼 수 있으므로 $2^{-2} = \frac{1}{2^2}$이다.

지수가 분수인 경우 $2^{\frac{1}{2}}$은 $\left(2^{\frac{1}{2}}\right)^2 = 2$이므로 2의 양의 제곱근이 된다. 따라서 $2^{\frac{1}{2}} = \sqrt{2}$와 같다.

다항식의 곱(곱셈공식), 어떻게 연산하나요?

다항식의 곱셈과 나눗셈은 분배법칙과 지수법칙을 이용해서 간단하게 나타낼 수 있다. 분배법칙은 $a(b+c)=ab+ac$와 같은 형태뿐만 아니라 $(a+b)(c+d)=a(c+d)+b(c+d)=ac+ad+bc+bd$처럼 분배법칙을 2번 이용하는 경우도 있다.

분배법칙 — 분배법칙: $a(b+c)=a\times b+a\times c=ab+ac$

다항식의 곱 — 분배법칙, 분배법칙: $(a+b)(c+d)=ac+ad+bc+bd$

곱셈공식이 왜 필요할까?

- **곱셈공식:** 다항식의 곱을 통해 전개한 식 중에서 자주 사용되는 경우를 공식화해서 만든 것

다항식의 곱으로 나타낸 식은 분배법칙을 이용해 전개하고, 다항식의 덧셈과 뺄셈을 이용해 간단히 할 수 있다. 곱셈공식은 다항식의 곱을 통해 전개한 식 중 자주 사용되는 경우를 공식화해서, 분배법칙으로 전개하고 정리하는 **중간과정을 생략**해 결과를 이끌어낸 것을 말한다. 자주 사용하는 다항식의 곱의 계산에서 곱셈공식을 활용하면, 중간과정을 생략하기 때문에 편리할 뿐만 아니라 정확하게 계산할 수 있다는 장점이 있다.

다항식의 곱 $(a+b)^2=(a+b)(a+b)$

⬇

계산 후 식 정리 $(a+b)^2=\underbrace{(a+b)(a+b)=a^2+ab+ba+b^2}_{\text{생략}}=a^2+2ab+b^2$

⬇

곱셈공식 이용 $(a+b)^2=a^2+2ab+b^2$

곱셈공식을 알아보자

곱셈공식의 유형과 변형에 대해 알아보고, 식의 계산에서 곱셈공식을 적절하게 활용해보자.

1. 같은 다항식을 2번 곱하기

$$(a+b)^2=a^2+2ab+b^2$$
$$(a-b)^2=a^2-2ab+b^2$$

같은 다항식의 곱 $(a+b)(a+b)$와 $(a-b)(a-b)$를 각각 전개해 식을 정리하면 다음과 같다.

$$(a+b)(a+b)=(a+b)^2=a^2+ab+ba+b^2=a^2+2ab+b^2$$
$$(a-b)(a-b)=(a-b)^2=a^2-ab-ba+b^2=a^2-2ab+b^2$$

중간과정을 생략해 곱셈공식 $(a+b)^2=a^2+2ab+b^2$과
$(a-b)^2=a^2-2ab+b^2$을 얻을 수 있다.

2. 합과 차를 곱하기

$$(a+b)(a-b)=a^2-b^2$$

하나는 합이고 다른 하나는 차인 두 다항식의 곱 $(a+b)(a-b)$를 전개해 식을 정리하면 다음과 같다.

$$(a+b)(a-b)=a^2-ab+ba-b^2=a^2-b^2$$

중간과정을 생략해 곱셈공식 $(a+b)(a-b)=a^2-b^2$을 얻을 수 있다.

3. 두 일차식을 곱하기

$$(x+a)(x+b)=x^2+(a+b)x+ab$$
$$(ax+b)(cx+d)=acx^2+(ad+bc)x+bd$$

먼저 일차식 x의 계수가 1인 경우를 알아보고, 일반적인 일차식의 곱으로 확장해서 알아보자.

다항식의 곱 $(x+a)(x+b)$를 전개해 식을 정리하면 다음과 같다.

$$(x+a)(x+b)=x^2+ax+bx+ab=x^2+(a+b)x+ab$$

x의 계수가 일반적인 일차식일 때 다항식의 곱 $(ax+b)(cx+d)$를 전개해 식을 정리하면 다음과 같다.

$$(ax+b)(cx+d)=acx^2+adx+bcx+bd=acx^2+(ad+bc)x+bd$$

중간과정을 생략하면 곱셈공식 $(x+a)(x+b)=x^2+(a+b)x+ab$와 $(ax+b)(cx+d)=acx^2+(ad+bc)x+bd$를 얻을 수 있다.

곱셈공식의 변형

곱셈공식에서는 필요에 따라 등식의 성질을 이용해 식을 변형할 수 있다. 곱셈공식의 기본적인 변형에 대해 알아보고 그 활용 방법을 확인해보자.

곱셈공식	변형
$(a+b)^2=a^2+2ab+b^2$	$a^2+b^2=(a+b)^2-2ab$
$(a-b)^2=a^2-2ab+b^2$	$a^2+b^2=(a-b)^2+2ab$

➡ $(a+b)^2-2ab=(a-b)^2+2ab$

또한 합과 차의 제곱의 곱셈공식에서 a, b를 대신해 x와 $\frac{1}{x}(x\neq0)$을 대입하면

$\left(x+\frac{1}{x}\right)^2=x^2+\frac{1}{x^2}+2$와 $\left(x-\frac{1}{x}\right)^2=x^2+\frac{1}{x^2}-2$를 얻을 수 있다.

이 식도 변형해 나타내면 $x^2+\frac{1}{x^2}=\left(x+\frac{1}{x}\right)^2-2=\left(x-\frac{1}{x}\right)^2+2$다.

곱셈공식	변형
$\left(x+\frac{1}{x}\right)^2=x^2+\frac{1}{x^2}+2$	$x^2+\frac{1}{x^2}=\left(x+\frac{1}{x}\right)^2-2$
$\left(x-\frac{1}{x}\right)^2=x^2+\frac{1}{x^2}-2$	$x^2+\frac{1}{x^2}=\left(x-\frac{1}{x}\right)^2+2$
➡ $\left(x+\frac{1}{x}\right)^2-2=\left(x-\frac{1}{x}\right)^2+2$	

곱셈공식의 활용

곱셈공식을 적절하게 잘 활용하면 계산이 편리해져 문제를 쉽게 해결할 수 있기 때문에 곱셈공식은 수의 계산이나 도형의 활용 등에 사용된다.

예 101^2을 직접 계산하는 것과 곱셈공식을 이용하는 방법을 비교해보자.

$101^2=101\times101$　　101을 2번 곱해 계산한다.

$101^2=(100+1)^2$　　101을 $(100+1)^2$으로 나타낸 후 곱셈공식을 활용한다.

101을 $(100+1)^2$으로 나타낸 후 곱셈공식 $(a+b)^2=a^2+2ab+b^2$을 이용하면 $101^2=(100+1)^2=100^2+2\times100+1^2=10000+200+1=10201$으로 쉽고 편리하게 계산할 수 있다.

예 101×99의 계산은 곱셈공식 $(a+b)(a-b)=a^2-b^2$을 이용하면

$101\times99=(100+1)(100-1)=100^2-1^2=9999$로, 쉽게 계산할 수 있다.

그러나 곱셈공식을 이용하는 것이 항상 편리한 것은 아니다. 101^2을 $(99+2)^2$으로 나타내거나 101×99를 $(98+3)(98+1)$과 같이 나타내면 곱셈공식으로 계산하는 것이 더 불편할 수도 있다.

수의 계산에서 곱셈공식을 이용해 쉽고 편리하게 계산하려면 수를 변형함으로써 계산이 쉬운 10^n의 형태로 만들어야 한다. 조금 극단적인 예를 들어 999998^2을 계산하는 것은 쉬운 일이 아니다. 물론 직접 계산해서 값을 구할 수는 있으나 시간이 오래 걸린다. 하지만 곱셈공식을 이용하면 직접 계산하는 것보다 훨씬 쉽고 빠르게 계산할 수 있다.

곱셈공식을 이용해 999998^2을 계산하는 과정은 다음과 같다.

① 곱셈공식이 활용될 수 있는지 확인한다.

999998^2의 계산에서 $(a-b)^2=a^2-2ab+b^2$을 활용한다.

② 쉬운 계산식으로 변형한다.

$999998^2=(10^6-2)^2$으로 변형한다. 10^6이나 2는 제곱해도 계산이 편리하다.

③ 곱셈공식을 적용한다.

$999998^2=(10^6-2)^2=(10^6)^2-2\times(2)(10^6)+(2)^2$

④ 지수법칙을 이용해 계산한다.

$$999998^2=(10^6-2)^2=(10^6)^2-2\times(2)(10^6)+(2)^2=10^{12}-4\times10^6+4$$
$$=999996000004$$

➡ 다양한 식의 계산뿐만 아니라 도형의 활용 문제를 다룰 때도 곱셈공식은 많이 사용된다.

인수분해, 어떻게 하나요?

인수분해란 무엇일까?

● **인수분해:** 하나의 다항식을 2개 이상의 인수의 곱으로 나타내는 것

소인수분해에서 자연수를 더이상 분해되지 않는 소수의 곱으로 나타내는 것과 같이, 인수분해에서는 다항식을 더이상 분해되지 않는 인수들의 곱으로 나타내는 것이다.

인수분해는 전개의 반대다. 우리는 이미 분배법칙 속에서 인수분해의 개념을 사용했다. $a(b+c)=ab+ac$와 같이 곱의 형태로 이루어진 식을 펼치는 것을 **전개**라고 하고, 반대로 $ab+ac=a(b+c)$와 같이 다항식을 곱의 형태로 바꾸는 것을 **인수분해**라고 한다.

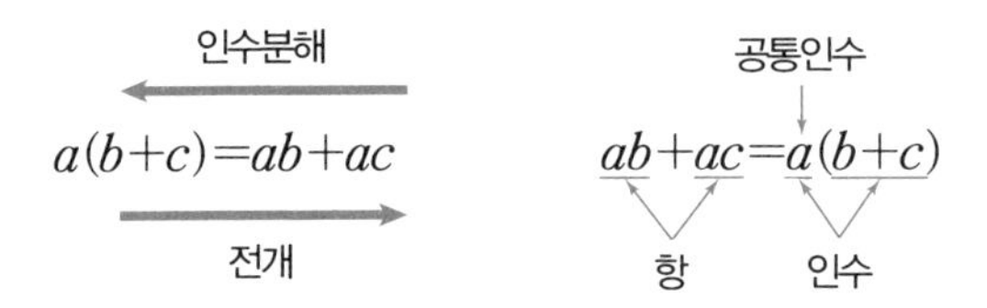

자연수를 소인수분해해서 그 구성요소를 알아보고 약수의 개수 등에 활용한 것처럼, 복잡한 다항식을 인수분해해서 그 인수를 알아보는 것은 방정식의 풀이 등에 매우 유용하게 사용된다.

인수분해 공식을 알아보자

1. 공통인수를 이용한 인수분해

$$ab+ac=a(b+c)$$
$$ma+mb+na+nb=(a+b)(m+n)$$

인수분해에서 공통인수를 찾는 것은 가장 기본적인 것으로, 제일 먼저 고려해야 할 사항이다. 주어진 다항식의 항에서 공통으로 포함된 인수는 분배법칙의 역을 이용해 인수분해할 수 있다.

예 $ab+ac=a(b+c)$ 전체 항에서 공통인수를 찾아 인수분해한다.

$ma+mb+na+nb$ m, n이 두 항에서 각각 공통인수다.

$=m(a+b)+n(a+b)$ 다시 $(a+b)$가 공통인수다.

$=(a+b)(m+n)$

2. 완전제곱식으로 인수분해

$$a^2+2ab+b^2=(a+b)^2$$
$$a^2-2ab+b^2=(a-b)^2$$

예 $4x^2+4x+1$은 $(2x)^2+2(2x)(1)+(1)^2=a^2+2ab+b^2$과 같은 형태이므로 $(2x+1)^2$으로 인수분해된다. 마찬가지로 $4x^2-4x+1=(2x-1)^2$으로 인수분해된다.

➡ $(앞)^2+2(앞)(뒤)+(뒤)^2$ 또는 $(앞)^2-2(앞)(뒤)+(뒤)^2$과 같은 형태의 식은 $(a+b)^2$ 또는 $(a-b)^2$으로 나타낼 수 있다. 이렇게 합이나 차의 제곱 형태로 인수분해되는 식을 **완전제곱식**이라 한다.

3. $(\quad)^2-(\quad)^2$ 꼴의 인수분해

$$a^2-b^2=(a+b)(a-b)$$

예 $4x^2-y^2=(2x)^2-y^2=(2x+y)(2x-y)$와 같이 $(\quad)^2-(\quad)^2$의 형태는 합과 차의 곱으로 인수분해된다.

➡ (　)^2−(　)^2 꼴은 항상 인수분해할 수 있을까? (　)^2−(　)^{2}의 구조를 가지고 있는 식은 항상 인수분해가 가능하다고 생각할 수 있다. 일반적으로 x^2-4와 같이 $x^2-4=x^2-2^2=(x+2)(x-2)$로 나타내면 인수분해가 가능하다.

그러나 x^2-2를 (　)^2−(　)^{2}의 구조로 만들기 위해 $x^2-2=x^2-(\sqrt{2})^2$로 만들어서 $(x+\sqrt{2})(x-\sqrt{2})$로 인수분해하지는 않는다. 왜냐하면 특별한 조건이 없는 한 인수분해는 **유리수범위 안에서** 진행하기 때문이다.

만약 x^2-2를 $x^2-(\sqrt{2})^2=(x+\sqrt{2})(x-\sqrt{2})$로 인수분해하려면 **실수범위 안**에서 인수분해하라는 조건이 있어야 한다.

식	인수분해	인수분해의 범위
x^2-4	$x^2-4=x^2-2^2=(x+2)(x-2)$	특별한 조건이 없는 한 유리수범위
x^2-2	인수분해되지 않음	특별한 조건이 없는 한 유리수범위
x^2-2	$x^2-2=x^2-(\sqrt{2})^2=(x+\sqrt{2})(x-\sqrt{2})$	실수범위 안에서 인수분해

4. 다항식의 곱으로 인수분해

$$x^2+(a+b)x+ab=(x+a)(x+b)$$
$$acx^2+(ad+bc)x+bd=(ax+b)(cx+d)$$

다항식이 $x^2+(a+b)x+ab$의 구조라면 $(x+a)(x+b)$로 인수분해된다.

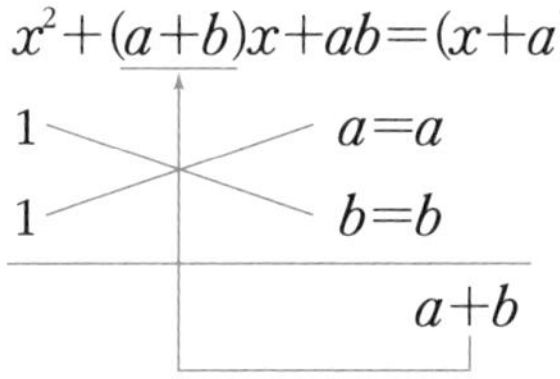

$$x^2+(a+b)x+ab=(x+a)(x+b)$$

1 ╲╱ $a=a$
1 ╱╲ $b=b$

$a+b$

예 x^2-4x+3은 $(x+a)(x+b)$의 형태로 인수분해된다. $a+b=-4$, $ab=3$을 동시에 만족하는 해를 구하면 $a=-1$, $b=-3$이다.

그러므로 $x^2-4x+3=(x-1)(x-3)$으로 인수분해된다.

다항식이 $acx^2+(ad+bc)x+bd$의 구조라면 $(ax+b)(cx+d)$의 형태로 인수분해된다.

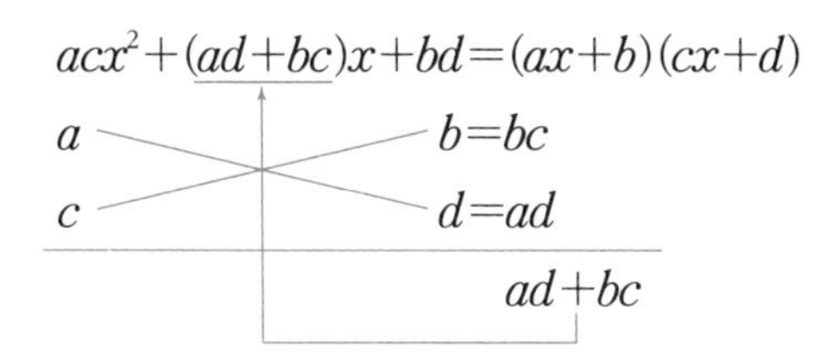

예 $2x^2+5x+2$를 인수분해하려면 우선 $ac=2$, $bd=2$를 만족하면서 동시에 $ad+bc=5$인 a, b, c, d를 찾아야 한다.

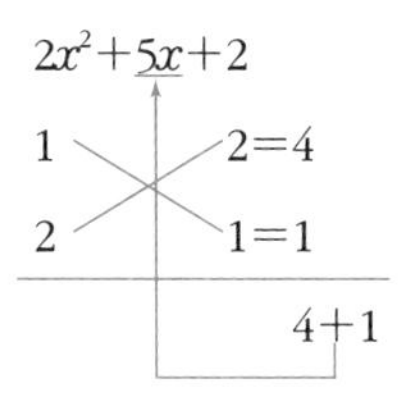

$a=1$, $b=2$, $c=2$, $d=1$이므로 $2x^2+5x+2$는 $(x+2)(2x+1)$로 인수분해된다.

➡ 다항식의 곱으로 인수분해하려면 $acx^2+(ad+bc)x+bd$에서 ac, bd이면서 동시에 $ad+bc$가 되는 경우를 찾아서 $(ax+b)(cx+d)$로 인수분해해야 한다. 처음에는 동시에 만족하는 수를 찾는 것이 어려울 수도 있지만 유형별로 연습하면서 패턴을 찾는다면 점차 쉽게 해결할 수 있을 것이다.

인수분해, 어떻게 활용하나요?

인수분해 공식은 복잡한 식을 인수분해하거나 수의 계산을 편리하게 할 때 활용된다. 또한 다항식을 인수분해해서 인수의 곱으로 나타내면 방정식의 해를 구할 때 매우 유용하다. 기본적인 인수분해는 크게 4가지 공식을 이용한다. 그러나 어떤 경우에는 공식을 여러 번 사용하거나 주어진 식을 변형해서 인수분해해야 한다. 몇 가지 예를 통해 복잡한 인수분해를 알아보자.

인수분해를 활용하는 방법

복잡한 식에서 공통적인 인수나 식이 있을 때는 치환을 이용하고, 문자가 여러 개인 경우에는 문자를 차수대로 정리해 인수분해하면 쉽게 해결된다.

공통인수를 2번 이상 사용하는 경우

모든 항에 공통인수가 존재할 때는 $m(a+b)$의 형태로 인수분해한다. 주어진 다항식의 모든 항에 공통인수가 존재하지 않을 때도 공통인수로 묶어서 인수분해가 가능한 경우가 있다. 아래와 같이 각각 공통인수 m, n으로 묶은 후 또다시 $a+b+c$가 공통인수가 되는 경우다.

$$ma+mb+mc+na+nb+nc$$
$$=m(a+b+c)+n(a+b+c)=(a+b+c)(m+n)$$

공통식을 한 문자로 치환하는 경우

주어진 다항식을 인수분해하려면 우선 다항식을 전개해 식을 정리한 후에 인수분해 공식을 활용하는 것이 일반적이다. 그러나 주어진 다항식이 $(x+1)^2+3(x+1)-4$와 같이 공통인 식이 존재할 때 이를 문자로 치환하고 인수분해하면 좀더 쉽게 해결할 수 있다.

- **치환:** 식을 간단히 하기 위해 복잡한 문자 대신 하나의 문자로 나타내는 것

$(x+1)^2+3(x+1)-4$ — $x+1$을 A로 치환한다.

$=A^2+3A-4$ — A에 대해 인수분해를 한다.

$=(A+4)(A-1)$ — 다시 A에 $x+1$을 대입해 식을 정리한다.

$=(x+1+4)(x+1-1)$

$=(x+5)x=x(x+5)$

식을 일부 전개하고 치환하는 경우(심화)

다항식 $(x+1)(x+2)(x-3)(x-4)+6$을 인수분해하기 위해서는 식을 전개한 후에 차수별로 정리하고 공식을 적용해야 한다. 그러나 다항식의 일부를 전개한 후에 치환을 이용해 인수분해하면 전부를 전개할 때보다 쉽게 해결되는 경우도 있다.

$(x+1)(x+2)(x-3)(x-4)+6$	교환법칙을 이용해 식을 정리한다.
$=(x+1)(x-3)(x+2)(x-4)+6$	식의 일부를 전개한다.
$=(x^2-2x-3)(x^2-2x-8)+6$	x^2-2x를 A로 치환한다.
$=(A-3)(A-8)+6=(A^2-11A+24)+6$	
$=A^2-11A+30$	A에 대해 인수분해한다.
$=(A-6)(A-5)$	A를 x^2-2x로 환원한다.
$=(x^2-2x-6)(x^2-2x-5)$	인수분해가 더이상 되지 않을 때까지 한다.

문자가 여러 개인 경우

주어진 다항식에서 문자가 여러 개인 경우에는 **차수가 낮은 문자를 내림차순으로** 정리하고 나서 공식을 활용하면 쉽게 인수분해할 수 있다. 차수가 낮을수록 인수분해가 쉬워지기 때문이다.

예를 들어 문자가 x, y로 2개인 다항식 $x^2+xy+x+2y-2$에서 우선 차수가 낮은 y에 대해 내림차순으로 식을 정리하면 $(x+2)y+x^2+x-2$다.

이 식을 인수분해하면 $(x+2)y+(x+2)(x-1)=(x+2)(y+x-1)$이다.

물론 이 경우 차수가 높은 x에 대해 식을 정리해도 되지만, 일반적으로 차수가 낮은 식의 인수분해가 더 쉽다.

● **내림차순:** 어떤 다항식을 한 문자에 대해 높은 차수부터 낮은 차수로 정리하는 것

예 $x^2+2x-2y^2+xy+5y+3$을 x에 대해 내림차순으로 정리하면

$x^2+(2+y)x-2y^2+5y+3$이다.

➡ 문자의 차수가 같은 경우는 어떤 문자로 정리해도 된다. 위에서 내림차순으로 정리한 다항식 $x^2+(2+y)x-2y^2+5y+3$을 인수분해하면 다음과 같다.

$$x^2+(2+y)x-2y^2+5y+3=x^2+(2+y)x-(2y+3)(y+1)$$

1	$(2y+3)$
1	$-(y+1)$

$$=\{x+(2y+3)\}\{x-(y+1)\}$$
$$=(x+2y+3)(x-y-1)$$

같은 식을 더하고 빼서 공식을 활용하는 경우(심화)

다항식 x^4+x^2+1과 같이 바로 인수분해가 되지 않는 경우에는 같은 문자를 더했다가 뺀 다음, 인수분해 공식을 활용할 수 있는 다항식으로 만들어준다.

$x^4+x^2+1=x^4+x^2+1+x^2-x^2$ 같은 문자 x^2을 한 번 더했다가 뺀다.

$=(x^4+2x^2+1)-x^2$ $(\quad)^2-(\quad)^2$의 형태로 만들어준다.

$=(x^2+1)^2-x^2$ 인수분해한다.

$=(x^2+1+x)(x^2+1-x)$

그러므로 $x^4+x^2+1=(x^2+x+1)(x^2-x+1)$로 인수분해가 된다.

인수분해의 활용 예시

계산에서의 활용

수의 계산에서 인수분해를 적절하게 사용하면 직접 계산하는 것보다 쉽고 편리하다. 수의 계산에 인수분해를 활용하는 몇 가지 예를 살펴보자.

예 99^2-1, 999^2-1, 9999^2-1에서 99^2, 999^2, 9999^2은 계산 시간이 오래 걸릴 뿐만 아니라 매우 귀찮다. 이러한 계산은 $(\quad)^2-(\quad)^2$의 인수분해를 활용하면 쉽게 해결할 수 있다.

$99^2-1=99^2-1^2=(99+1)(99-1)=100\times98=9800$

$999^2-1=999^2-1^2=(999+1)(999-1)=1000\times998=998000$

$9999^2-1=9999^2-1^2=(9999+1)(9999-1)=10000\times9998=99980000$

예 $101^2-202+1$이나 $\sqrt{99^2+2\times99+1}$의 계산에서 $a^2-2ab+b^2=(a-b)^2$과 $a^2+2ab+b^2=(a+b)^2$의 인수분해 공식을 활용하면 쉽게 계산할 수 있다. 주어진 계산식은 완전제곱식의 구조다.

이것을 인수분해하면 $101^2-202+1=101^2-2(101)(1)+1^2=(101-1)^2$이 된다. 즉 $101^2-202+1$의 계산보다 인수분해를 한 결과인 $(101-1)^2=100^2=10000$으로 계산하는 것이 더욱 편리하다.

마찬가지로 $\sqrt{99^2+2\times99+1}=\sqrt{(99+1)^2}=\sqrt{100^2}=100$이다.

예 $10^2-9^2+8^2-7^2+6^2-5^2+4^2-3^2+2^2-1^2$와 같이 복잡한 계산에서 식을 정리한 후 $(\quad)^2-(\quad)^2$의 인수분해를 활용하면 다음과 같다.

$(10^2-9^2)+(8^2-7^2)+(6^2-5^2)+(4^2-3^2)+(2^2-1^2)$

$=(10+9)(10-9)+(8+7)(8-7)+\cdots+(4+3)(4-3)+(2+1)(2-1)$

$=10+9+8+\cdots+3+2+1=55$

문장제 문제(글·문장, 도형)

글이나 문장, 도형으로 제시된 문장제 문제에서는 우선 **미지수를 결정**해 식으로 나타내고, 인수분해 공식을 활용해 주어진 문제를 해결한다.

Q 두 정사각형의 둘레 길이의 합이 80cm이고 넓이의 차이가 40cm²일 때, 두 정사각형의 두 변의 길이의 차이를 구해라.

A 우선 그림과 같이 두 정사각형의 한 변의 길이를 x, $y(x>y)$라 하자. 두 정사각형의 둘레 길이의 합이 80cm이므로 $4(x+y)=80$이고 $x+y=20$이다.

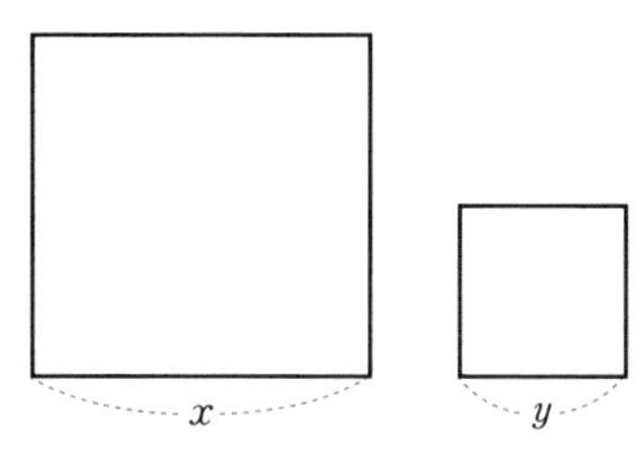

두 정사각형의 넓이의 차이가 40cm²이므로 $x^2-y^2=40$이고 인수분해 공식을 활용하면 $x^2-y^2=(x+y)(x-y)=40$이다.

$x+y=20$이므로 $x-y=2$다. 따라서 두 변의 길이의 차이는 2cm다.

방정식과 부등식은 서로의 관계를 미지수가 있는 식으로 표현해 해를 구하는 수학적 방법이다. 이 방정식과 부등식을 이용해 특별한 경우의 해를 구할 수 있고, 2가지 이상의 상황이나 문제에서 동시에 만족하는 해를 찾아내는 등 유용하게 사용할 수 있다.

3장에서는 방정식과 부등식의 기본 용어와 개념을 이해하고, 다양한 방법으로 해를 구하는 방법들을 배우게 될 것이다. 먼저 일차방정식과 일차부등식에서 해를 구하고, 각각의 식을 좀더 확장해 연립일차방정식과 연립일차부등식의 해를 구하는 방법을 배운다. 더 나아가 이차방정식에서 근의 공식을 유도하고, 다양한 방법을 통해 해를 구하며, 실생활 속에서도 활용하는 법을 배우는 것이 3장의 목표다.

3장

방정식과 부등식, 이보다 더 재미있을 수 없다

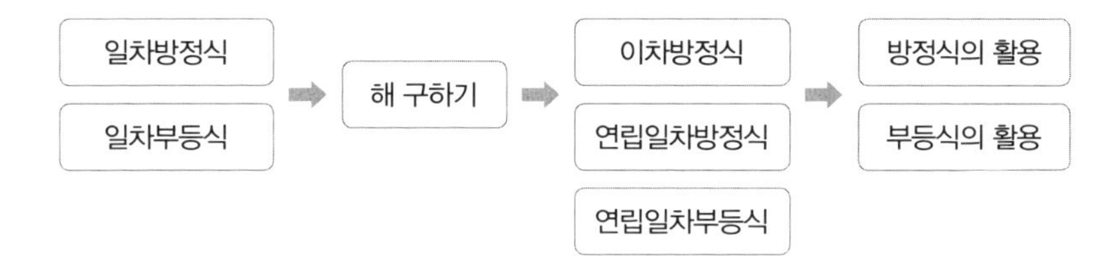

방정식과 부등식은 무엇인가요?

방정식과 부등식은 여러 가지 현상이나 서로의 관계를 수학적으로 표현하는 수단이다. 수학을 실생활에서 활용하기 위해 방정식과 부등식을 이해하는 것은 중요하다. 방정식과 부등식은 유사한 개념이지만, **방정식**은 **등호**를 사용하고 **부등식**은 **부등호**를 사용한다는 점에서 차이가 있다.

방정식이란 무엇일까?

- **방정식:** 미지수가 되는 문자의 값에 따라 참이 되기도 하고 거짓이 되기도 하는 등식

예 $x+1=3$(미지수 x가 2일 때는 등식이 참이 되지만, 다른 수일 때는 거짓이 된다.)

- **등식:** 등호가 있는 식

예 $2+1=3$, $x+2=3$

- **항등식:** 항상 참이 되는 등식

예 $x+x=2x$(미지수 x에 어떤 값을 넣어도 등식은 항상 참이 된다.)

방정식의 종류

방정식은 미지수의 개수 및 차수에 따라 이름과 풀이가 다르다. 방정식의 종류를 알면 해를 구하는 과정을 이해하는 데 도움이 된다.

1. x에 대한 일차방정식: $ax+b=0(a\neq0)$

예 $2x+1=0$

2. 미지수가 2개인 일차방정식: $ax+by+c=0(a\neq0,\ b\neq0)$

예 $2x+y+1=0$

3. 연립방정식: 미지수가 2개인 일차방정식을 2개 이상 묶어서 나타낸 것

예 $\begin{cases} x+y+1=0 \\ x-y+1=0 \end{cases}$

4. x에 대한 이차방정식: $ax^2+bx+c=0(a\neq0)$

예 $x^2+x-2=0$

방정식의 해

방정식 $x+1=3$은 $x=2$일 때 등식이 참이 되고, $x\neq2$일 때는 거짓이 된다. 이와 같이 방정식을 참이 되게 하는 x의 값을 **방정식의 해** 또는 **근**이라 하고, 방정식의 해를 구하는 것을 **방정식을 푼다**고 한다.

방정식의 해를 구할 때 가장 먼저 확인해야 할 것은 미지수 x의 범위다. 만약 방정식을 풀이한 해가 미지수 x의 범위 안에 있지 않으면 해가 되지 않는다. 그러므로 방정식을 풀이하기 전에는 반드시 미지수 x의 범위를 확인해야 한다.

Q 방정식 $x-1=-3$을 풀어라.

A 특별한 조건이 없으면 x의 범위는 **모든 수**다.

$x-1=-3$

$x=-3+1$

$x=-2$

x의 범위가 모든 수이므로 $x=-2$는 해가 된다.

그러므로 방정식의 해는 $x=-2$다.

Q 방정식 $x-1=-3$(x: 자연수)을 풀어라.

A 문제에서 x의 범위가 **자연수로 제한**되어 있다.

$x-1=-3$

$x=-3+1$

$x=-2$

그런데 x는 자연수이므로 $x=-2$는 해가 될 수 없다.

그러므로 **해가 없다.**

부등식이란 무엇일까?

- **부등식:** 부등호를 사용해 수 또는 식의 대소 관계를 나타낸 식

예 $2+1<4$, $x+2>3$

- **절대부등식:** 항상 참이 되는 부등식

예 $x^2 \geq 0$(미지수 x에 어떤 값을 넣어도 부등식은 항상 참이 된다.)

- **조건부등식:** 미지수 x의 범위에 따라 참이 되기도 하고 거짓이 되기도 하는 부등식(즉 특정 범위에 있는 값일 때만 성립하는 부등식)

예 $x+1>3$($x>2$일 때는 부등식이 참이 되지만, $x \leq 2$일 때는 거짓이 된다.)

➡ 절대부등식이나 조건부등식은 중학교 교육과정에서는 사용되지 않는 용어다. 다만 여기에서는 방정식과 부등식을 비교하고 정확한 개념을 이해하도록 하기 위해 설명했다. 또한 $x+1>3$과 같은 부등식은 조건부등식이지만, 미지수의 차수에 따라 (일차식)>0의 형태인 일차부등식이라 부른다.

부등식의 종류

중학교에서 배우는 부등식은 방정식보다 좀더 간단한 유형이며 일차부등식과 연립부등식이 있다.

x에 대한 일차부등식

부등식의 성질을 이용해 식을 정리해서 (x에 대한 일차식)>0, (x에 대한 일차식)<0, (x에 대한 일차식)≥ 0, (x에 대한 일차식)≤ 0 중 어느 하나가 되면 **일차부등식**이다.

즉 식을 정리해서 $ax+b>0$, $ax+b<0$, $ax+b\geq 0$, $ax+b\leq 0(a\neq 0)$의 꼴로 나타낼 수 있는 부등식이다.

예 $2x+1>0$, $2x+1<0$, $2x+1\geq 0$, $2x+1\leq 0$

연립부등식

x에 대한 일차부등식 2개 이상을 함께 묶어 한 쌍으로 나타낸 것을 말한다.

예 $\begin{cases} x-1<2 \\ 3x-2>1 \end{cases}$

부등식의 해

부등식 $x+1>3$은 $x>2$일 때 참이 되고, $x\leq 2$일 때는 거짓이 된다. 이와 같이 부등식을 참이 되게 하는 x의 값 또는 범위를 **부등식의 해**라고 하고, 부등식의 해를 구하는 것을 **부등식을 푼다**고 한다. 방정식과 마찬가지로 부등식의 해를 구할 때도 가장 먼저 확인해야 할 것은 미지수 x의 범위다.

Q 부등식 $x-1<-3$을 풀어라.

A 특별한 조건이 없으면 x의 범위는 **모든 수**다.

$x-1<-3$

$x<-3+1$

$x < -2$

x의 범위가 모든 수이므로 $x < -2$는 해가 된다.

그러므로 부등식의 해는 $x < -2$다.

Q 부등식 $x-1 < -3$(x: 자연수)을 풀어라.

A 문제에서 x의 범위가 **자연수로 제한**되어 있다.

$x-1 < -3$

$x < -3+1$

$x < -2$

x의 범위가 자연수이므로 $x < -2$는 해가 될 수 없다.

그러므로 **해가 없다.**

일차방정식, 어떻게 풀이할까요?

일차방정식은 주어진 식을 정리해 $ax+b=0(a\neq0)$인 (일차식)$=0$의 꼴로 나타낼 수 있는 방정식이다. 일차방정식의 해를 구하는 방법으로는 등식의 성질을 이용하는 것과 이항의 개념을 이용하는 것이 있다. 방정식의 풀이는 단순한 연산의 계산이 아니라 등식을 이해하고 적용해 미지수를 찾아내는 과정이다.

등식의 성질

일차방정식은 등호가 있는 등식이다. 등식의 성질을 양팔저울의 수평 개념을 통해 이해하면 방정식을 풀 때 쉽게 적용할 수 있다.

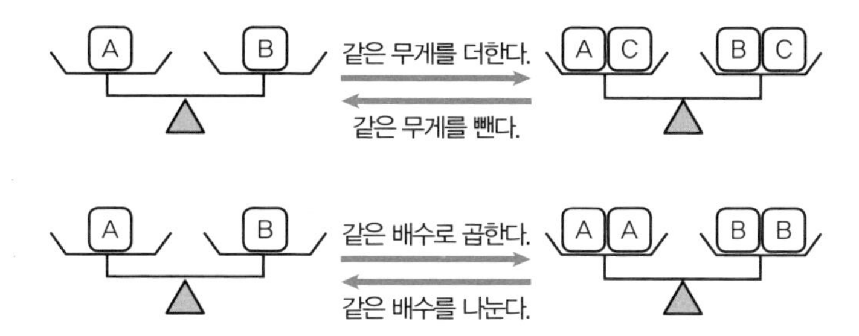

위의 양팔저울에서 같은 수 C를 더하거나 빼도 수평은 그대로 이루어진다. 마찬가지로 같은 배수를 곱하거나 나누어도 수평을 이룬다. 양팔저울의 수평 개념을 방정식의 등식 개념으로 생각해 등식의 성질을 정리하면 다음과 같다.

1. 등식의 양변에 같은 수를 더해도 등식은 성립한다.

   $a=b$이면 $a+c=b+c$다.

2. 등식의 양변에서 같은 수를 빼도 등식은 성립한다.

   $a=b$이면 $a-c=b-c$다.

3. 등식의 양변에 같은 수를 곱해도 등식은 성립한다.

   $a=b$이면 $a\times c=b\times c$다.

4. 등식의 양변을 0이 아닌 같은 수로 나누어도 등식은 성립한다.

   $a=b$이면 $a\div c=b\div c(c\neq0)$다.

이항의 개념

이항은 항을 옮긴다는 뜻으로, 등식에서 항을 좌변에서 우변으로, 우변에서 좌변으로 옮기는 것을 말한다. 이항의 개념은 등식의 성질을 통해 이해할 수 있다. 일반적으로 방정식을 풀이할 때 **문자가 있는 항은 좌변으로, 상수항은 우변으로** 이항해 $ax=b$의 꼴로 만들어 해를 구한다. 중요한 것은 이항을 하면 $+$에서 $-$로, $-$에서 $+$로 **부호가 반대로 변한다**는 것이다.

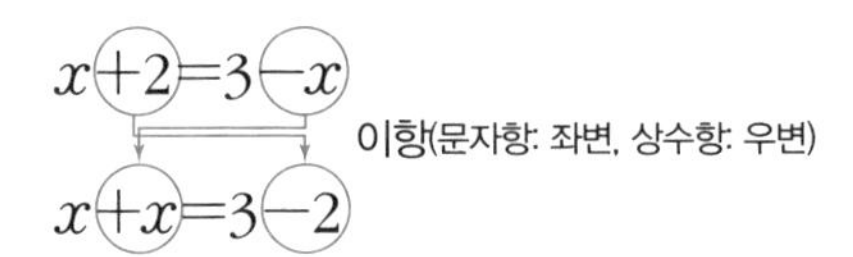

일차방정식의 풀이 방법

등식의 성질을 이용한 풀이

일차방정식 $x+2=3-x$를 등식의 성질을 이용해 해를 구하면 다음과 같다.

$x+2=3-x$

$x+2-2=3-x-2$　　양변에 같은 수 2를 빼도 등식은 성립한다.

$x=1-x$

$x+x=1-x+x$　　양변에 같은 문자 x를 더해도 등식은 성립한다.

$2x=1$　　등식의 성질을 이용해 $ax=b$ 꼴로 만든다.

$2x\div2=1\div2$　　양변을 같은 수 2로 나눈다(나눌 때는 0이 아닌 수인지 확인한다).

$x=\frac{1}{2}$

이항의 개념을 이용한 풀이

일차방정식 $x+2=3-x$를 이항의 개념을 이용해 구하면 다음과 같다.

$x+2=3-x$

$x+x=3-2$ 일차방정식에서 문자항은 좌변으로, 상수항은 우변으로 이항한다.

$2x=1$ 이항해서 $ax=b$의 꼴로 만든다.

$2x\div2=1\div2$ 양변을 같은 수 2로 나눈다(나눌 때는 0이 아닌 수인지 확인한다).

$x=\frac{1}{2}$

➡ 일반적으로 방정식은 이항의 개념을 이용해서 풀이한다. 등식의 성질을 이용한 풀이에서 같은 수를 더하고 빼는 과정을 생략해 방정식을 $ax=b$ 꼴로 만드는 것이 바로 이항의 개념을 이용한 것이다.

연립일차방정식, 어떻게 풀이할까요?

연립일차방정식은 두 미지수 사이의 관계를 표현하는 방법이다. 2개 이상의 방정식을 공통으로 만족하는 해를 구해 문제를 해결할 수 있다. 연립일차방정식을 만족하는 해를 가감법과 대입법으로 구하는 과정을 알아보자.

연립일차방정식이란 무엇일까?

$\begin{cases} 2x+y=3 \\ x-y=6 \end{cases}$과 같이 일차방정식을 2개 이상 묶어 나타낸 것을 **연립일차방정식** 또는 **연립방정식**이라 한다. 또한 두 일차방정식이 동시에 참이 되게 하는 x, y의 값 또는 그 순서쌍 (x, y)를 **연립방정식의 해**라고 한다.

미지수가 2개인 일차방정식의 풀이

$2x+y=3$과 같이 $ax+by+c=0(a\neq0,\ b\neq0)$의 꼴로 나타낼 수 있는 식을 **미지수가 2개인 일차방정식**이라 한다. 이 방정식의 해를 구하는 것은 x, y의 범위를 확인한 후 등식을 만족하는 x, y의 값을 찾아 순서쌍 $(x,\ y)$로 나타내는 것을 말한다.

Q $2x+y=3$(x, y: 자연수)을 풀어라.

A 미지수 x, y의 범위가 자연수로 제한된다. $x=1$부터 대입해 y값을 구한다.

만족하는 해는 $(1,\ 1)$, $(2,\ -1)$, $(3,\ -3)$이다.

$x>2$이면 y값은 음수이므로 만족하는 해는 $(1,\ 1)$이다.

Q $2x+y=3$을 풀어라.

A 미지수 x, y의 범위는 모든 수 전체다. 이 경우 등식을 만족하는 해는 무수히 많다.

그러므로 $\cdots$, $(-1,\ 5)$, $\cdots$, $(0,\ 3)$, $\cdots$, $(1,\ 1)$, $\cdots$, $(2,\ -1)$, $\cdots$이다.

연립일차방정식의 풀이 방법

해 또는 근의 정의 이용하기

예 해 또는 근의 정의를 이용해 연립방정식 $\begin{cases} 2x+y=3 & \cdots ① \\ x-y=6 & \cdots ② \end{cases}$의 해를 구해보자.

미지수 x, y의 범위는 제한하지 않았기 때문에 모든 수가 된다.

일차방정식 ①의 해를 구하면 $\cdots$, $(-1,\ 5)$, $\cdots$, $(0,\ 3)$, $\cdots$, $(1,\ 1)$, $\cdots$, $(2,\ -1)$, $\cdots$, $(3,\ -3)$, $\cdots$이다.

일차방정식 ②의 해를 구하면 …, $(-1,\ -7)$, …, $(0,\ -6)$, …, $(1, -5)$, …, $(2,\ -4)$, …, $(3,\ -3)$, …이다.

두 일차방정식을 동시에 만족하는 해는 $(3,\ -3)$이므로 $x=3$, $y=-3$이다.

가감법 이용하기

- **가감법:** 양변에 적당한 수를 곱해 x 또는 y의 계수를 같게 만든 후, 연립방정식의 두 일차방정식을 변끼리 더하거나 빼서 미지수 x, y 중 1개를 소거해 연립방정식의 해를 구하는 방법

예 가감법을 이용해 연립방정식 $\begin{cases} 2x+y=3 & \cdots ① \\ x-2y=9 & \cdots ② \end{cases}$ 의 해를 구해보자.

연립방정식 $\begin{cases} 2x+y=3 & \cdots ① \\ x-2y=9 & \cdots ② \end{cases}$ 에서 미지수 x, y 중 1개를 소거하기 위해 x 또는 y의 계수를 같게 만든다.

①, ②에서 y를 소거하기 위해 ①×2+②를 해준다.

$$\begin{cases} 4x+2y=6 & \cdots ①\times 2 \\ x-2y=9 & \cdots ② \end{cases}$$

위의 두 방정식을 각 변끼리 더하면 $(4x+2y)+(x-2y)=6+9$

$5x=15$, $x=3$

$x=3$을 ①에 대입하면 $2\times 3+y=3$

$y=-3$

따라서 연립방정식의 해는 $x=3$, $y=-3$이다.

대입법 이용하기

- **대입법:** 연립방정식에서 한 방정식을 다른 방정식에 대입해 연립방정식의 해를 구하는 방법

예 대입법을 이용해 연립방정식 $\begin{cases} 2x+y=3 & \cdots ① \\ x-2y=9 & \cdots ② \end{cases}$ 의 해를 구해보자.

연립방정식 $\begin{cases} 2x+y=3 & \cdots ① \\ x-2y=9 & \cdots ② \end{cases}$ 에서 미지수 x, y 중 1개를 소거하기 위해 ①을 y에 관해 나타낸다.

$y=3-2x$ ⋯③

y 대신 $(3-2x)$를 ②에 대입해 y를 소거한다.

$x-2(3-2x)=9$

$x-6+4x=9$

$5x=15$, $x=3$

구한 값 $x=3$을 ③에 대입하면 $y=3-2\times3=-3$이다.

따라서 연립방정식의 해는 $x=3$, $y=-3$이다.

연립일차방정식 풀이의 예

계수가 소수이거나 분수인 연립일차방정식

일차방정식 풀이에서와 마찬가지로 계수가 소수이거나 분수일 때는 계수를 정수로 고쳐준 다음 연립방정식을 풀이하면 된다. 계수가 소수일 때는 10의 거듭제곱을 곱해주고, 계수가 분수일 때는 분모의 최소공배수를 곱해 계산해준다.

예 연립방정식 $\begin{cases} 0.3x+0.6y=0.9 & \cdots ① \\ \frac{1}{2}x+\frac{2}{3}y=\frac{1}{6} & \cdots ② \end{cases}$ 에서 계수가 소수와 분수이므로 ①의 양변에 10을 곱하고, ②의 양변에 6을 곱하면 $\begin{cases} 3x+6y=9 & \cdots ③ \\ 3x+4y=1 & \cdots ④ \end{cases}$ 이다.

x를 소거하기 위해 ③−④를 하면 $(3x+6y)-(3x+4y)=9-1$

$2y=8$, $y=4$

$y=4$를 ④에 대입하면 $3x+4\times4=1$, $x=-5$

따라서 연립방정식의 해는 $x=-5$, $y=4$다.

해가 무수히 많거나 해가 없는 연립일차방정식

연립일차방정식의 해는 단 1개인 경우가 일반적이지만 연립방정식에 따라서 해가 무수히 많거나 해가 없는 경우도 있다. 다음 예를 통해 해가 무수히 많은 경우와 해가 없는 경우를 확인해보고 그 특징을 알아보자.

예 연립방정식 $\begin{cases} 2x-y=5 & \cdots ① \\ x-3=2-x+y & \cdots ② \end{cases}$를 풀어보자.

②를 이항해 정리하면 $2x-y=5$ ⋯③

③은 ①과 같으므로 ①과 ②는 같은 식이다.

그러므로 ①, ②의 해는 같고 미지수 x, y의 범위가 모든 수이므로 연립방정식의 해는 무수히 많다. 따라서 이 식의 해는 무수히 많다. [$2x-y=5$를 만족하는 해 (x, y)가 무수히 많다.]

예 연립방정식 $\begin{cases} 3x+y=5 & \cdots ① \\ 2(x-3)=-x-y & \cdots ② \end{cases}$를 풀어보자.

②에서 괄호를 풀어 이항해 정리하면 $2x-6=-x-y$

$3x+y=6$ ⋯③

①−③을 하면 $3x+y-(3x+y)=5-6$

$0=-1$ ⋯④

위의 연립방정식을 풀면 ④의 결과가 나오므로 항상 거짓이다.

그러므로 이 연립방정식의 해는 없다.

이차방정식, 어떻게 풀이할까요?

이차방정식이란 무엇일까?

이차방정식은 주어진 식을 정리해 $ax^2+bx+c=0(a\neq0)$인 (이차식)=0의 꼴로 나타낼 수 있는 방정식이다. 이차방정식 $ax^2+bx+c=0(a\neq0)$을 참이 되게 하는 x의 값을 **이차방정식의 해 또는 근**이라고 하고, 이차방정식의 해 또는 근을 모두 구하는 것을 **이차방정식을 푼다**고 한다.

이차방정식에서는 다양한 방법으로 해를 구하고, 해를 구하는 과정을 공식화해 근의 공식을 유도하는 것이 중요하다. 우선 이차방정식의 해를 구하는 방법에 대해서 알아보자.

이차방정식을 풀이하는 방법

해 또는 근의 정의를 이용한 풀이

미지수 x의 범위가 제한되어 있는 경우 그 범위에 만족하는 값을 대입해 이차방정식 $ax^2+bx+c=0(a\neq0)$이 참이 되는 x의 값을 구함으로써 해를 구할 수 있다.

Q 이차방정식 $x^2+x-6=0$의 해를 구해라. (x: 3 이하의 자연수)

A 미지수 x의 범위가 제한되어 있으므로 직접 대입을 통해 방정식이 참이 되는 x의 값을 찾는다.

$x=1$이면 $1^2+1-6=4\neq0$(거짓)이다.

$x=2$이면 $2^2+2-6=0$(참)이다.

$x=3$이면 $3^2+3-6=6\neq0$(거짓)이다.

그러므로 이차방정식을 만족하는 해는 $x=2$다.

인수분해를 이용한 풀이

인수분해를 이용해 이차방정식을 풀이하기 위해서는 인수분해에 대해 충분히 이해하고 0의 원리에 대해서도 알아야 한다. 이차방정식 $ax^2+bx+c=0$ $(a\neq0)$을 (일차식)(일차식)$=0$의 꼴로 나타내고 0의 원리를 이용해 해를 구할 수 있다.

Q 이차방정식 $x^2-7x+10=0$의 해를 구해라.

A $x^2-7x+10=0$에서 좌변의 이차식을 인수분해하면 $(x-5)(x-2)=0$이다.

0의 원리에 의해서 $x-5=0$ 또는 $x-2=0$이다.

따라서 이차방정식의 해는 $x=2$ 또는 $x=5$다.

0의 원리

두 수 또는 두 식에서 $A\times B=0$이면 다음과 같이 3가지 경우가 가능하다.

① $A=0$이고 $B=0$, ② $A=0$이고 $B\neq0$, ③ $A\neq0$이고 $B=0$

A와 B가 모두 0이 아닌 경우만 제외하고 가능하다. 즉 A와 B 중 적어도 하나가 0이면 된다. 따라서 이 3가지를 모두 포함하기 위해 '$A=0$' 또는 '$B=0$'으로 나타낸다.

제곱근의 성질을 이용한 풀이

먼저 제곱근의 정의와 완전제곱식의 개념을 알아야 한다. 어떤 수 x를 제곱해 a가 될 때 a가 되는 어떤 수를 a의 제곱근이라 한다. 즉 $x^2=a$일 때 a의 제곱근 $x=\pm\sqrt{a}$ $(a\geq0)$다.

완전제곱식은 $(x+2)^2$, $2(x+2)^2$과 같이 다항식의 제곱이나 다항식의 제곱에 상수를 곱한 식을 말한다. 즉 $a(x+b)^2(a\neq0,\ a,\ b$: 상수$)$의 꼴로 나타낸 식을 **완전제곱식**이라 한다.

1. $x^2=k(k\geq0)$와 같은 식의 해는 제곱근의 성질에 의해 $x=-\sqrt{k}$ 또는 $x=\sqrt{k}$다.

Q 이차방정식 $x^2=2$를 풀어라.

A 이차방정식의 해를 제곱근의 성질을 이용해 구하면 $x=-\sqrt{2}$ 또는 $x=\sqrt{2}$다.

2. $ax^2+c=0(a\neq0)$과 같은 식은 $x^2=k(k\geq0)$의 꼴로 고친 후 해를 구한다.

Q 이차방정식 $4x^2-3=0$을 풀어라.

A $4x^2=3$에서 $x^2=\frac{3}{4}$으로 정리한 후 해를 구하면 $x=-\frac{\sqrt{3}}{2}$ 또는 $x=\frac{\sqrt{3}}{2}$이다.

3. $ax^2+bx+c=0(a\neq0)$과 같은 식은 $a(x+p)^2=q$의 꼴로 고쳐

$(x+p)^2=\dfrac{q}{a}$로 정리한 후 해를 구한다.

Q 이차방정식 $x^2+4x+1=0$을 풀어라.

A 제곱근의 성질을 이용해 해를 구하려면 우선 (완전제곱식)$=q$의 형태로 바꾼다.

$x^2+4x+1=0$

$x^2+4x=-1$ 　상수항을 우변으로 이항한다.

$x^2+4x+4=-1+4$ 　좌변을 완전제곱식으로 만들기 위해 양변에 4를 더한다.

$(x+2)^2=3$ 　(완전제곱식)$=q$의 형태로 만든다.

$x+2=\pm\sqrt{3}$ 　제곱근을 풀어준다.

$x=-2\pm\sqrt{3}$ 　$x=-2-\sqrt{3}$ 또는 $x=-2+\sqrt{3}$을 $x=-2\pm\sqrt{3}$으로 나타낼 수 있다.

완전제곱식과 중근

완전제곱식 $(x+2)^2$을 전개한 후 $(a+b)^2$의 전개식과 비교해 그 특징을 알아보면 다음과 같다.

$$(x+2)^2=x^2+\underline{4}x+\underline{4} \qquad \left(\frac{4}{2}\right)^2=4$$

$$(a+b)^2=a^2+\underline{2b}a+\underline{b^2} \qquad \left(\frac{2b}{2}\right)^2=b^2$$

이차식 x^2+4x+4가 완전제곱식이 되려면 x의 계수의 반의 제곱이 상수와 같을 때 $(x+a)^2$ 꼴로 만들 수 있다.

이차방정식의 해를 구할 때 (이차식)=0에서 좌변의 이차식이 완전제곱식이 되어 (완전제곱식)=0의 꼴이 된다면 **중근**을 갖는다. 예를 들어 이차방정식 $x^2+2x+1=0$을 풀면 좌변의 이차식 x^2+2x+1이 완전제곱식이 되어 $(x+1)^2=0$이 된다. $(x+1)(x+1)=0$이므로 $x+1=0$ 또는 $x+1=0$이다. 따라서 해는 $x=-1$ 또는 $x=-1$이다.
이처럼 이차방정식의 두 근이 중복되어 같을 때 **중근**이라 한다. 일차방정식 $x-a=0$과 이차방정식 $x^2-2ax+a^2=0$은 해가 모두 $x=a$이지만, 이차방정식의 해는 서로 **중복된 근**이라는 점에서 일차방정식의 해와 의미가 다르다.

근의 공식을 이용한 풀이

- **근의 공식:** 이차방정식 $ax^2+bx+c=0(a\neq0)$의 해를 구할 때, 상수 a, b, c에 따라 해가 결정되는 것을 공식화한 것

근의 공식은 $x=\dfrac{-b\pm\sqrt{b^2-4ac}}{2a}$으로 이차방정식의 해를 구할 때 가장 강력한 도구다. 근이 실수근인지 아닌지, 서로 다른 근인지 중근인지를 판단할 수 있는 공식이기도 하다.

근의 공식을 유도하는 방법 1

이차방정식 $ax^2+bx+c=0(a\neq0)$의 해를 구하기 위해 완전제곱식과 제곱근의 성질을 이용하는 방법은 다음과 같다.

$x^2+\dfrac{b}{a}x+\dfrac{c}{a}=0$ 양변을 a로 나눈다.

$$x^2+\frac{b}{a}x+\left(\frac{b}{2a}\right)^2=-\frac{c}{a}+\left(\frac{b}{2a}\right)^2$$ 상수 $\frac{c}{a}$를 우변으로 이항하고 양변에 $\left(\frac{b}{2a}\right)^2$을 더한다.

$$\left(x+\frac{b}{2a}\right)^2=\frac{b^2}{4a^2}-\frac{c}{a}=\frac{b^2-4ac}{(2a)^2}$$ 좌변을 완전제곱식으로 만들고 우변을 정리한다.

$$x+\frac{b}{2a}=\frac{\pm\sqrt{b^2-4ac}}{\sqrt{(2a)^2}}$$ $(2a)^2>0$이므로 $b^2-4ac\geq0$일 때 제곱근을 풀이한다.

$$x=\frac{-b\pm\sqrt{b^2-4ac}}{2a}$$ 이차방정식의 근의 공식을 얻을 수 있다.

근의 공식을 유도하는 방법 2

이차방정식 $ax^2+bx+c=0(a\neq0)$의 해를 구하기 위해 완전제곱식과 제곱근의 성질을 이용하는 방법은 다음과 같다.

$$4a^2x^2+4abx+4ac=0$$ 양변에 $4a$을 곱하고 상수 $4ac$를 우변으로 이항한다.

$$(2ax)^2+2(2ax)b+b^2=-4ac+b^2$$ 좌변을 완전제곱식으로 만들기 위해 양변에 b^2을 더한다.

$$(2ax+b)^2=b^2-4ac$$ 좌변을 완전제곱식으로 만든다.

$$2ax+b=\pm\sqrt{b^2-4ac}$$ $b^2-4ac\geq0$일 때 제곱근을 풀이한다.

$$x=\frac{-b\pm\sqrt{b^2-4ac}}{2a}$$ b를 이항하고 $2a$로 나누어 해를 구한다.

Q 이차방정식 $2x^2+5x+1=0$을 풀어라.

A $x=\frac{-b\pm\sqrt{b^2-4ac}}{2a}$에 $a=2$, $b=5$, $c=1$을 대입하면

$b^2-4ac=5^2-4\times2\times1=17>0$

$\therefore x=\frac{-5\pm\sqrt{17}}{4}$

➡ 이차방정식 $ax^2+bx+c=0(a\neq0)$의 근의 공식 $x=\frac{-b\pm\sqrt{b^2-4ac}}{2a}$에서 $b^2-4ac>0$이면 서로 다른 2개의 근이 존재하고, $b^2-4ac=0$이면 중근이 존재하고, $b^2-4ac<0$이면 근이 존재하지 않는다.

방정식의 활용, 어떻게 할까요?

방정식은 서로의 관계를 수학적으로 표현하는 수단으로, 생활 속에서 자주 사용되는 개념이다. 우선 방정식을 활용해 생활 속의 문제를 해결해나가는 방법을 알아보고, 구체적인 예를 통해 어떻게 활용하는지 확인해보자.

방정식 활용 문제를 풀이하는 방법

1단계는 문제를 파악하는 것이다(미지수 결정). 주어진 글이나 문장, 도형을 보고 문제의 뜻을 파악하고, 미지수 x를 구체적으로 결정한다. 미지수를 결정할 때는 미지수의 범위와 단위까지 고려해야 한다.

2단계는 방정식을 세운다. 주어진 문제에서 결정한 미지수 사이의 관계를 찾아 방정식을 세운다.
3단계는 방정식을 풀이한다. 일차방정식, 연립방정식, 이차방정식의 풀이 방법을 이용해 방정식을 푼다.
4단계는 구한 해가 문제의 뜻에 맞는지 확인한다(검산). 구한 값이 미지수의 범위 안에 있는지, 문제에 합당한지를 확인하고, 정확한 단위까지 써서 나타낸다.

방정식 활용 문제의 대표적인 유형은 가격, 수, 속력, 농도, 원가 및 정가, 도형, 과부족 등과 관련된 문제다. 문제를 풀기 전에 유형별로 나누어 필요한 용어 등에 먼저 익숙해져야 한다. 특히 속력과 관련된 유형을 다룰 때 속력과 단위에 대한 개념을 정확하게 이해하고 있어야 방정식을 활용해 주어진 문제를 해결할 수 있다. 몇 가지 예를 통해 활용 문제를 어떻게 해결하는지 확인해보자.

일차방정식의 활용 유형

개수에 관한 유형

물건을 사고팔면서 일어날 수 있는 일들을 일차방정식을 활용해 해결할 수 있다.

Q 문구점에서 연필은 1개에 500원이고 필통은 2,000원이다. 민기가 필통 1개와 연필 몇 자루를 사고 나서 지불한 돈이 4,000원일 때, 민기가 산 연필은 몇 자루일까?

Ⓐ 1단계: 미지수를 결정한다. x: 연필의 개수(개)

2단계: 방정식을 세운다. $500x+2000=4000$

3단계: 방정식을 풀이한다. $500x=4000-2000$

$500x=2000$이므로 $x=4$

4단계: 검산한다. 문제에서 요구한 답에 합당한지 확인하고, 단위까지 정확하게 쓴다. 그러므로 연필의 개수는 4개다.

수에 관한 유형

수에 관한 문제에서는 미지수의 자릿수를 생각해 미지수를 나타내는 것이 중요하다. 예를 들어 두 자리 자연수가 있다고 한다면 ab로 나타내는 것이 아니라 자릿수를 고려해 $10a+b$로 나타내야 한다. 왜냐하면 ab는 $a\times b$를 의미하기 때문이다.

Ⓠ 십의 자리의 숫자가 2인 두 자리 자연수가 있다. 십의 자리 숫자와 일의 자리 숫자를 바꾸면 처음 수보다 36만큼 커진다면 처음 수는 얼마일까?

Ⓐ 1단계: 미지수를 결정한다. 두 자리 자연수의 일의 자리를 x라 하면 두 자리 자연수는 $2\times10+x$이고 자리를 바꾼 수는 $10x+2$다.

2단계: 방정식을 세운다. $10x+2-(20+x)=36$

3단계: 방정식을 풀이한다. $9x=54$

$x=6$

4단계: 검산한다. 문제에서 요구한 답은 두 자리 자연수의 일의 자리가 아니라 처음 수다. 따라서 처음 두 자리 자연수는 $20+6=26$이다.

연립일차방정식의 활용 유형

나이와 관련된 유형

Q 아버지와 딸의 나이의 합이 63이고 차는 27이다. 아버지와 딸의 나이를 구해라.

A 1단계: 미지수를 결정한다. x: 아버지의 나이(세), y: 딸의 나이(세) (x, y: 자연수)

2단계: 연립방정식을 세운다. $\begin{cases} x+y=63 & \cdots ① \\ x-y=27 & \cdots ② \end{cases}$

3단계: 연립방정식을 풀이한다. 가감법을 이용해 연립방정식을 풀이하면

①+②를 해서 $(x+y)+(x-y)=63+27$

$2x=90$, $x=45$ ⋯③

③을 ①에 대입하면 $45+y=63$, $y=18$

4단계: 검산한다. 구한 해가 문제의 뜻에 맞는지 확인한다(x, y 모두 자연수 만족).

따라서 아버지의 나이는 45세이고 딸의 나이는 18세다.

➡ 미지수가 2개인 **연립일차방정식**은 문제 유형에 따라서 **일차방정식으로도 풀이가 가능**하다. 위의 문제에서 미지수를 결정할 때 처음부터 하나의 문자를 사용해 나타낼 수 있다.

아버지와 딸의 나이를 합해 63세이므로 아버지의 나이를 x라 하면 딸의 나이는 $(63-x)$다. 또한 아버지의 나이와 딸의 나이 차가 27세이므로 일차방정식 $x-(63-x)=27$을 얻을 수 있다.

$x-(63-x)=27$

$x-63+x=27$

$2x=27+63$

$2x=90$

$\therefore x=45, y=18$

따라서 아버지의 나이는 45세이고 딸의 나이는 18세다.

속력과 관련된 유형

속력과 관련된 문제에서는 식을 세울 때 다음 2가지를 확인해야 한다.

첫째, **속력의 뜻**을 알아야 한다. 속력이란 단위시간(초, 분, 시간) 동안 간 거리를 비율로 나타낸 값이다.

즉 $(\text{속력})=\dfrac{(\text{거리})}{(\text{시간})}$이고, $(\text{거리})=(\text{속력})\times(\text{시간})$, $(\text{시간})=\dfrac{(\text{거리})}{(\text{속력})}$다.

둘째, **속력의 단위에 주의**해야 한다. 초속의 단위는 m/(초), 분속의 단위는 m/(분), 시속의 단위는 km/(시)다.

만약 분속을 다루는 문제인데 거리가 1km로 주어졌다면 1000m로 바꿔주어야 하고, 시속을 다루는 문제인데 시간이 20분으로 주어졌다면 20분을 시간으로 고쳐 $\dfrac{20}{60}=\dfrac{1}{3}$시간으로 바꿔주어야 한다.

Q 현정이는 7시부터 산을 오르기 시작했고, 30분 후에 현정이가 간 길을 따라 민기가 산을 오르기 시작했다. 현정이는 매분 50m의 속력으로, 민기는 매분 80m의 속력으로 걸어갈 때 현정이와 민기가 만난 시간을 구해라.

A 1단계: 미지수를 결정한다. x : 현정이가 걸어간 시간(분),

y : 민기가 걸어간 시간(분)

2단계: 연립방정식을 세운다. 현정이와 민기가 간 거리는 같고, 민기는 현정이보다 30분 늦게 출발했다.

$$\begin{cases} y=x-30 & \cdots ① \\ 50x=80y & \cdots ② \end{cases}$$

3단계: 연립방정식을 풀이한다. 대입법을 이용해 연립방정식을 풀이한다.

②에 ①을 대입하면 $50x=80(x-30)$

$-30x=-2400$, $x=80$ ⋯③

③을 ①에 대입하면 $y=80-30=50$

그러므로 $x=80$, $y=50$

4단계: 검산한다. x, y는 모두 시간(분)이고, 30분 차이가 나므로 문제의 요구에 만족한다. 따라서 현정이는 7시부터 80분 동안 걸어서 8시 20분에 민기와 만난다.

도형과 관련된 유형

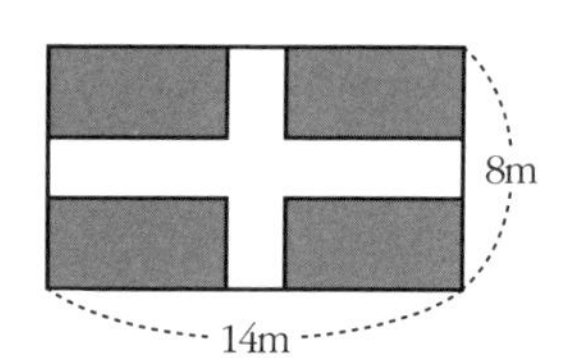

Ⓠ 오른쪽 그림과 같은 직사각형 모양의 땅에 폭이 일정한 길을 만들고 남은 부분을 꽃밭으로 만들려고 한다. 꽃밭의 넓이가 $72m^2$일 때 길의 폭을 구해라.

Ⓐ 1단계: 미지수를 결정한다.

x: 길의 폭(m) $(0<x<8)$

2단계: 이차방정식을 세운다.

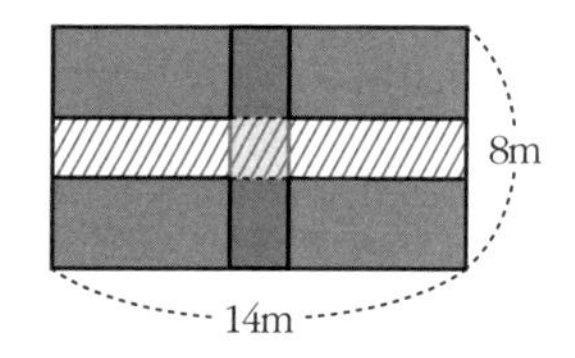

가로의 길과 세로의 길을 그림과 같이 각각 빗금과 파란색으로 나타냈을 때, 두 길이 겹치는 부분이 존재하므로 전체 넓이에서 빗금 친 부분과 파란색 직

사각형의 넓이를 빼고, 2번 뺀 정사각형의 넓이를 한 번 더해주면 꽃밭의 넓이를 방정식으로 나타낼 수 있다.

$14 \times 8 - (14x + 8x) + x^2 = 72$

3단계: 이차방정식을 풀이한다.

$x^2 - 22x + 112 = 72$

$x^2 - 22x + 40 = 0$ 인수분해를 이용해 이차방정식의 해를 구한다.

$(x - 20)(x - 2) = 0$

$x = 2$ 또는 $x = 20$

4단계: 검산한다.

미지수를 결정할 때 길의 폭은 땅의 가로, 세로의 길이보다 작아야 한다.

즉 $0 < x < 8$이다. 그러므로 $x = 20$이 될 수 없다. 따라서 길의 폭은 2m다.

일차부등식, 어떻게 풀이할까요?

부등식을 정리해 (x에 대한 일차식)>0, (x에 대한 일차식)<0, (x에 대한 일차식)≥ 0, (x에 대한 일차식)≤ 0과 같은 형태로 나타낼 수 있으면 그 부등식을 x에 대한 **일차부등식**이라 한다.

예 $3x+2>x-3$은 정리하면 $2x+5>0$으로 일차부등식이고, $3x+1 \geq 3x-2$는 정리하면 $3 \geq 0$으로 일차부등식이 아니다.

부등식의 성질

1. 부등식의 양변에 같은 수를 더하거나 빼도 부등호 방향은 바뀌지 않는다.

$a>b$이면 $a+c>b+c$, $a-c>b-c$

예 부등식 $3<7$에 같은 수를 더하거나 빼서 부등호의 방향을 확인해보자.

양변에 같은 2를 더하면 $3+2=5$, $7+2=9$이므로 $3+2<7+2$다. 부등호의 방향은 바뀌지 않는다.

양변에서 같은 2를 빼면 $3-2=1$, $7-2=5$이므로 $3-2<7-2$다. 부등호의 방향은 바뀌지 않는다.

2. 부등식의 양변에 같은 양수를 곱하거나 나누어도 부등호의 방향은 바뀌지 않는다.

$a>b$, $c>0$이면 $ac>bc$, $\frac{a}{c}>\frac{b}{c}$

예 부등식 $3<7$에 양수를 곱하거나 나누어 부등호의 방향을 확인해보자.

양변에 같은 양수 2를 곱하면 $3\times2=6$, $7\times2=14$이므로 $3\times2<7\times2$다. 부등호의 방향은 바뀌지 않는다.

양변을 같은 양수 2로 나누면 $3\div2=1.5$, $7\div2=3.5$이므로 $3\div2<7\div2$다. 부등호의 방향은 바뀌지 않는다.

3. 부등식의 양변에 같은 음수를 곱하거나 나누면 부등호의 방향이 바뀐다.

$a>b$, $c<0$이면 $ac<bc$, $\frac{a}{c}<\frac{b}{c}$

예 부등식 $3<7$에 음수를 곱하거나 나누어 부등호의 방향을 확인해보자.

양변에 같은 음수 -2를 곱하면 $3\times(-2)=-6$, $7\times(-2)=-14$이므로 $3\times(-2)>7\times(-2)$다. 부등호의 방향이 바뀐다.

양변에 같은 음수 -2로 나누면 $3\div(-2)=-1.5$, $7\div(-2)=-3.5$이므로 $3\div(-2)>7\div(-2)$다. 부등호의 방향이 바뀐다.

➡ 부등식은 대소 관계를 포함하고 있는 식이므로 부등호 방향이 중요하다. 양변에 음수를 곱하거나 나눌 때 부등호 방향이 바뀐다는 것을 반드시 기억해야 한다.

부등식에서의 이항

이항은 좌변에서 우변으로, 우변에서 좌변으로 항을 옮기는 것을 말한다. 부등식을 풀이할 때도 방정식과 같이 문자항은 좌변으로, 상수항은 우변으로 이항해 x값의 범위를 구할 수 있다. 물론 이항을 할 때는 부호가 바뀐다. 부등식에서는 양변에 음수를 곱하거나 나눌 때도 부등호의 방향이 바뀐다는 것을 유의하고 해를 구해야 한다.

예 이항을 통해 부등식 $-3x+3>2-x$의 해를 구해보자.

$-3x+3>2-x$ 문자항은 좌변으로, 상수항은 우변으로 이항한다.

$-3x+x>2-3$

$-2x>-1$ 양변을 -2로 나눈다. 음수로 나누면 부등호의 방향이 바뀐다.

$x<\frac{1}{2}$

일차부등식의 풀이 방법

부등식의 성질을 이용하기

Q $5x-21\geq 2x+3$을 풀어라.

A $5x-21\geq 2x+3$ 양변에 21을 더한다.

$5x-21+21 \geq 2x+3+21$

$5x \geq 2x+24$ 양변에서 $2x$를 뺀다.

$5x-2x \geq 2x+24-2x$

$3x \geq 24$ 양변을 3으로 나눈다.

$\therefore x \geq 8$

이항을 이용하기

부등식에서 문자항은 좌변으로, 상수항은 우변으로 이항해 $ax>b$, $ax \geq b$, $ax<b$, $ax \leq b$의 꼴로 만들어 해를 구한다.

Q $12(x-1)>2x+5$를 풀어라.

A $12(x-1)>2x+5$ 괄호를 푼다.

$12x-12>2x+5$ 이항해 식을 정리한다.

$12x-2x>12+5$

$10x>17$ 양변을 10으로 나눈다.

$\therefore x>\frac{17}{10}$

연립일차부등식, 어떻게 풀이할까요?

두 일차부등식 $x-1<3$과 $x+1>2$를 동시에 만족하는 해를 구할 때 이 부등식을 한 쌍으로 묶어 $\begin{cases} x-1<3 \\ x+1>2 \end{cases}$로 나타낼 수 있다. 이와 같이 2개 이상의 일차부등식을 한 묶음으로 만들어 동시에 만족하는 해를 구하기 위해 나타낸 것을 x에 대한 **연립일차부등식** 또는 **연립부등식**이라 한다.

연립부등식 $\begin{cases} x-1<3 & \cdots ① \\ x+1>2 & \cdots ② \end{cases}$에서 부등식 ①의 해를 구하면 $x<4$이고, 부등식 ②의 해를 구하면 $x>1$이다.

두 부등식의 해를 $x<4$ …③, $x>1$ …④라 하면 **연립부등식의 해**는 ③과 ④를 동시에 만족하는 미지수 x의 값이다. 즉 $1<x<4$다. 이와 같이 공통으로 만족하는 연립부등식의 해를 구하는 것을 **연립부등식을 푼다**고 한다.

연립부등식의 해를 구하는 순서

1. 일차부등식의 해를 각각 구한다.

부등식의 성질이나 이항을 이용해 일차부등식의 해를 각각 구한다.

2. 동시에 만족하는 값의 범위를 찾는다(수직선 이용).

각각의 일차부등식에서 구한 해를 수직선 위에 나타내어 공통으로 만족하는 값의 범위를 찾는다. 예를 들어 일차부등식의 해가 각각 $x>-1$, $x<3$일 때 수직선 위에 나타내어 공통으로 만족하는 값의 범위를 찾으면 $-1<x<3$이다. (수직선 위에 포함되면 •으로, 포함되지 않으면 ∘으로 표시한다.)

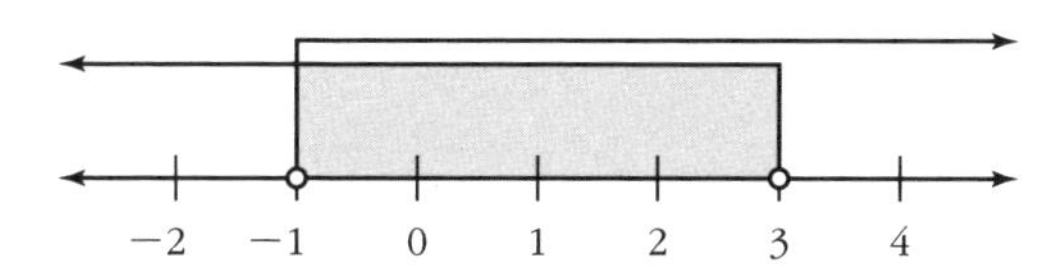

각각 구한 일차부등식의 해에서 공통으로 만족하는 연립부등식의 해를 찾을 때, 수직선 위에 나타내 공통부분을 찾으면 쉽게 풀이할 수 있다. 수직선 위에 나타내어 연립부등식의 해를 구하면 범위로 나오는 경우, 하나의 값으로 나오는 경우, 해가 없는 경우가 존재한다.

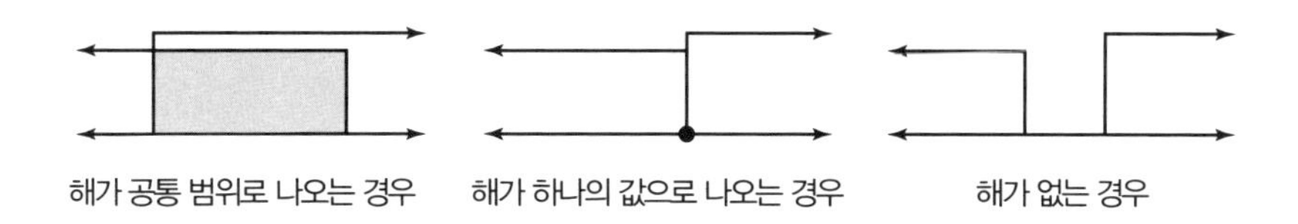

연립부등식 문제 예시

Q 연립부등식 $\begin{cases} 2x+1<3 & \cdots ① \\ x-1>-3 & \cdots ② \end{cases}$ 을 풀어라.

A 부등식 ①을 풀면 $2x<2$

$\therefore x<1 \cdots ③$

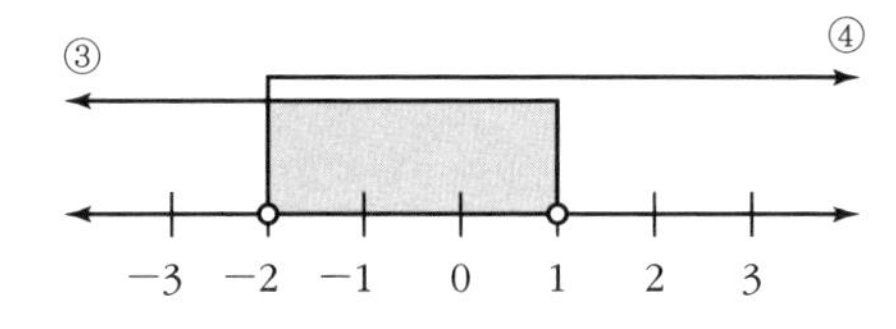

부등식 ②를 풀면 $x>-2$

$\therefore x>-2 \cdots ④$

수직선에서 공통으로 만족하는 범위를 찾으면 $-2<x<1$이다.

Q 연립부등식 $\begin{cases} 2x+3\le 5 & \cdots ① \\ 3x-2\ge 1 & \cdots ② \end{cases}$ 을 풀어라.

A 부등식 ①을 풀면 $2x\le 2$

$\therefore x\le 1 \cdots ③$

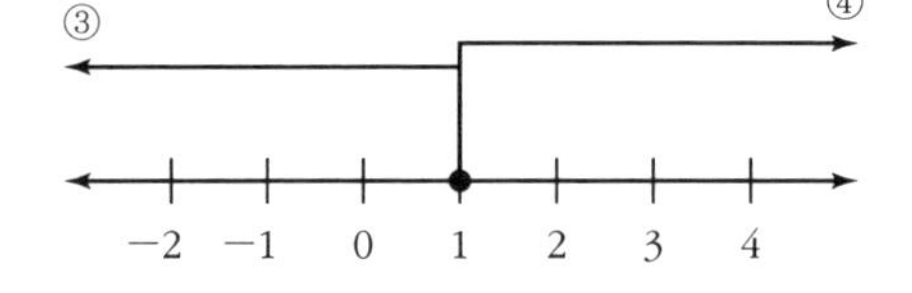

부등식 ②를 풀면 $3x\ge 3$

$\therefore x\ge 1 \cdots ④$

수직선에서 공통으로 만족하는 값을 찾으면 $x=1$이다.

Q 연립부등식 $\begin{cases} 3x+1<-5 & \cdots ① \\ 5x\le 3x+2 & \cdots ② \end{cases}$ 를 풀어라.

A 부등식 ①을 풀면 $3x<-6$

$\therefore x<-2 \cdots ③$

부등식 ②를 풀면 $5x-3x\le 2$

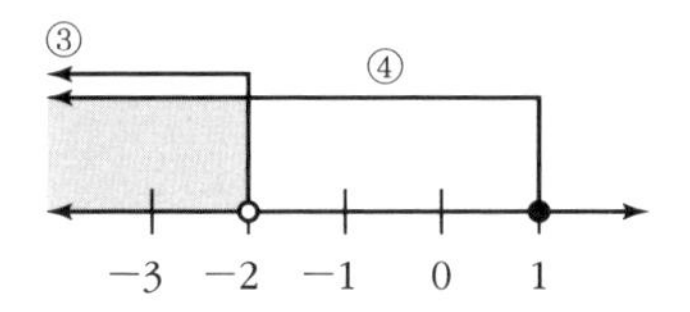

$2x \le 2$

$\therefore x \le 1 \cdots ④$

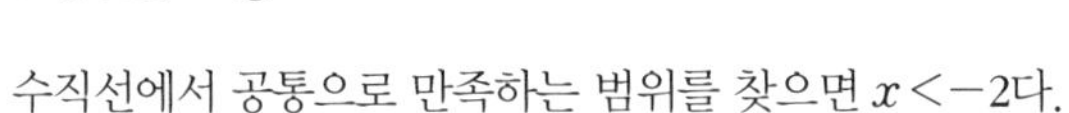

수직선에서 공통으로 만족하는 범위를 찾으면 $x<-2$다.

Q 연립부등식 $\begin{cases} 3x \le x-4 & \cdots ① \\ x+1>2 & \cdots ② \end{cases}$를 풀어라.

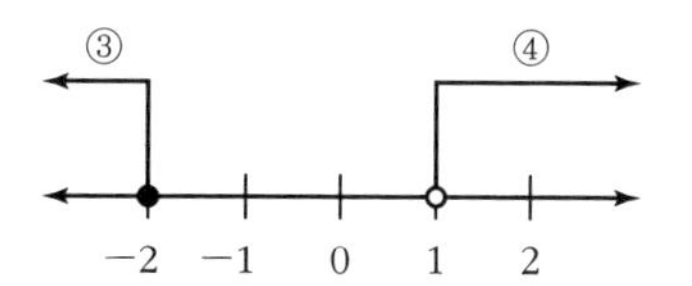

A 부등식 ①을 풀면 $2x \le -4$

$\therefore x \le -2$ ⋯ ③

부등식 ②를 풀면 $x > 2-1$

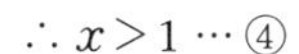
$\therefore x > 1$ ⋯ ④

수직선에서 공통으로 만족하는 부분은 존재하지 않는다. 그러므로 해가 없다.

부등식의 활용, 어떻게 할까요?

문장이나 도형 문제에서 대소 관계를 의미하는 표현이 있다면 이 문제는 부등식을 활용해 해결하는 유형이다. 부등식의 활용 문제를 풀이하는 과정을 알아보고 단체입장료, 긴 의자와 관련된 문제 등 대표적인 부등식 활용 문제 유형에서 부등식을 적용해 풀어보자.

부등식을 활용해 문제를 풀이하는 단계

1단계는 문제를 파악하는 것이다(미지수 결정). 주어진 글이나 문장, 도형을 보고 문제의 뜻을 파악하고, 미지수 x를 구체적으로 결정한다. 미지수 x를 결정할 때는 미지수의 범위와 단위까지 정확하게 결정해야 한다.

2단계는 부등식을 세운다. 주어진 문제에서 대소 관계의 의미를 포함하고 있는 내용을 통해 일차부등식이나 연립부등식을 세운다.

3단계는 일차부등식 또는 연립부등식을 풀이한다. 부등식의 성질이나 이항을 이용해 일차부등식을 풀이하고 수직선 위에 나타내 연립부등식의 해를 구한다.

4단계는 구한 해가 문제의 뜻에 맞는지 확인한다(검산). 구한 값이 미지수의 범위 안에 있는지 확인하고 정확한 단위까지 써준다.

부등식 활용 문제 유형

단체입장료 유형

Q 동물원의 단체입장료가 20명까지는 10,000원이고 20명에서 한 사람이 증가할 때마다 200원씩 더 내도록 되어 있다. 20명 이상의 단체가 입장할 때 한 사람의 입장료가 평균 400원 이하가 되도록 하려면 몇 명 이상 입장해야 하는지 구해라.

A 1단계: 미지수를 결정한다.

x: 입장한 사람 수(명) ($x>20$)

2단계: 부등식을 세운다.

20명까지 입장료는 10,000원이고, 20명 초과시 한 사람당 200원씩 증가하므로 총 입장료는 $10000+200(x-20)$원이다. 한 사람의 입장료가 평균 400원 이하이므로 총 입장료를 전체 인원수 x명으로 나누어 부등식을 세운다.

$$\frac{10000+200(x-20)}{x} \leq 400$$

3단계: 일차부등식을 풀이한다.

$\frac{10000+200(x-20)}{x} \leq 400$ 양변에 양수 x를 곱한다.

$10000+200(x-20) \leq 400x$ 100으로 나눈다.

$100+2(x-20) \leq 4x$ 괄호를 푼다.

$100+2x-40 \leq 4x$

$-2x \leq -60 \quad \therefore x \geq 30$

4단계: 검산한다.

30명 이상 입장해야만 입장료의 평균이 400원 이하가 된다.

긴 의자 유형

Q 강당의 긴 의자에 학생들을 앉히려고 한다. 한 의자에 6명씩 앉으면 4명이 앉지 못하고, 8명씩 앉으면 의자가 5개 남는다. 강당에 있는 의자의 최대 개수를 구해라.

A 1단계: 미지수를 결정한다.

x: 의자 수(개) (x: 자연수)

주어진 문제에서 한 의자에 6명씩 앉으면 4명이 앉지 못한다고 했으니 총 학생 수를 알 수 있다. 총 학생 수는 $6x+4$(명)이다.

2단계: 연립부등식을 세운다.

8명씩 앉으면 의자가 5개 남는다는 것은 연립부등식 문제임을 의미한다. 8명씩 앉았을 때 의자가 5개 남고, 마지막 의자에는 몇 명이 앉았는지 모른다.

전체 학생 수의 범위는 다음과 같다.

$8(x-6)+1 \leq 6x+4 \leq 8(x-6)+8$

왜냐하면 마지막 의자에 1명부터 8명까지 앉을 수 있기 때문이다.

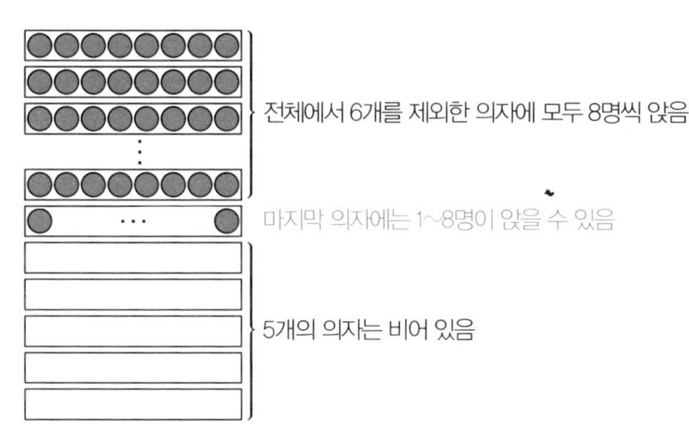

3단계: 연립부등식을 풀이한다.

$A<B<C$ 형태의 연립부등식을 $\begin{cases} A<B & \cdots ① \\ B<C & \cdots ② \end{cases}$로 고쳐 풀이한다.

$8(x-6)+1 \le 6x+4 \le 8(x-6)+8$을 연립부등식 기본형으로 변경한다.

$\begin{cases} 8(x-6)+1 \le 6x+4 & \cdots ① \\ 6x+4 \le 8(x-6)+8 & \cdots ② \end{cases}$에서 각각의 부등식을 풀면

부등식 ①에서 $8x-48+1 \le 6x+4$

$2x \le 51$

$\therefore x \le \frac{51}{2} \cdots ③$

부등식 ②에서 $6x+4 \le 8x-48+8$

$2x \ge 44$

$\therefore x \ge 22 \cdots ④$

③, ④에 의해서 $22 \le x \le \frac{51}{2}$

4단계: 검산한다.

의자 수는 자연수이므로 최소 22개이고 최대 25개다. 그러므로 강당에 있는 의자의 최대 개수는 25개다.

함수는 일정한 규칙이 있는 두 변수 사이의 관계를 나타낸 것이다. 함수의 개념을 정비례 · 반비례 관계를 통해 두 변수 사이의 대응관계로 이해할 수 있다.
4장에서는 두 변수 사이의 대응 관계를 그래프로 표현하는 방법을 배울 것이다. 함수 단원은 대수(계산)와 기하(도형)를 연결해주는 역할을 하기 때문에 주어진 관계식을 그래프로 표현하고, 그래프에 대한 성질을 이해하는 것이 중요하다. 또한 방정식과 함수의 관계를 통해 방정식의 해가 함수의 그래프에서 좌표의 개념이라는 점을 이해해야 한다.
함수의 개념을 이해하고 함수의 그래프를 그릴 수 있을 뿐만 아니라, 주어진 조건이나 그래프를 보고 함수식을 찾아내 다양한 활용 문제에 적용할 수 있는 힘을 키우는 것이 4장의 목적이다.

4장

함수, 이보다 더 즐거울 수 없다

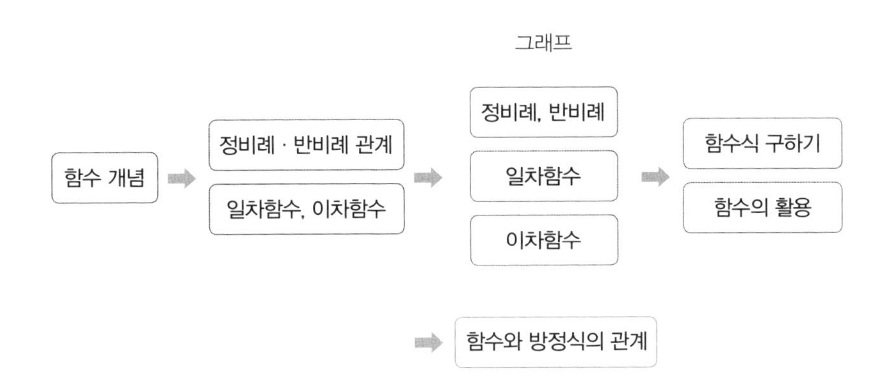

함수란 무엇인가요?

함수의 정의를 알아보자

함수는 일정한 규칙을 만족하는, 변하는 수 사이의 관계라고 할 수 있다. 예를 들어 음료수 자동판매기가 있다고 하자. 돈을 넣고 콜라를 선택하면 자판기에서 콜라가 나오고, 사이다를 선택하면 사이다가 나온다.

만약 콜라를 선택했는데 사이다가 나오거나 아무것도 나오지 않는다면 당황스러울 것이다. 또 콜라를 선택했는데 콜라와 사이다가 동시에 나온다면 이것 또한 당황스러운 일이다. 이런 일이 발생한다는 것은 일정한 규칙이 없다는 뜻이다.

우리가 배울 함수의 개념은 내가 고른 음료수가 일정한 규칙에 따라 자판기에서 나오는 것과 같은 의미다.

이것을 변하는 수의 관계로 설명하면 오른쪽 그림과 같이 나타낼 수 있다. 어떤 수가 들어가면 일정한 규칙에 따라 연산한 후 새로운 수를 내보내는 요술 상자가 있다고 하자. 예를 들어 1이 들어가면 2가 나오고, 2가 들어가면 4가 나오고, 3이 들어가면 6이 나온다.

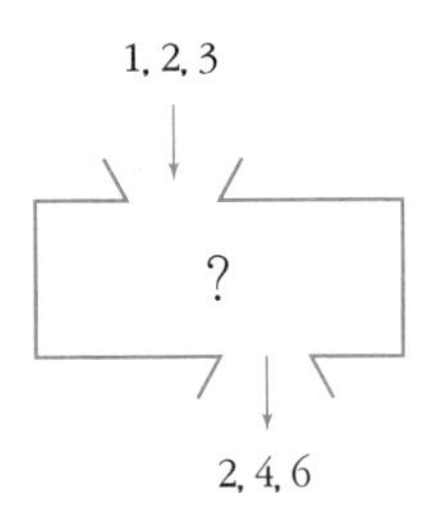

즉 이 요술 상자에는 어떤 수가 들어오면 그 수를 2배로 내보내는 일정한 규칙이 있다.

$1 \to 2$, $2 \to 4$, $3 \to 6$과 같이 일정한 규칙에 따라 두 수를 연결해주는 것을 **대응**이라고 하며, 이러한 규칙을 **대응규칙**이라 한다. 두 변수 x, y에 대해 x의 값이 **하나 정해지면** 그에 따라 y의 값이 **오직 하나씩 결정**되는 대응관계에 있을 때, y는 x의 **함수**라고 한다.

함수는 $y=2x$, $y=2x+1$, $y=x^2+1$과 같이 대응규칙을 $y=f(x)$의 형태로 나타낸다.

함수의 의미는 함수의 한자 및 영어 표현과 초등학교 때 배웠던 요술 상자를 기억하면 더 구체적으로 확인할 수 있다. 함수라는 용어는 중국의 고대 수학서 『구장산술(九章算術)』에서 옮겨온 말로, 함수의 '함(函)'은 상자를 뜻한다. 영어로는 기능이나 작용을 의미하는 'function'이라고 한다.

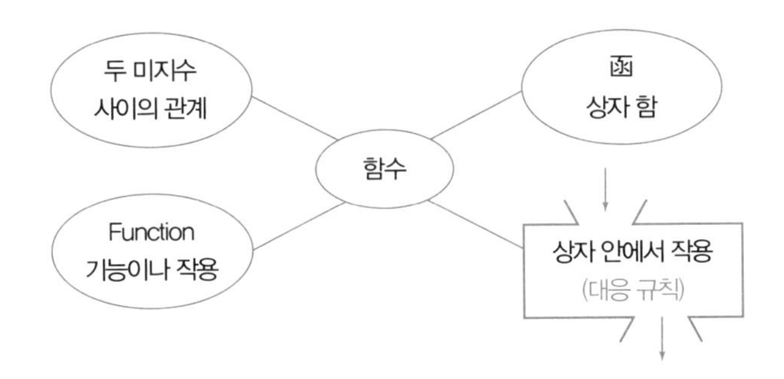

즉 함수는 요술 상자 안에 어떤 수가 들어오면 일정한 규칙에 따라 수를 연결해주는 작용을 하는 대응규칙을 가진 것이다.
그래서 함수는 대응규칙에 따라 정비례함수, 반비례함수, 1차 함수, 2차 함수 등으로 불린다. 문제의 규칙성을 파악해 식으로 나타내면 관계식을 통해서 변수들의 값을 예측할 수 있다.
그림으로 나타낸다면 값을 예측할 때 더욱 쉽게 이해할 수 있다. 함수식을 그림으로 나타낸 것을 **함수의 그래프**라고 한다. 이 장에서는 관계식을 그래프로 표현하는 방법을 배우는데, 그래프의 모양을 관찰해 관계식과의 관계를 알아보는 것이 중요하다.

변수 x와 y의 범위

- **변수:** 어떤 범위 안에서 여러 가지 값으로 변할 수 있는 수

함수에서는 x, y, 2개의 변수가 있어야 하고, 변수는 어떤 범위 안에서 변하는 수이므로 범위가 되는 2개의 모임이 필요하다. 이때 함수에서의 2개의 모임을 **정의역**과 **공역**이라 한다.
예를 들어 $y=2x+1$에서 x가 될 수 있는 수는 1, 2, 3이고, y가 될 수 있는 수는 1, 2, 3, 4, 5, 6, 7일 때, x가 될 수 있는 모임을 **정의역**이라 하고, 중괄호 { }를 사용해 {1, 2, 3}으로 나타낸다. 마찬가지로 y가 될 수 있는 모임을 **공역**이라 하고, 중괄호 { }를 사용해 {1, 2, 3, 4, 5, 6, 7}로 나타낸다.
만약 함수가 주어지고 변수 x와 y의 모임에 대해 특별한 조건이 없다면 정의역과 공역을 **모든 수**라고 생각하면 된다.

함숫값이란 무엇일까?

- **함숫값:** 함수의 규칙에 의해서 x의 값에 대응하는 y의 값

함수 $y=2x$에서 $x=2$일 때의 함숫값은 $f(2)$로 나타낸다. 여기서 함숫값 $f(2)$는 x에 2를 대입해 구한 값이다. 즉 $f(2)=2\times2=4$다.

함수 $y=2x$에서 x가 될 수 있는 모임이 $\{1, 2, 3\}$이고 y가 될 수 있는 모임이 $\{1, 2, 3, 4, 5, 6, 7\}$이라 할 때, x의 함숫값을 모두 구하면 $f(1)=2\times1=2$, $f(2)=2\times2=4$, $f(3)=2\times3=6$이다. 이때 함숫값들의 모임을 중괄호 $\{\quad\}$를 사용해 $\{2, 4, 6\}$으로 나타낸 것을 **치역**이라 한다.

함수의 그래프

어느 날 프랑스의 수학자 데카르트(Descartes)는 천장에 붙어 있는 파리를 보고 "파리의 정확한 위치를 어떻게 나타낼 수 있을까?"라는 생각을 했다. 천장을 격자 모양으로 만들어 파리의 위치를 쉽게 나타낼 수 있다는 그의 생각이 좌표와 좌표평면을 고안해낸 계기가 되었다.

좌표평면은 **좌표를 나타낸 평면**으로, 2개의 수직선 중 가로축을 x축, 세로축을 y축, 두 축의 교점을 원점 O라고 한다.

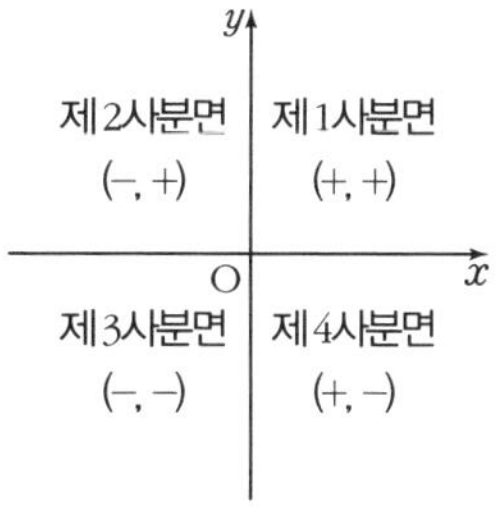

좌표평면은 좌표축을 기준으로 4개의 영역으로 나누고, x와 y좌표의 부호에 따라서 제1사분면, 제2사분면, 제3사분면, 제4사분면이라 한다.

이렇게 좌표평면이 생기면서 한 점에 x와 y값을

표시해 정확한 위치를 나타낼 수 있게 되었다. 그리고 함수의 두 변수 x와 y의 대응점을 순서쌍으로 좌표평면에 나타내 함수의 그래프를 그릴 수 있게 되었다. 함수의 그래프는 두 변수 x, y의 관계식의 순서쌍을 좌표평면 위의 점으로 나타내는 것이다.

예 함수 $y=x$의 그래프를 그려보자.

두 변수 x, y를 만족하는 순서쌍 (x, y)를 찾으면 $\cdots$, $(-1, -1)$, $\cdots$, $(0, 0)$, $\cdots$, $(1, 1)$, $\cdots$이다. 순서쌍들을 좌표평면 위에 나타내면 오른쪽 그래프와 같다.

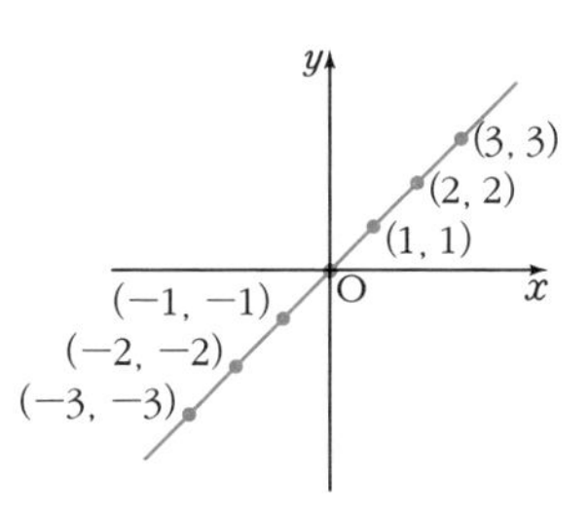

만약 x, y의 범위가 자연수나 정수로 제한되어 있다면 그래프는 점으로 그려지고, 모든 수인 경우에는 무수히 많은 점들이 모여 선으로 그려진다. 그러므로 함수의 그래프를 그리기 전에 반드시 x, y의 범위를 확인해야 한다.

무수히 많은 점들을 모두 표시해야 할까?

x, y의 범위가 모든 수이면 함수의 관계식을 만족하는 순서쌍 (x, y)는 무수히 많다. 그래프를 그릴 때 무수히 많은 순서쌍들을 좌표평면 위에 모두 표시할 수도 없다.

함수를 만족하는 점들이 무수히 많다 하더라도 모두 그릴 필요는 없다. 그래프를 보고 함수의 관계식을 구할 수 있을 정도의 조건이 포함된 그래프를 그리면 된다.

예 함수 $y=2x$에서 x, y의 범위가 모든 수일 때 이 그래프의 형태는 직선이 된다. 그러므로 $y=2x$의 그래프를 그릴 때 서로 다른 두 점 (0, 0)과 (1, 2)로 나타내 직선으로 그리면 충분하다.

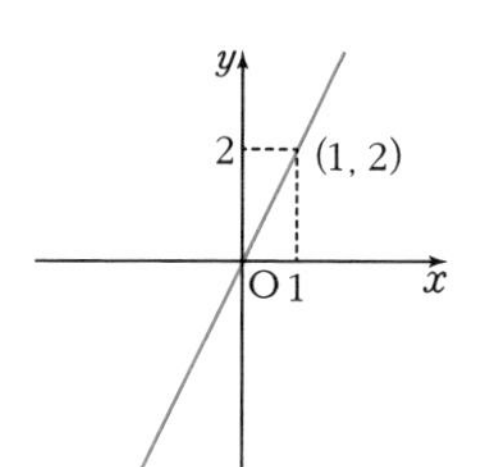

왜냐하면 주어진 그래프를 보고 함수식을 결정할 수 있기 때문이다. 원점을 지나는 정비례함수 $y=ax$가 (1, 2)를 지나므로 x에는 1을, y에는 2를 대입해 $a=2$를 구할 수 있다. 그러므로 이 그래프의 함수식은 $y=2x$다.

관계에 따른 함수의 종류를 알아보자

함수는 두 변수 사이의 관계에 따라 **정비례함수**와 **반비례함수**로 나누어진다. 우선 정비례와 반비례 관계가 무엇인지 알아보고, 각 함수의 정의와 특징, 그래프에 대해 알아보자.

- **정비례:** x, y가 서로 일정한 비율로 늘거나 줄어드는 관계

두 변수 x, y에서 x의 값이 2배, 3배, 4배, …가 되면 y의 값도 2배, 3배, 4배, …가 되는 관계에 있을 때 y는 x에 **정비례**한다고 하고, 이러한 대응규칙을 가지고 있는 함수를 **정비례함수**라 한다.

예 함수 $y=2x$에서 $x=1$일 때 $y=2$이고, $x=2$일 때 $y=4$이므로 x, y는 정비례관계이며 $y=2x$는 정비례함수다. 물론 $y=-2x$와 같은 대응관계에 있는 함수도 정비례함수다.

● **반비례:** x와 y의 곱이 일정할 때의 관계

두 변수 x, y에서 x의 값이 2배, 3배, 4배, …가 되면 y의 값이 $\frac{1}{2}$배, $\frac{1}{3}$배, $\frac{1}{4}$배, …가 되는 관계에 있을 때 y는 x에 **반비례**한다고 하고, 이러한 대응규칙을 가지고 있는 함수를 **반비례함수**라고 한다.

예 함수 $y=\frac{2}{x}(x\neq0)$에서 $x=1$이면 $y=2$이고, $x=2$이면 $y=1$이므로 x, y는 반비례관계이며, $y=\frac{2}{x}$는 반비례함수다. 물론 $y=-\frac{2}{x}(x\neq0)$와 같은 대응관계에 있는 함수도 반비례함수다.

정비례함수의 그래프

$y=2x$, $y=-2x$의 그래프를 그려보고 정비례함수 $y=ax(a\neq0)$의 특징을 알아보도록 하자.

대응표를 그려 만족하는 순서쌍을 찾아 좌표평면 위에 나타내면 오른쪽 그래프와 같다.

x	…	-1	…	0	…	1	…
$y=2x$	…	-2	…	0	…	2	…
$y=-2x$	…	2	…	0	…	-2	…

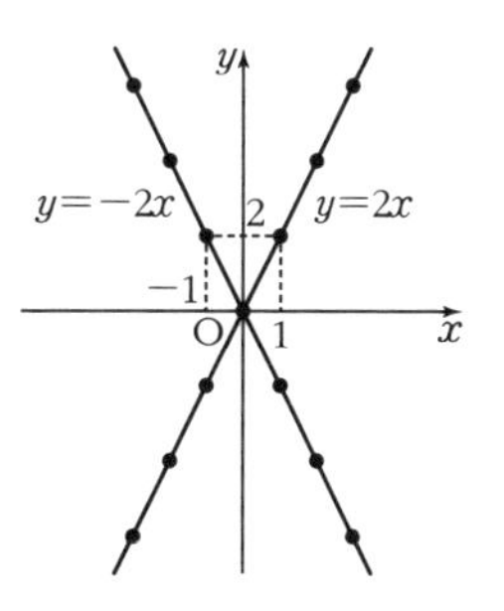

➡ 순서쌍과 그래프를 통해 정비례함수 $y=ax(a\neq0)$에서 $a>0$이면 두 변수 x, y의 부호가 같고, $a<0$이면 두 변수 x, y의 부호가 반대임을 알 수 있다.

정비례함수의 특징

x, y의 범위가 모든 수일 때 $y=ax(a\neq 0)$의 그래프는 직선 형태이며, $a>0$이면 두 변수 x, y의 부호가 같고, $a<0$이면 두 변수 x, y의 부호가 반대다. 정비례함수 $y=ax$는 원점을 지나는 직선이다.

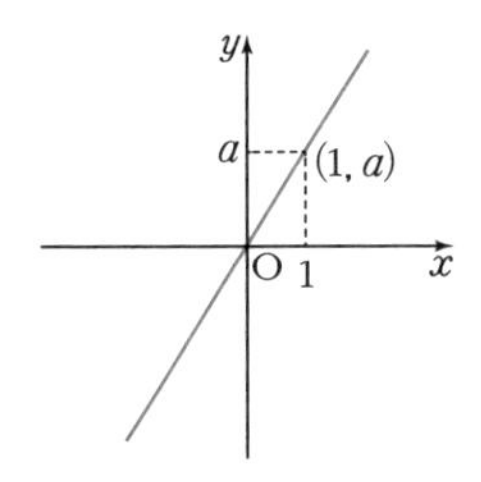

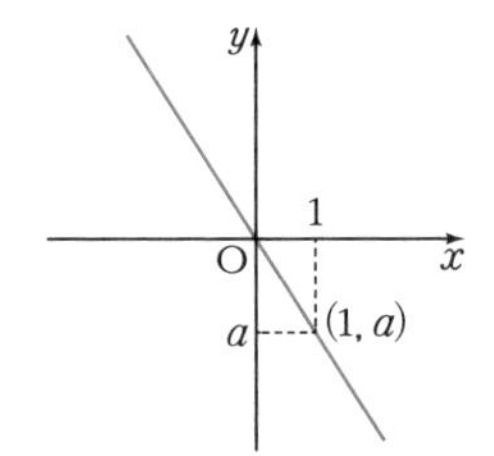

➡ $a>0$일 때 x, y의 부호가 같으므로 제1사분면과 제3사분면을 지나고, x값이 커지면 y값도 커진다.

➡ $a<0$일 때 x, y의 부호가 반대이므로 제2사분면과 제4사분면을 지나고, x값이 커지면 y값은 작아진다.

반비례함수의 그래프

$y=\frac{2}{x}$와 $y=-\frac{2}{x}$의 그래프를 그려보고 반비례함수 $y=\frac{a}{x}(x\neq 0,\ a\neq 0)$의 그래프의 특징을 알아보자.

대응표를 그려 만족하는 순서쌍을 찾아 좌표평면 위에 나타내면 오른쪽 그래프와 같다.

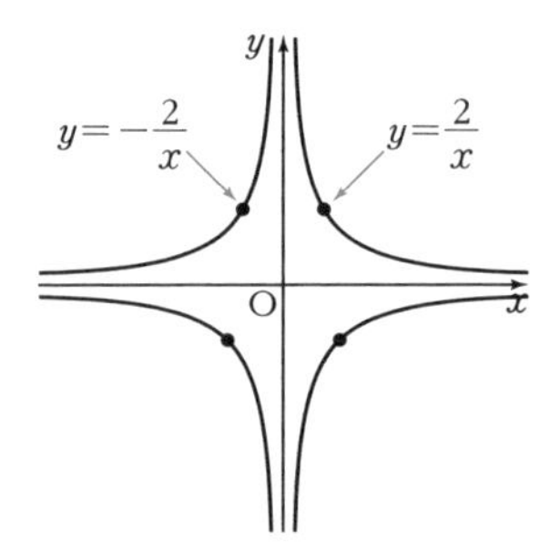

x	…	-2	…	-1	…	1	…	2	…
$y=\frac{2}{x}$	…	-1	…	-2	…	2	…	1	…
$y=-\frac{2}{x}$	…	1	…	2	…	-2	…	-1	…

➡ 순서쌍과 그래프를 통해 반비례함수 $y=\frac{a}{x}$ $(x\neq0,\ a\neq0)$에서 $a>0$이면 두 변수 x, y의 부호가 같고, $a<0$이면 두 변수 x, y의 부호가 반대임을 알 수 있다.

반비례함수의 특징

x의 범위가 모든 수일 때 $y=\frac{a}{x}$$(x\neq0,\ a\neq0)$의 그래프는 한 쌍의 매끄러운 곡선(쌍곡선)의 형태이며, $a>0$이면 두 변수 x, y의 부호가 같고, $a<0$이면 두 변수 x, y의 부호가 반대임을 알 수 있다.

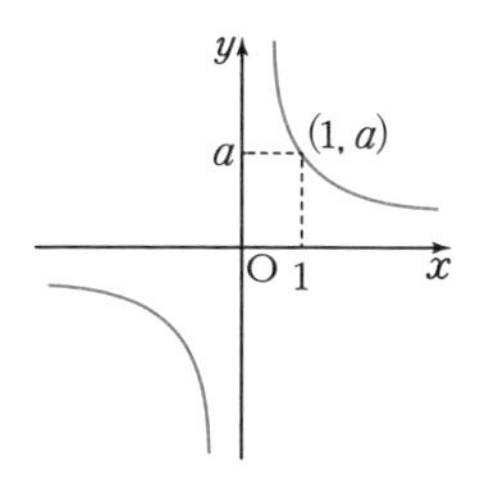

➡ $a>0$일 때 x, y의 부호가 같으므로 제1사분면과 제3사분면을 지난다.

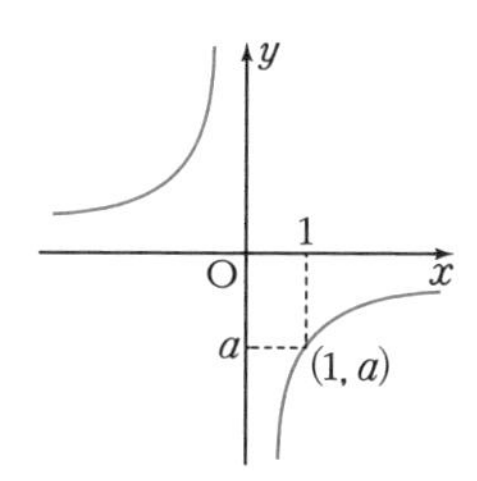

➡ $a<0$일 때 x, y의 부호가 반대이므로 제2사분면과 제4사분면을 지난다.

생활 속에서의 정비례와 반비례

두 값 사이의 관계가 정비례인지 반비례인지를 알고 있다면 값을 구하는 것뿐만 아니라 변화하는 값에 대한 예측이 가능해 생활 속에서 유용하게 사용할 수 있다.

예를 들어 일정한 속력으로 달리는 자동차의 주행시간과 거리의 관계, 각 층의 높이가 일정한 건물에서 층수와 건물 높이의 관계 등은 정비례와 관련이 있고, 일정한 온도에서 기체의 부피와 압력의 관계나 넓이가 같은 직사각형에서 가로의 길이와 세로의 길이 사이의 관계 등은 반비례와 관련이 있다.

차수에 따른 함수의 종류를 알아보자

함수의 대응규칙의 차수에 따라 일차함수, 이차함수 등으로 나눌 수 있다. 대응규칙을 일차식 $y=ax+b(a\neq0)$의 형태로 나타낼 수 있으면 **일차함수**이고, 대응규칙을 이차식 $y=ax^2+bx+c(a\neq0)$의 형태로 나타낼 수 있으면 **이차함수**다.

일차함수란 무엇일까?

- **일차함수:** 함수의 대응관계를 $y=ax+b$ ($a\neq0$, a, b: 상수)와 같이 $y=$(일차식)으로 나타낼 수 있는 함수

$b=0$일 때 $y=ax(a\neq0)$와 같은 정비례함수도 일차함수다.

예 $y=3x$, $y=\frac{1}{3}x+2$는 일차함수다.

$y=\frac{2}{x}$, $y=\frac{2}{x}+2$는 일차함수가 아니다.

일차함수의 그래프

일차함수 $y=x$와 일차함수 $y=x+2$의 그래프를 그려보고, 두 그래프 사이의 관계와 특징을 알아보자. 대응표를 이용해 각각의 함숫값을 찾고 순서쌍으로 나타내면 다음과 같다.

x	$\cdots$	-2	$\cdots$	-1	$\cdots$	0	$\cdots$	1	$\cdots$	2	$\cdots$
$y=x$	$\cdots$	-2	$\cdots$	-1	$\cdots$	0	$\cdots$	1	$\cdots$	2	$\cdots$
$y=x+2$	$\cdots$	0	$\cdots$	1	$\cdots$	2	$\cdots$	3	$\cdots$	4	$\cdots$

$y=x$의 순서쌍의 모임은 $\cdots$, $(-2, -2)$, $\cdots$, $(-1, -1)$, $\cdots$, $(0, 0)$, $\cdots$, $(1, 1)$, $\cdots$, $(2, 2)$, $\cdots$이고, $y=x+2$의 순서쌍의 모임은 $\cdots$, $(-2, 0)$, $\cdots$, $(-1, 1)$, $\cdots$, $(0, 2)$, $\cdots$, $(1, 3)$, $\cdots$, $(2, 4)$, $\cdots$이다.

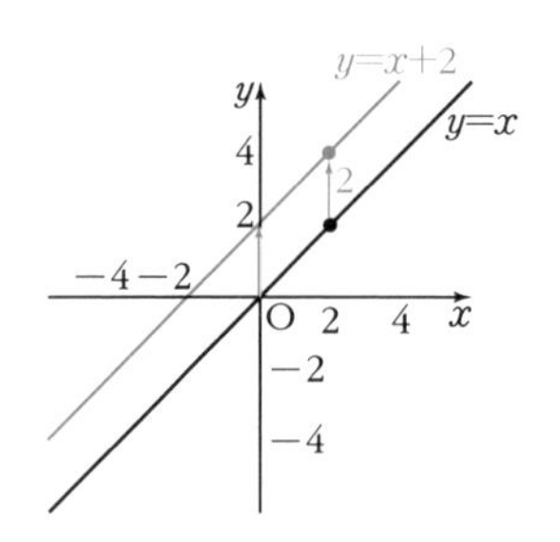

일차함수 $y=x$의 순서쌍을 좌표평면 위에 나타내면 오른쪽 그래프와 같다. 대응표에서 보면 x에 대해 $y=x+2$의 함숫값이 $y=x$의 함숫값보다 항상 2만큼씩 크다.

순서쌍을 좌표로 해서 그래프를 그리면 모든 점이 y축 방향으로 2만큼 이동한 형태다.

● **평행이동:** 한 도형을 모양과 크기를 그대로 유지한 상태에서 일정한 방향으로 일정한 거리만큼 위치만 옮기는 것

직선은 양쪽으로 무한히 늘어나기 때문에 평행이동이 x축 방향인지, 아니면 y축 방향인지 혼동할 수 있다.

이 경우 일차함수 $y=x$와 $y=x+2$의 좌표를 기준으로 (0, 0)이 (−2, 0)이 된 것이 아니라 (0, 2)가 되었다는 것을 알 수 있다. 그래서 직선의 평행이동은 y축 방향을 기준으로 평행이동되었다는 것을 알 수 있다.

일차함수 그래프의 기울기

● **기울기:** 수평면에 대해 기울어져 있는 정도를 수로 나타낸 것

수평거리에 대한 수직거리의 비율인 $(\text{기울기})=\dfrac{(\text{수직거리})}{(\text{수평거리})}$다.

좌표평면에서는 수평거리가 x값의 증가량이고, 수직거리가 y값의 증가량이므로 $(\text{기울기})=\dfrac{(y\text{값의 증가량})}{(x\text{값의 증가량})}$이다.

일차함수 $y=ax+b(a\neq0)$에서 a가 기울기이고, 일차함수에서 기울기는 항상 일정하다.

예 일차함수 $y=2x+1$에서 기울기는 2로 항상 일정하다.

오른쪽 그래프에서 일차함수 $y=2x+1$의 기울기는 어떤 점에서 구하든 항상 $\dfrac{4}{2}=\dfrac{8}{4}=2$다. 왜냐하면 기울기가 $\dfrac{(y\text{값의 증가량})}{(x\text{값의 증가량})}$이므로 일차함수 $y=2x+1$의 그래프를 빗변으로 하는 직각삼각형을 만들면 어떤 직각삼각형을 만들더라도 항상 닮음이 된다.

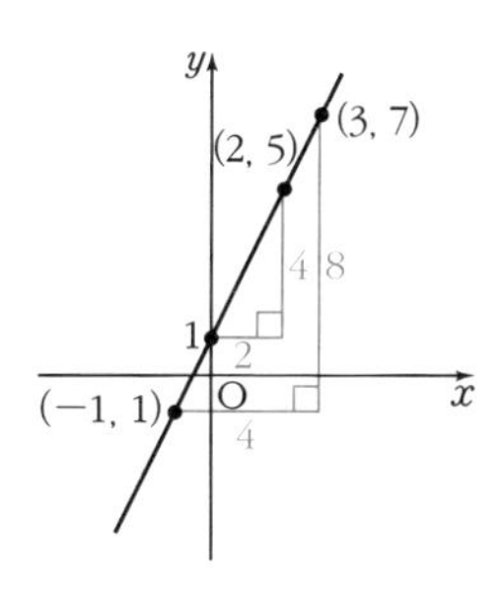

두 도형이 닮음이면 대응하는 변의 길이의 비가 일정하므로 $\frac{(y\text{값의 증가량})}{(x\text{값의 증가량})}$의 비율은 항상 같다(6장 223~227쪽 '닮음' 내용 참고).

일차함수 $y=ax+b$에서 x절편과 y절편

● x절편: 함수의 그래프가 x축과 만나는 점의 x좌표

x절편은 $y=0$일 때 x의 값이고 순서쌍으로 나타내면 $(p, 0)$의 형태다. 이 순서쌍을 좌표평면 위에 나타내면 $(p, 0)$은 x축 위의 점이다.

● y절편: 함수의 그래프가 y축과 만나는 점의 y좌표

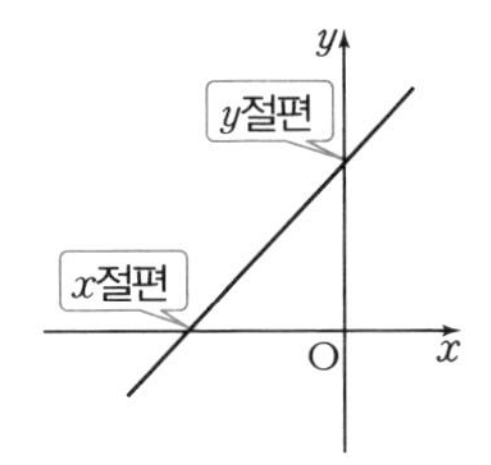

y절편은 $x=0$일 때 y의 값이고, 순서쌍으로 나타내면 $(0, q)$의 형태다. 이 순서쌍을 좌표평면 위에 나타내면 $(0, q)$는 y축 위의 점이다.

예 $y=2x-2$의 그래프에서 x절편은 $y=0$일 때 $0=2x-2$이므로 $x=1$이고, y절편은 $x=0$일 때 $y=2\times0-2$이므로 $y=-2$다. 즉 일차함수 $y=2x-2$의 그래프는 $(1, 0)$과 $(0, -2)$를 지난다.

x절편, y절편을 이용해 일차함수의 그래프 그리기

일차함수 $y=ax+b(a\neq0)$에서 x의 범위를 제한하지 않으면 모든 수가 될 수 있고, x가 모든 수일 때 그 그래프는 직선이 된다. 따라서 일차함수의 그래

프가 지나는 서로 다른 두 점을 알고 있다면 항상 직선을 그릴 수 있다. 일반적으로 그래프가 지나는 두 점을 찾을 때는 x절편과 y절편의 좌표를 이용하는 경우가 많다.

일차함수 $y=ax+b(a\neq0)$에서 x절편과 y절편의 좌표를 이용해 그래프를 그릴 때, x절편은 $-\frac{b}{a}$이고 x절편의 좌표는 $\left(-\frac{b}{a}, 0\right)$이며, y절편은 b이고, y절편의 좌표는 $(0, b)$다.

그러므로 일차함수 $y=ax+b(a\neq0)$의 그래프는 두 점 $\left(-\frac{b}{a}, 0\right)$과 $(0, b)$를 지나는 직선이다.

Q $y=2x+4$의 그래프를 x절편과 y절편의 좌표를 이용해 그려보자.

A $y=2x+4$의 x절편은 $y=0$일 때 $0=2x+4$이므로 $x=-2$다. y절편은 $x=0$일 때 $y=2\times0+4$이므로 $y=4$다. 따라서 $y=2x+4$의 그래프는 두 점 $(-2, 0)$과 $(0, 4)$를 지나는 직선이다.

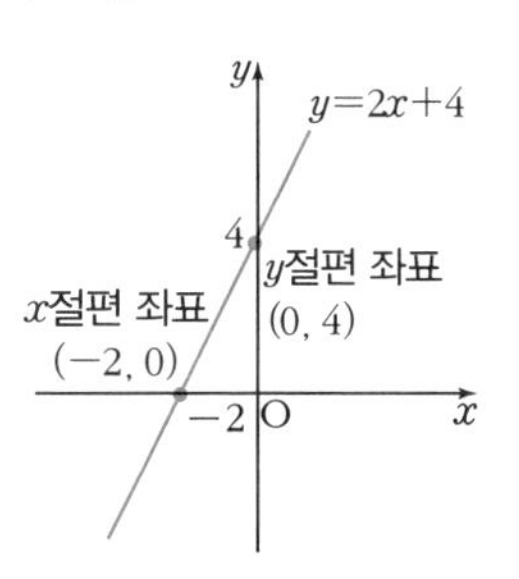

평행이동을 이용한 일차함수의 그래프 그리기

두 일차함수 $y=ax(a\neq0)$와 $y=ax+b(a\neq0)$는 기울기가 a로 같기 때문에 하나의 그래프를 그리고, 다른 그래프는 평행이동을 이용해 그릴 수 있다.

예 $y=3x+3$의 그래프를, $y=3x$의 그래프를 그려 평행이동을 이용해 그려보자.

우선 $y=3x$의 그래프는 원점과 $(1, 3)$을 지나는 직선이므로 좌표평면 위에 그린다. $y=3x+3$의 그래프는 $y=3x$의 그래프를, y축 방향으로 3만큼 평행이동한 그래프다. 즉 원점 $(0, 0)$이 $(0, 3)$이 되고 $(1, 3)$은 $(1, 6)$이 된다. 그러므로 $y=3x+3$의 그래프는 (0, 3)과 (1, 6)을 지나는 직선이다.

반대로 $y=3x+3$의 그래프를 이용해 $y=3x$의 그래프도 그릴 수 있다. $y=3x$의 그래프는 $y=3x+3$의 그래프를 y축 방향으로 -3만큼 평행이동시킨 그래프다. 즉 (0, 3)이 원점이 되고, (1, 6)은 (1, 3)이 된다.

그러므로 $y=3x$의 그래프는 원점 (0, 0)과 (1, 3)을 지나는 직선이다.

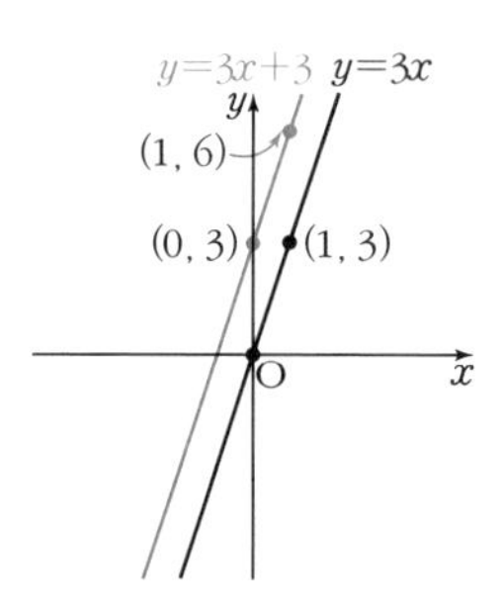

이차함수란 무엇일까?

- **이차함수:** 함수의 대응관계를 $y=ax^2+bx+c$(a, b, c: 상수, $a\neq0$)와 같이 $y=$(이차식)으로 나타낼 수 있는 함수

예 $y=3x^2$과 $y=-\frac{1}{3}x^2+2$는 이차함수다.

이차함수 $y=ax^2+bx+c$ ($a\neq0$)에서 x의 범위를 제한하지 않으면 모든 수이고, x가 모든 수일 때 그 그래프는 **포물선** 모양이다. 즉 오른쪽 그림과 같이 어떤 물체를 던졌을 때 날아가는 물체가 그리는 곡선이 포물선이다. 공을 던졌을 때 공은 최고점까지 올라갔다가 다시 떨어지게 된다. 그래서 포물선의 그래프는 최고점(꼭짓점)을 기준으로 왼쪽과 오른쪽이 서로 **대칭**을 이룬다. 또한 오른쪽 그림과 정반대로 아래로 볼록한 컵 모양의 이차함수 그래프도 그릴 수 있다.

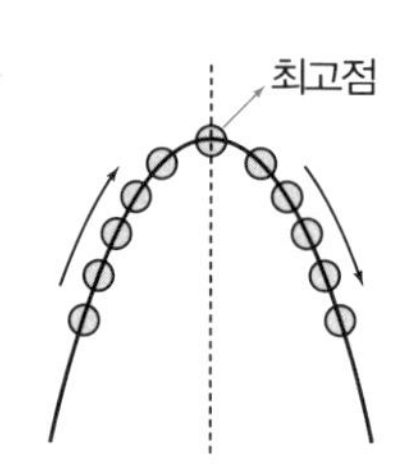

이차함수에서 사용되는 개념들

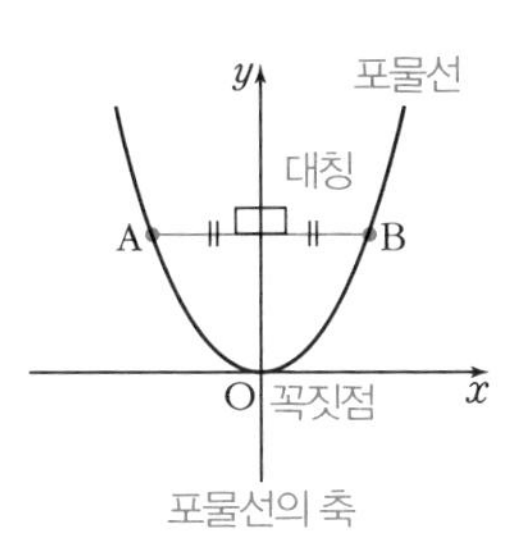

- **포물선:** $y=ax^2(a\neq0)$의 그래프와 같은 모양의 곡선
- **대칭:** 기준이 되는 축에 대해 양쪽 모양이 똑같은 형태
- **포물선의 축:** 대칭의 기준이 되는 축

- **꼭짓점:** 포물선과 포물선의 축이 만나는 점

꼭짓점을 기준으로 해서 이차함수 그래프의 최솟값 또는 최댓값이 결정되고, 꼭짓점이 포물선의 중심이므로 그래프의 왼쪽과 오른쪽이 대칭을 이룬다.

- **평행이동:** 한 도형을 모양과 크기를 그대로 유지한 상태에서 일정한 방향으로 일정한 거리만큼 위치만 옮기는 것

이차함수의 그래프는 포물선 형태이므로 x축 방향과 y축 방향으로의 평행이동을 모두 다룬다. 일반적으로 꼭짓점의 위치를 먼저 평행이동시켜서 그래프를 그리면 쉽고 편리하다.

이차함수 $y=ax^2+bx+c$에서 $a\neq0$이고 a, b, c는 상수이므로 a, b, c의 부호에 따라서 이차함수 그래프의 위치가 결정된다.

- **이차함수의 기본형:** $y=ax^2(a\neq0)$

예 $y=3x^2$, $y=\frac{1}{2}x^2$

- 기본형을 x축으로 평행이동: $y=a(x-p)^2(a\neq0)$

예 $y=2(x-3)^2$, $y=2x(x+3)^2$

- 기본형을 y축으로 평행이동: $y=ax^2+q(a\neq0)$

예 $y=2x^2+3$, $y=2x^2-3$

- 이차함수의 표준형(기본형을 x축과 y축으로 평행이동): $y=a(x-p)^2+q(a\neq0)$

예 $y=2(x-2)^2+4$, $y=2(x+2)^2-4$

- 이차함수의 일반형: $y=ax^2+bx+c(a\neq0)$

예 $y=2x^2+x+1$

이차함수의 그래프

이차함수의 기본형 $y=ax^2(a\neq0)$의 그래프와 특징을 먼저 알아보고, 평행이동을 통해 $y=a(x-p)^2(a\neq0)$, $y=ax^2+q(a\neq0)$, $y=a(x-p)^2+q(a\neq0)$의 그래프를 그려서 그 특징을 알아보자. 또한 표준형 $y=a(x-p)^2+q(a\neq0)$와 일반형 $y=ax^2+bx+c(a\neq0)$의 그래프와 특징도 알아보자.

이차함수의 기본형 $y=ax^2(a\neq0)$의 그래프

$y=x^2$, $y=-x^2$, $y=2x^2$의 그래프를 그려보고 $y=ax^2(a\neq0)$의 그래프의 특징을 알아보자.

x	⋯	-2	⋯	-1	⋯	0	⋯	1	⋯	2	⋯
$y=x^2$	⋯	4	⋯	1	⋯	0	⋯	1	⋯	4	⋯
$y=-x^2$	⋯	-4	⋯	-1	⋯	0	⋯	-1	⋯	-4	⋯
$y=2x^2$	⋯	8	⋯	2	⋯	0	⋯	2	⋯	8	⋯

이차함수 $y=ax^2(a\neq0)$의 그래프의 특징은 다음과 같다.

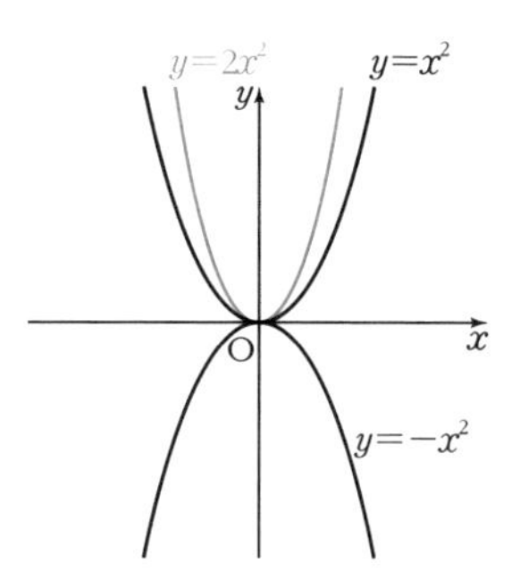

① 원점 (0, 0)을 꼭짓점으로 하고 y축$(x=0)$을 대칭축으로 하는 **포물선**이다.

② $a>0$이면 아래로 볼록하고 $a<0$이면 위로 볼록하다.

③ a의 절댓값 $|a|$가 크면 클수록 그래프의 폭이 좁아진다.

④ $y=x^2$과 $y=-x^2$의 그래프처럼 $y=ax^2$과 $y=-ax^2$의 그래프는 x축에 대해 대칭을 이룬다.

이차함수 $y=a(x-p)^2(a\neq0)$과 $y=ax^2+q(a\neq0)$의 그래프

이차함수 $y=a(x-p)^2(a\neq0)$은 기본형 $y=ax^2(a\neq0)$의 그래프를 x축 방향으로 p만큼 평행이동시킨 그래프이고, $y=ax^2+q(a\neq0)$의 그래프는 기본형 $y=ax^2(a\neq0)$의 그래프를 y축 방향으로 q만큼 평행이동시킨 그래프다.

예 이차함수 $y=(x-2)^2$의 그래프는 기본형 $y=x^2$의 그래프를 x축 방향으로 2만큼 평행이동시킨 그래프이고, 이차함수 $y=x^2+2$의 그래프는 기본형 $y=x^2$의 그래프를 y축 방향으로 2만큼 평행이동시킨 그래프다.

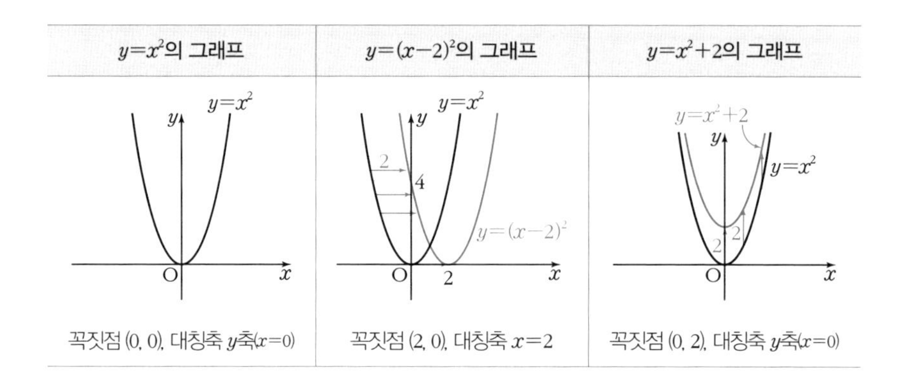

➡ $y=a(x-p)^2(a\neq0)$과 $y=ax^2+q(a\neq0)$의 그래프의 특징은 기본형 $y=ax^2(a\neq0)$의 그래프의 특징을 통해 알아볼 수 있다. 위와 같이 꼭짓점과 대칭축이 변하므로 그래프의 특징도 변하는 것이다.

이차함수의 표준형 $y=a(x-p)^2+q(a\neq0)$의 그래프

$y=x^2$, $y=(x-2)^2+2$, $y=-(x-2)^2-2$의 그래프를 그려보자. 그리고 $y=a(x-p)^2+q$의 그래프의 특징을 알아보자.

x	…	-1	…	0	…	1	…	2	…	3	…
$y=x^2$	…	1	…	0	…	1	…	4	…	9	…
$y=(x-2)^2+2$	…	11	…	6	…	3	…	2	…	3	…
$y=-(x-2)^2-2$	…	-11	…	-6	…	-3	…	-2	…	-3	…

$y=a(x-p)^2+q(a\neq0)$의 그래프의 특징은 다음과 같다.

$y=a(x-p)^2+q(a\neq0)$의 그래프는 $y=ax^2$의 그래프를 x축 방향으로 p만큼, y축 방향으로 q만큼 평행이동한 것이다.

① (p, q)를 꼭짓점으로 하고 $x=p$를 대칭축으로 하는 포물선이다.

② $a>0$이면 아래로 볼록하고 $a<0$이면 위로 볼록하다.

③ a의 절댓값 $|a|$가 크면 클수록 그래프의 폭이 좁아진다.

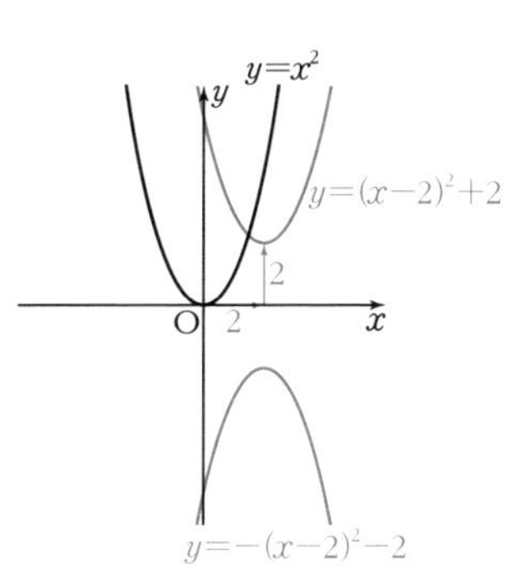

④ $y=a(x-p)^2+q$와 $y=-a(x-p)^2-q$의 그래프는 x축에 대해 대칭이다.

이차함수의 일반형 $y=ax^2+bx+c\,(a\neq0)$의 그래프

이차함수의 일반형 $y=ax^2+bx+c$의 그래프는 표준형 $y=a(x-p)^2+q$의 꼴로 고친 후에 그래프를 그리는 것이 편리하다. 왜냐하면 일반형으로 주어진 경우 그래프의 꼭짓점이나 축의 방정식 등 그래프를 그릴 때 필요한 정보를 얻기 어렵기 때문이다.

우선 이차함수 일반형 $y=ax^2+bx+c\,(a\neq0)$를 표준형 $y=a(x-p)^2+q$로 고치는 방법에 대해 알아보자. 일반형을 표준형으로 고치는 방법은 이차방정식에서 배운 근의 공식을 유도하는 방법을 사용하면 된다.

$$y=ax^2+bx+c=a\left(x^2+\frac{b}{a}x\right)+c$$ $y=a(x-p)^2+q$로 나타내기 위해 a로 묶어준다.

$$y=a\left\{x^2+\frac{b}{a}x+\left(\frac{b}{2a}\right)^2-\left(\frac{b}{2a}\right)^2\right\}+c$$ 같은 값 $\left(\frac{b}{2a}\right)^2$을 한 번 더했다가 빼준다.

$$y=a\left\{x^2+\frac{b}{a}x+\left(\frac{b}{2a}\right)^2\right\}-a\left(\frac{b}{2a}\right)^2+c$$ 완전제곱식과 나머지로 나눈다.

$$y=a\left(x+\frac{b}{2a}\right)^2-\frac{b^2}{4a}+c$$ 이차함수의 표준형으로 나타낸다.

$$y=a\left(x+\frac{b}{2a}\right)^2-\frac{b^2-4ac}{4a}$$

이차함수 $y=x^2$과 $y=x^2-2x+3$의 그래프를 그려보고 $y=ax^2+bx+c$의 그래프의 특징을 알아보자.

x	⋯	-1	⋯	0	⋯	1	⋯	2	⋯	3	⋯
$y=x^2$	⋯	1	⋯	0	⋯	1	⋯	4	⋯	9	⋯
$y=x^2-2x+3$	⋯	6	⋯	3	⋯	2	⋯	3	⋯	6	⋯

이차함수 $y=x^2-2x+3$을 표준형으로 고치면 다음과 같다.

$y=(x^2-2x+1)+2$

$y=(x-1)^2+2$

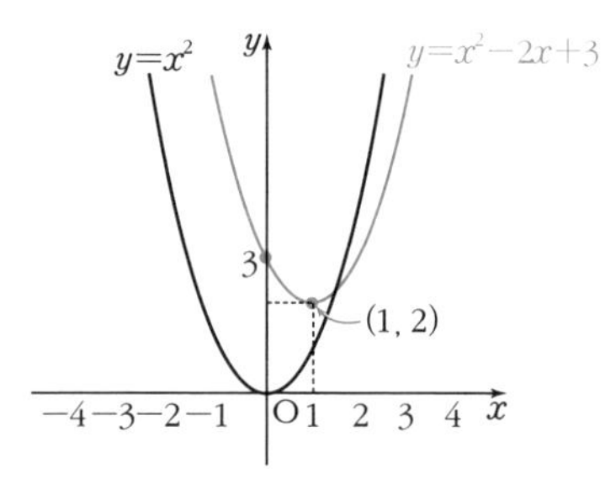

따라서 $y=x^2-2x+3$의 그래프는 $y=x^2$의 그래프를 x축 방향으로 1만큼, y축 방향으로 2만큼 평행이동한 것이다.

$y=x^2-2x+3$의 그래프는 꼭짓점이 (1, 2)이고 (0, 3)을 지나는 포물선이다.

이차함수 $y=ax^2+bx+c(a\neq0)$의 그래프의 특징은 다음과 같다.

$y=ax^2+bx+c$를 표준형으로 고치면 $y=a\left(x+\frac{b}{2a}\right)^2-\frac{b^2-4ac}{4a}$다.

① $\left(-\frac{b}{2a}, -\frac{b^2-4ac}{4a}\right)$를 꼭짓점으로 하고 $x=-\frac{b}{2a}$를 대칭축으로 하는 포물선이다.

② $a>0$이면 아래로 볼록하고 $a<0$이면 위로 볼록하다.

③ a의 절댓값 $|a|$가 크면 클수록 그래프의 폭이 좁아진다.

④ y절편의 좌표 점 $(0, c)$를 지난다.

함수식에서 최댓값과 최솟값을 구해보자

최댓값과 최솟값은 무엇일까?

최댓값과 최솟값은 이름 그대로 가장 큰 값과 가장 작은 값을 말한다. 함수에서도 마찬가지로 함숫값 중에서 **가장 큰 값**을 그 함수의 **최댓값**이라 하고, **가장 작은 값**을 그 함수의 **최솟값**이라 한다.

그런데 가장 큰 값이나 가장 작은 값은 어느 범위 안에서 구해야 하는가가 중요하다. 예를 들어 3학년 1반에서 키가 가장 큰 학생과 3학년 전체에서 가장 키가 가장 큰 학생은 다를 수 있다. 그래서 최댓값과 최솟값은 특정 범위 안에서의 가장 큰 값과 가장 작은 값을 의미한다.

함수의 유형에 따른 최댓값과 최솟값 구하기

최댓값과 최솟값을 구하기 위해서는 먼저 주어진 x의 범위를 확인해 함숫값을 구해야 한다. 그 중에서 가장 작은 값이 최솟값이고, 가장 큰 값이 최댓값이 된다.

x의 범위를 제한하지 않은 일차함수인 경우 그래프가 직선이 된다. 직선은 양쪽 방향으로 무한히 늘어나기 때문에 x에 대한 함숫값이 무수히 많다. 무한히 많은 함숫값 중에서는 최댓값이나 최솟값을 구할 수 없다.

그러나 x의 범위를 제한하지 않은 이차함수의 그래프는 포물선의 형태가 되므로 가장 작은 값이나 가장 큰 값이 존재한다. 따라서 이차함수에서는 x의 범위를 제한하지 않더라도 최솟값 또는 최댓값이 존재한다.

일반적으로 중학교 교육과정에서는 이차함수의 최댓값과 최솟값을 구할 때, x의 범위를 제한하지 않으므로 이차함수는 최솟값이나 최댓값만을 갖는다.

이차함수 $y=ax^2+bx+c$는 꼭짓점에서 최댓값 또는 최솟값을 가지게 된다. 그래서 이차함수에서 최솟값 또는 최댓값을 구할 때, 이차함수의 꼭짓점 정보를 얻을 수 있는 표준형 $y=a(x-p)^2+q(a\neq0)$로 고친 후 꼭짓점을 찾으면 최솟값이나 최댓값을 구할 수 있다.

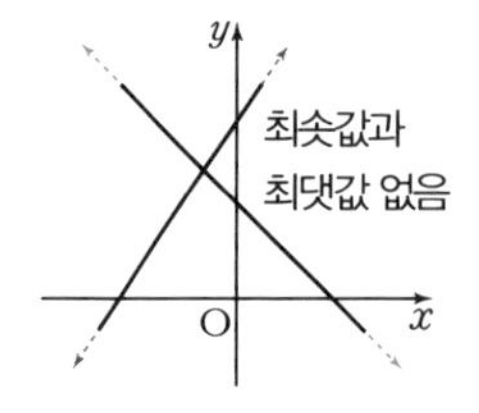

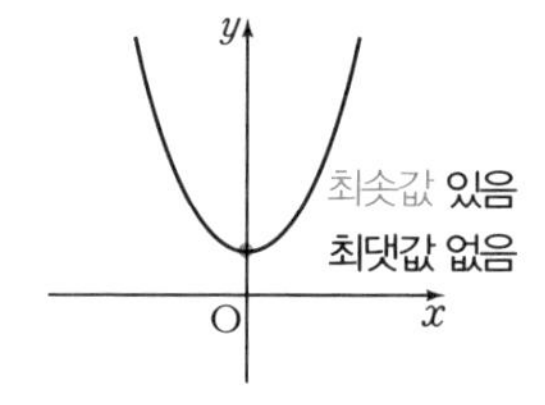

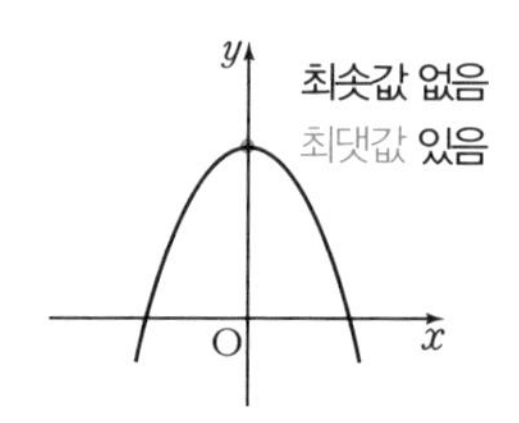

➡ $a>0$일 때 이차함수 $y=a(x-p)^2+q$의 그래프는 아래로 볼록한 포물선이고, 최솟값만 존재한다. 최솟값은 $f(p)=q$다.

$a<0$일 때 이차함수 $y=a(x-p)^2+q$의 그래프는 위로 볼록한 포물선이고, 최댓값만 존재한다. 최댓값은 $f(p)=q$다.

그래프나 조건을 통해 함수식을 구해보자

주어진 함수식을 가지고 그래프를 그리고 그 함수의 특징을 아는 것뿐만 아니라 주어진 그래프나 조건을 이용해 함수식을 구할 줄 아는 것도 중요하다. 그래프의 형태에 따라 함수식을 구하는 방법과 주어진 조건을 이용해 함수식을 구하는 과정을 알아보자.

일차함수식(직선의 방정식) 구하기

일차함수의 그래프는 x의 범위를 제한하지 않으면 직선의 형태가 된다. 주어진 그래프가 직선의 형태일 때 기울기나 y절편, 두 점의 정보가 주어지면 일차함수식 $y=ax+b$를 구할 수 있다.

기울기와 한 점이 주어진 경우

기울기가 주어지면 일차함수 $y=ax+b$에서 a의 값을 알 수 있다. 나머지 b의 값은 주어진 한 점을 대입해 구할 수 있다.

Q 기울기가 2이고 한 점 (2, 1)을 지나는 직선의 방정식을 구해라.

A 일차함수 $y=ax+b$에서 기울기가 2이므로 $a=2$다.

$y=2x+b$가 한 점 (2, 1)을 지나므로 $x=2$, $y=1$을 대입하면 등식이 성립한다.

$1=2\times2+b$이므로 $b=-3$이다.

따라서 직선의 방정식은 $y=2x-3$이다.

두 점이 주어진 경우

두 점이 주어질 때 2가지 방법으로 직선의 방정식을 구할 수 있다. 첫 번째 방법은 두 점을 $y=ax+b$에 대입해 연립방정식을 풀이함으로써 a, b를 구하는 것이고, 두 번째 방법은 주어진 두 점을 이용해 일차함수의 기울기 a를 구하고 한 점을 $y=ax+b$에 대입해 b를 구하는 것이다.

Q 두 점 (1, 3)과 (−1, 2)를 지나는 직선의 방정식을 구해라.

A [방법 1] $y=ax+b$에 (1, 3)과 (−1, 2)를 대입하면 $\begin{cases} a+b=3 & \cdots① \\ -a+b=2 & \cdots② \end{cases}$ 다.

①+②를 하면 $2b=5$, $b=\frac{5}{2}$ ⋯③

③을 ①에 대입하면 $a=3-b=3-\frac{5}{2}=\frac{1}{2}$

그러므로 직선의 방정식은 $y=\frac{1}{2}x+\frac{5}{2}$ 다.

[방법 2] 두 점 (1, 3)과 (−1, 2)를 이용해 기울기를 구하면

$(\text{기울기})=\frac{(y\text{값의 증가량})}{(x\text{값의 증가량})}=\frac{3-2}{1-(-1)}=\frac{1}{2}$

$y=\frac{1}{2}x+b$에 (1, 3)을 대입하면 $3=\frac{1}{2}\times1+b$ 다.

그러므로 $b=3-\frac{1}{2}=\frac{5}{2}$다.

따라서 직선의 방정식은 $y=\frac{1}{2}x+\frac{5}{2}$다.

➡ 두 점은 x절편과 y절편의 좌표로 주어지기도 한다. 위와 같은 방법으로 함수식을 구할 수 있다.

이차함수식 구하기

이차함수식의 그래프는 x의 범위를 제한하지 않으면 포물선의 형태다. 주어진 조건을 이차함수식 표준형이나 일반형에 대입해 함수식을 구할 수 있다.

- **표준형** $y=a(x-p)^2+q$ $(a\neq0)$: (p, q)는 꼭짓점이므로 꼭짓점과 다른 한 점이 주어진 경우
- **일반형** $y=ax^2+bx+c$ $(a\neq0)$: 그래프를 지나는 세 점이 주어진 경우

꼭짓점과 다른 한 점을 알고 있을 때

이차함수 일반형 $y=ax^2+bx+c$에서 a, b, c가 모두 상수이므로 그래프가 지나는 세 점을 알고 있어야만 이차함수식을 구할 수 있다.

그러나 그래프의 꼭짓점이 주어진 경우 표준형 $y=a(x-p)^2+q$에서 p, q의 값이 주어진 것이므로 다른 한 점만 알아도 함수식을 구할 수 있다.

Q 그림과 같이 이차함수 $y=ax^2+bx+c$의 그래프의 꼭짓점이 (2, 3)이고, y절편은 4일 때 이차함수식을 구해라.

Ⓐ 꼭짓점이 (2, 3)이므로 이차함수는 $y=a(x-2)^2+3$이다. 여기서 y절편이 4이므로 (0, 4)를 대입해 a값을 구한다. $4=a(0-2)^2+3$이므로 $a=\frac{1}{4}$이다. 따라서 이차함수식은 $y=\frac{1}{4}(x-2)^2+3=\frac{1}{4}x^2-x+4$다.

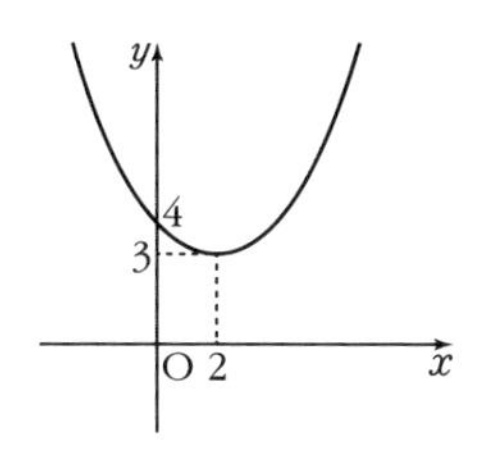

서로 다른 세 점을 알고 있을 때

세 점이 주어질 때 이차함수식을 구하기 위해 일반형 $y=ax^2+bx+c$에 대입하고 연립방정식을 이용해 a, b, c를 구한다.

Ⓠ 이차함수 $y=ax^2+bx+c$의 그래프가 세 점 (0, 3), (1, 9), (−1, −7)을 지날 때 이차함수식을 구해라.

Ⓐ (0, 3)을 대입하면 $3=c$,

(1, 9)를 대입하면 $9=a+b+c$,

(−1, −7)을 대입하면 $-7=a-b+c$다.

$c=3$이므로 연립방정식을 만들면 $\begin{cases} a+b=6 & \cdots ① \\ a-b=-10 & \cdots ② \end{cases}$ 다.

①+②를 하면 $2a=-4$, $a=-2$

$\therefore a=-2$, $b=8$

따라서 구하는 이차함수는 $y=-2x^2+8x+3$이다.

x절편의 좌표와 y절편의 좌표를 알고 있을 때

세 점이 주어질 때 이차함수식을 구하기 위해 일반형 $y=ax^2+bx+c$에 대입하고 연립방정식을 이용해 a, b, c를 구할 수 있다. 그러나 주어진 세 점이 x절편의 좌표와 y절편의 좌표일 경우에는 이차방정식의 해의 개념을 이용해 이차함수식을 구할 수 있다.

주어진 세 점이 $(\alpha, 0)$, $(\beta, 0)$, $(0, c)$일 때 x절편의 좌표 $(\alpha, 0)$, $(\beta, 0)$은 이차함수의 그래프가 x축과 만나는 점의 좌표다. 즉 이차함수 $y=ax^2+bx+c$와 x축($y=0$)의 교점이라고 할 수 있다. 그러므로 x절편 α, β는 이차방정식 $ax^2+bx+c=0$의 해가 된다.

따라서 함수식은 $y=a(x-\alpha)(x-\beta)$가 되고, y절편 $(0, c)$를 대입해 a값을 구함으로써 이차함수식을 구할 수 있다.

Q 이차함수 $y=ax^2+bx+c$의 그래프가 세 점 $(0, 4)$, $(2, 0)$, $(1, 0)$을 지날 때 이차함수식을 구해라.

A 문제에서 제시한 바에 따르면 x절편이 1, 2이므로 이차함수식은 $y=a(x-1)(x-2)$가 된다. 왜냐하면 이차함수의 그래프가 x축과 만나는 점 $(1, 0)$, $(2, 0)$은 이차함수와 x축($y=0$)의 교점이기 때문이다.

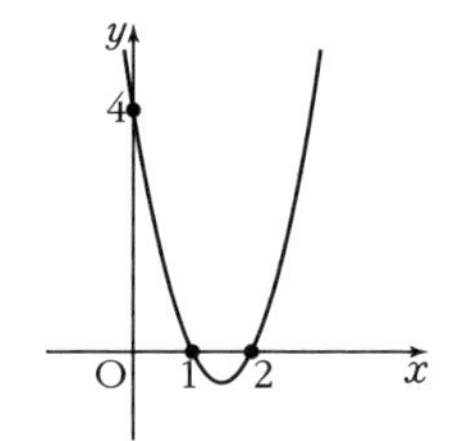

또한 이차함수의 그래프가 $(0, 4)$를 지나므로 y절편이 4다.

이차함수 $y=a(x-1)(x-2)$에 $(0, 4)$를 대입하면

$4=a(-1)(-2)=2a$이므로 $a=2$다.

따라서 이차함수식은 $y=2(x-1)(x-2)=2x^2-6x+4$다.

함수와 방정식과의 관계를 파악하자

일차함수와 일차방정식과의 관계

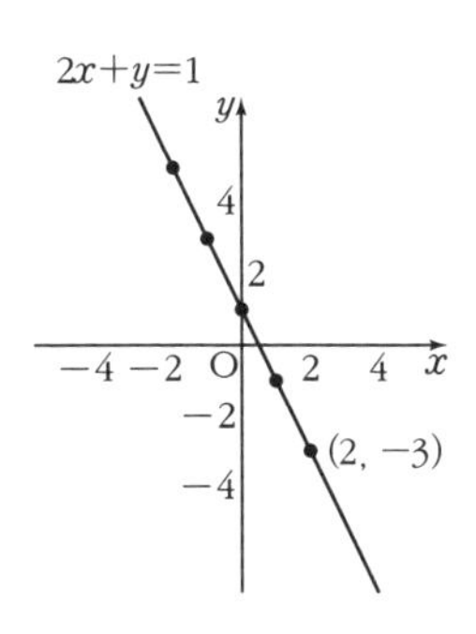

방정식의 해는 함수의 그래프의 좌표로 나타낼 수 있다. 그래서 함수와 방정식 사이의 관계를 알면 더 다양한 방법으로 문제에 접근할 수 있다.

일차함수 $y=ax+b(a\neq0)$는 y를 이항해서 미지수가 2개인 일차방정식 $ax-y+b=0(a\neq0)$의 꼴로 나타낼 수 있다. 따라서 식의 표현에 따라 $y=-2x+1$과 같이 $y=ax+b(a\neq0)$의 꼴은 **일차함수**이고, $2x+y-1=0$과 같이 $ax+by+c=0(a\neq0,\ b\neq0)$의 꼴은 **미지수가 2개인 일차방정식**이라고 부른다. 미지수가 2개인 일차방정식 $2x+y=1$의 그래프를 그리면 위의 그림과 같다.

두 미지수 x, y가 모든 수일 때 일차방정식 $2x+y=1$의 그래프는 **직선**이다. 그래서 미지수가 2개인 일차방정식을 **직선의 방정식**이라고 부른다.

- **미지수가 2개인 일차방정식:** $ax+by+c=0(a\neq0,\ b\neq0)$
- **직선의 방정식:** x, y가 모든 수일 때 $ax+by+c=0(a\neq0,\ b\neq0)$
- **일차함수:** $y=-\dfrac{a}{b}x-\dfrac{c}{b}$ (기울기: $-\dfrac{a}{b}$, y절편: $-\dfrac{c}{b}$)

➡ 함수의 점의 좌표는 방정식의 해와 같다.

일차함수의 그래프와 연립방정식의 해의 관계

연립방정식의 해는 미지수가 2개인 일차방정식에서 공통으로 만족하는 해를 구하는 것이므로, 각각의 일차방정식의 그래프를 그려 교점을 찾는 것과 동일하다.

예 두 일차방정식 $2x+y=1$과 $x-y=2$의 그래프를 그려 교점을 찾으면 다음과 같다.

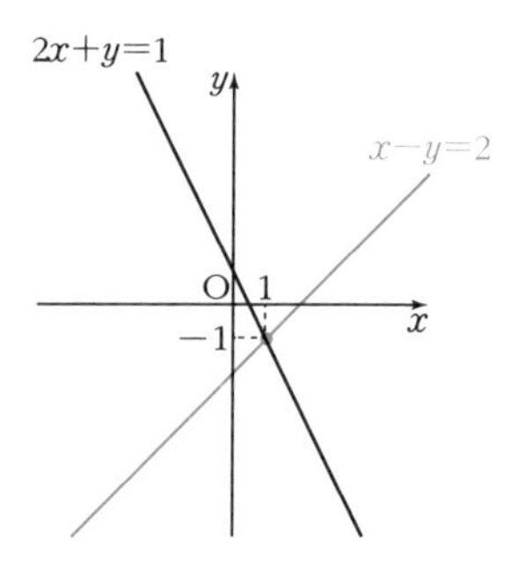

일차방정식 $2x+y=1$을 만족하는 해 $(x,\ y)$는 직선의 방정식 $2x+y=1$ 위의 점들이다. 마찬가지로 일차방정식 $x-y=2$를 만족하는 해 $(x,\ y)$는 일차함수 $x-y=2$ 위의 점들이다.

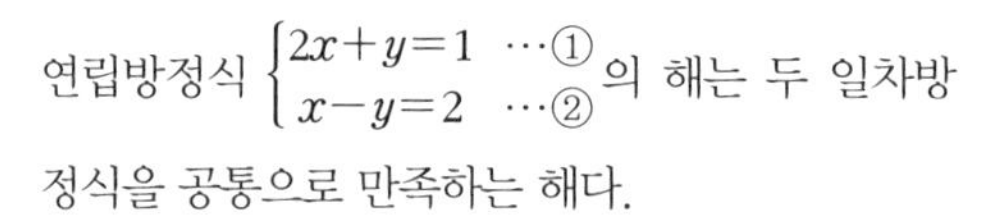

연립방정식 $\begin{cases}2x+y=1 & \cdots①\\ x-y=2 & \cdots②\end{cases}$의 해는 두 일차방정식을 공통으로 만족하는 해다.

그러므로 두 일차함수 $2x+y=1$과 $x-y=2$의 그래프의 교점이 연립방정식의 해가 된다.

$\therefore x=1,\ y=-1$

➡ 두 일차함수의 그래프의 교점은 연립방정식의 해와 같다.

$a\neq0,\ b\neq0,\ a'\neq0,\ b'\neq0$일 때 $\begin{cases} ax+by+c=0 \\ a'x+b'y+c'=0 \end{cases}$의 해는 두 일차함수의 그래프의 교점과 같다.

일차함수의 그래프와 연립방정식의 해의 종류

1. 두 일차함수의 그래프가 한 점에서 만난다.

두 일차함수의 그래프가 한 점에서 만날 때 연립방정식의 해는 1개다.

예 두 일차함수 $y=x+2$와 $y=2x+1$의 그래프를 그려 교점을 찾으면 다음과 같다.

두 일차함수 $y=x+2$와 $y=2x+1$의 그래프는 한 점 (1, 3)에서 만난다.

그러므로 연립방정식 $\begin{cases} y=x+2 \\ y=2x+1 \end{cases}$의 해는 (1, 3)이고 1개다.

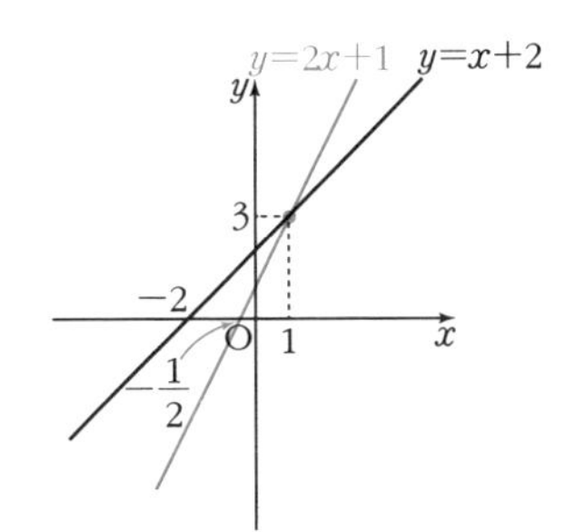

➡ 일반적으로 두 일차함수의 기울기가 다르면 두 그래프는 한 점에서 만난다.

즉 연립방정식의 해는 1개가 된다.

2. 두 일차함수의 그래프가 일치한다.

두 일차함수의 그래프가 일치할 때 연립방정식의 해는 **무수히 많다.**

예 두 일차함수 $x-y=2$와 $2x-2y=4$의 그래프를 그려 교점을 찾으면 다음과 같다.

두 일차함수 $x-y=2$와 $2x-2y=4$를 변형해 y에 관해 풀면 모두 $y=x-2$가 된다.

즉 두 일차함수는 같은 식이고 그래프가 일치한다.

그러므로 연립방정식 $\begin{cases} x-y=2 \\ 2x-2y=4 \end{cases}$ 에서 만족하는 해는 무수히 많다.

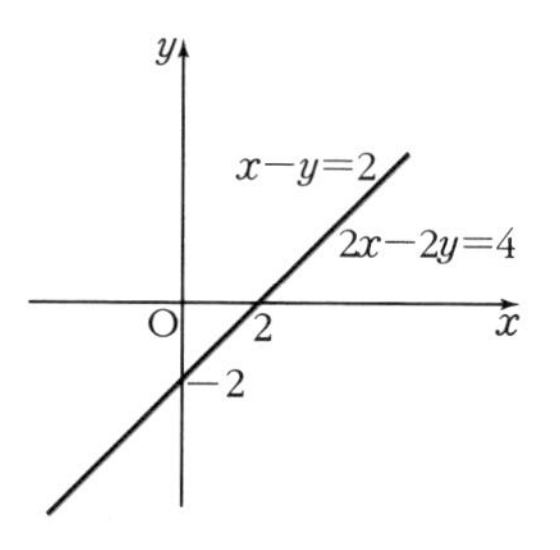

➡ 일반적으로 두 일차함수의 기울기와 y절편이 같으면 두 그래프는 일치한다. 즉 연립방정식의 해는 무수히 많다.

3. 두 일차함수의 그래프가 만나지 않는다(평행하다).

두 일차함수의 그래프가 만나지 않을 때 또는 평행할 때, 연립방정식의 해는 **존재하지 않는다.**

예 $y=3x+1$과 $y=3x-1$의 그래프를 그려 교점을 찾으면 다음과 같다.

일차함수 $y=3x+1$과 $y=3x-1$은 기울기가 3으로 같고 y절편이 다르므로, 두 일차함수의 그래프는 평행한다.

즉 두 일차함수의 그래프는 만나지 않는다.

그러므로 연립방정식 $\begin{cases} y=3x+1 \\ y=3x-1 \end{cases}$ 의 해는 존재하지 않는다.

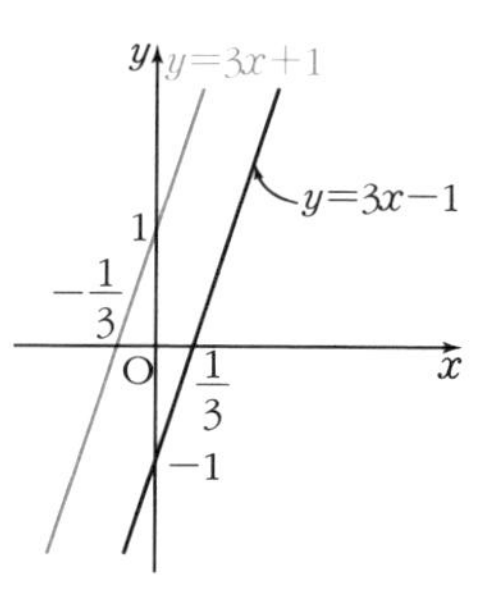

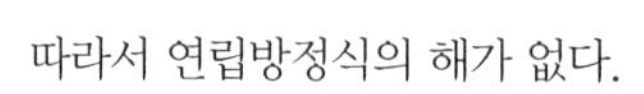
따라서 연립방정식의 해가 없다.

➡ 일반적으로 두 일차함수의 기울기가 같고 y절편이 다르면 두 그래프는 평행하므로 만나지 않는다. 즉 연립방정식의 해는 존재하지 않는다.

일차함수와 연립방정식의 해

연립방정식 $\begin{cases} ax+by+c=0 \\ a'x+b'y+c'=0 \end{cases}$의 해와 일차함수의 그래프와의 관계를 알아보자.

연립방정식을 함수식으로 변형해 $\begin{cases} y=-\dfrac{a}{b}x-\dfrac{c}{b} & \cdots ① \\ y=-\dfrac{a'}{b'}x-\dfrac{c'}{b'} & \cdots ② \end{cases}$으로 나타내고, 연립방정식의 해와 일차함수의 그래프와의 관계를 정리하면 다음과 같다.

함수의 그래프가 한 점에서 만난다.	함수의 그래프가 일치한다.	함수의 그래프가 평행하다.
기울기가 다르다. $\left(\dfrac{a}{b} \neq \dfrac{a'}{b'}\right)$	기울기와 y절편이 같다. $\left(\dfrac{a}{b}=\dfrac{a'}{b'},\ \dfrac{c}{b}=\dfrac{c'}{b'}\right)$	기울기는 같고, y절편은 다르다. $\left(\dfrac{a}{b}=\dfrac{a'}{b'},\ \dfrac{c}{b} \neq \dfrac{c'}{b'}\right)$
$\dfrac{a}{a'} \neq \dfrac{b}{b'}$이면 연립방정식의 해가 1개다.	$\dfrac{a}{a'}=\dfrac{b}{b'}=\dfrac{c}{c'}$이면 연립방정식의 해가 무수히 많다.	$\dfrac{a}{a'}=\dfrac{b}{b'} \neq \dfrac{c}{c'}$이면 연립방정식의 해가 없다.

이차함수와 이차방정식의 관계

이차함수 $y=ax^2+bx+c(a\neq0)$와 이차방정식 $ax^2+bx+c=0(a\neq0)$ 사이의 관계를 알아보자.

이차함수 $y=ax^2+bx+c$에서 $y=0$을 대입하면 이차방정식 $ax^2+bx+c=0$을 얻을 수 있다. 즉 이차함수 $y=ax^2+bx+c$와 $y=0$(x축)을 동시에 만족하는 해가 이차방정식 $ax^2+bx+c=0$의 해가 된다.

Q 오른쪽 그림과 같이 이차함수의 그래프가 x축과 $(-1, 0)$, $(5, 0)$에서 만나고, y축과 $(0, 3)$에서 만날 때, 이차함수식을 구해라.

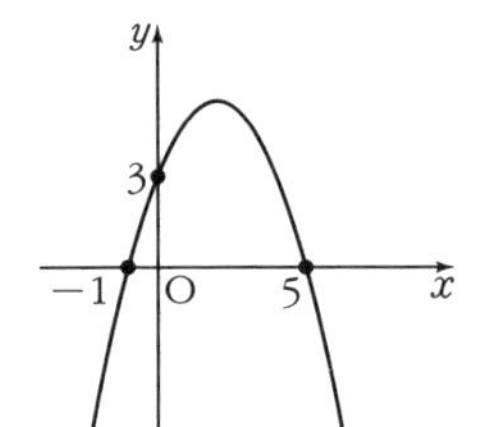

A 오른쪽 그림에서 이차함수의 그래프가 x축과 $(-1, 0)$, $(5, 0)$에서 만나므로 이차방정식 $ax^2+bx+c=0$의 해가 -1, 5다.

그러므로 이차함수식은 $y=a(x+1)(x-5)$로 나타낼 수 있다.

이 함수의 그래프가 $(0, 3)$을 지나므로 대입을 통해 a의 값을 구하면 $3=a(1)(-5)$이므로 $a=-\frac{3}{5}$이다.

따라서 이차함수식은 $y=-\frac{3}{5}(x+1)(x-5)=-\frac{3}{5}x^2+\frac{12}{5}x+3$이다.

이차함수와 이차방정식의 해

이차방정식의 해와 이차함수의 그래프와의 관계를 정리하면 오른쪽의 표와 같다.

이차함수 $y=ax^2+bx+c$의 그래프가 x축과 두 점에서 만난다.	이차함수 $y=ax^2+bx+c$의 그래프가 x축과 한 점에서 만난다.	이차함수 $y=ax^2+bx+c$의 그래프가 x축과 만나지 않는다.
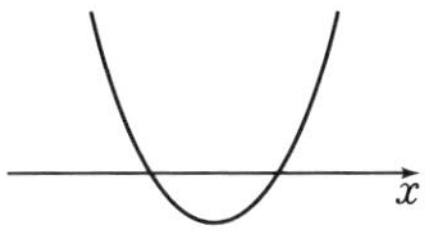	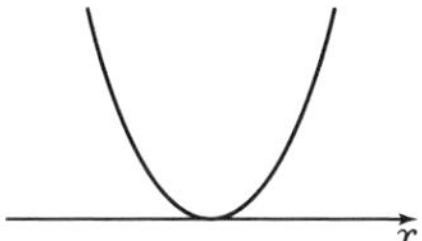	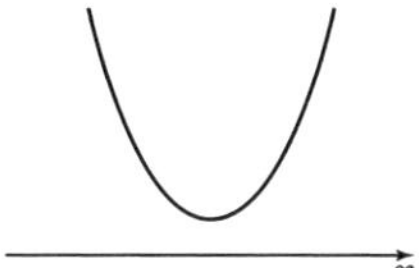
이차방정식 $ax^2+bx+c=0$의 해는 2개다.	이차방정식 $ax^2+bx+c=0$의 해는 1개(중근)다.	이차방정식 $ax^2+bx+c=0$의 해가 없다.
근의 공식 $x=\dfrac{-b\pm\sqrt{b^2-4ac}}{2a}$에서 $b^2-4ac>0$이다.	근의 공식 $x=\dfrac{-b\pm\sqrt{b^2-4ac}}{2a}$에서 $b^2-4ac=0$이다.	근의 공식 $x=\dfrac{-b\pm\sqrt{b^2-4ac}}{2a}$에서 $b^2-4ac<0$이다.

➡ 중학교에서는 이차함수와 이차방정식 사이의 관계에서 실수해만 다룬다. 그래서 실수해가 아닌 경우에는 해가 없다고 한다.

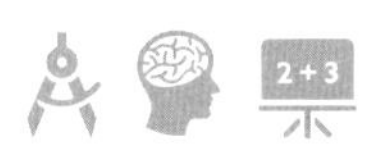

통계는 영어로 'statistics'이며 신분 · 지위 · 상태를 의미하는 'status'라는 단어에서 유래되었다. 사회가 발전하고 복잡해지면서 신분이나 상태 등을 나타내도록 여러 가지 자료가 필요해졌고, 이러한 자료들을 조사하고 수집해 수치로 나타내는 것이 학문으로 발달하게 되었다. 수많은 데이터를 활용해 미래에 대한 분석과 예측을 하는 것이 통계의 목적이다. 또한 다양한 분야에서 어떤 일이 일어날 가능성을 하나의 수로 나타내 분석해야 하는 경우가 생기면서 확률이 학문으로서 대두되었다.

5장에서는 주어진 통계자료를 정리 · 관찰 · 비교 · 분석하는 단계를 거쳐 대푯값과 산포도의 개념을 이해하고, 사건별 · 유형별 문제를 통해 경우의 수와 확률을 구해본다. 특히 생활 속에서 접할 수 있는 다양한 유형의 문제를 다루면서 개념을 이해하고 적용할 수 있는 힘을 키우는 것이 5장의 목적이다.

5장

통계와 확률, 이보다 더 알찰 수 없다

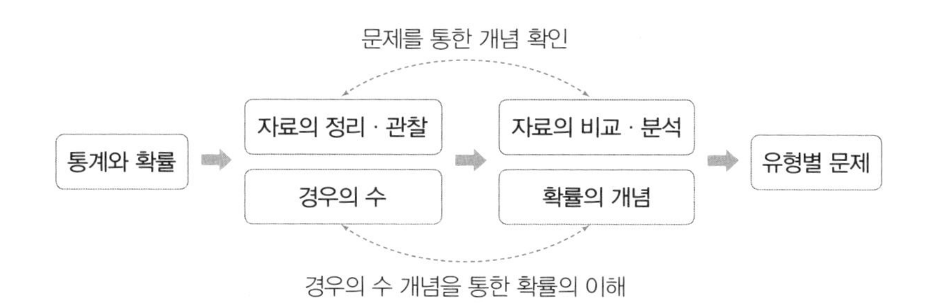

자료의 정리와 관찰, 이렇게 하면 좋아요

통계자료란 무엇일까?

세상에는 수많은 자료들이 있지만, 이러한 수많은 자료들을 모두 통계자료라고 할 수 없다. 우선 다양한 방법으로 조사하고 수집해서 정리해야만 비로소 통계자료로 활용이 가능하다. 이러한 통계자료는 다양한 자료를 분석하고 비교하고 활용하는 데 필요한 기본 자료가 된다.

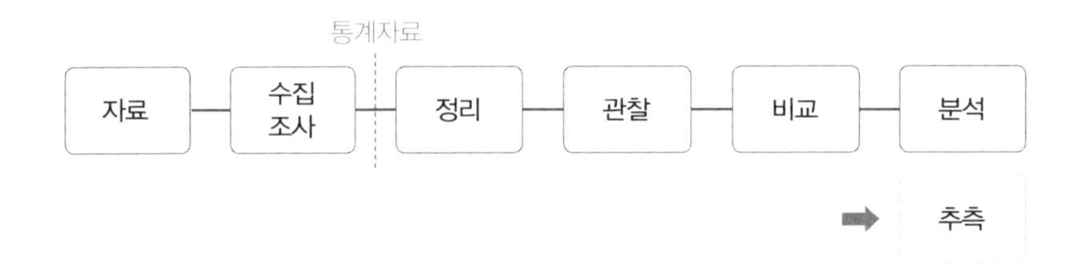

자료의 정리(도수분포표)

- **도수분포표:** 주어진 자료를 일정한 수의 범위로 나누어 각 계급과 도수로 나타낸 표

자료의 개수가 많으면 많을수록 모든 변량을 보고 자료를 관찰·비교·분석하는 것은 어려운 일이다. 그래서 자료의 개수가 많을 때 일정한 간격으로 구간을 나누어 변량을 표시한다.

예 어떤 중학교 1학년 1반의 수학점수를 조사해 20개의 자료를 얻었다. 이것을 도수분포표를 이용해 정리해보자.

75 55 60 85 80 75 70 60 75 70 65 85 70 45 50 60 90 85 40 35

- **변량:** 자료를 수량으로 나타낸 것

예 이 예제에서는 75, 55 등의 수학점수가 변량이다.

- **계급:** 변량을 일정한 간격으로 나눈 구간

예 오른쪽 표에서 30 이상~40 미만으로 나눈 구간이 계급이 된다.

〈도수분포표〉

수학점수(점)	학생 수(명)
30이상~40미만	1
40 ~50	2
50 ~60	2
60 ~70	4
70 ~80	6
80 ~90	4
90 ~100	1
합계	20

- **계급의 크기:** 계급의 구간의 너비

예 오른쪽 표에서 $40-30=50-40=\cdots=100-90=10$이므로 계급의 크기는 10이다.

● **도수:** 각 계급이 속하는 자료의 개수

예 앞의 표에서 60 이상~70 미만의 도수는 4다.

무작위로 나열된 변량들은 한눈에 보기 어려울 뿐만 아니라 점수의 분포상태를 확인하기도 어렵다. 무작위로 나열된 변량들을 도수분포표로 정리하면 점수의 분포상태와 변량의 개수 등을 바로 확인할 수 있으며, 자료를 분석할 때 사용되는 평균과 산포도 등을 구할 때 편리하다. 변량의 개수가 많으면 많을수록 도수분포표로 정리하면 자료를 활용할 때 매우 유용하다.

자료의 관찰(히스토그램, 도수분포다각형)

자료를 정리해 만든 도수분포표를 그림으로 나타내면 자료를 좀더 쉽게 관찰할 수 있다. 도수분포표를 그림으로 나타내는 방법은 직사각형 모양의 그래프로 나타내는 **히스토그램**이나 연속적인 변량을 나타내는 **도수분포다각형**으로 나타내는 방법이 있다. 앞의 도수분포표를 바탕으로 히스토그램과 도수분포다각형을 그려보자.

〈히스토그램〉

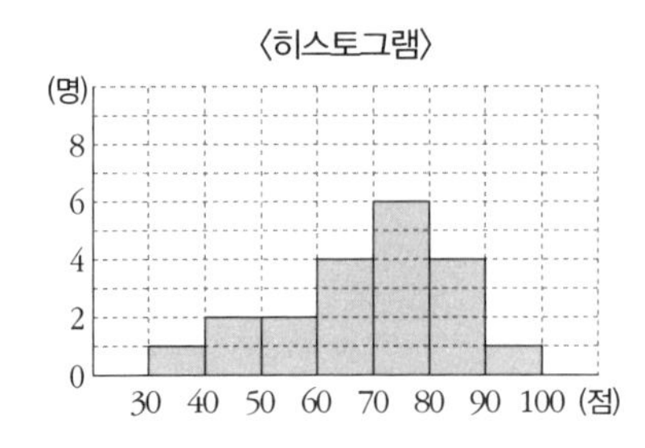

〈도수분포다각형〉

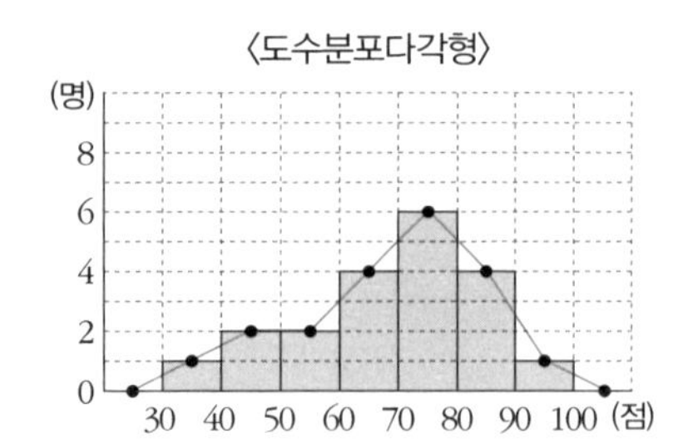

히스토그램은 도수분포표를 그림으로 나타내기 위한 방법으로, **가로축을 계급, 세로축을 도수**로 나타낸 그래프다. 도수분포표를 히스토그램으로 나타내면 각 계급의 도수와 도수의 분포상태를 쉽게 확인할 수 있다.

도수분포다각형을 그리려면 우선 히스토그램에서 각 직사각형 윗변의 중앙에 점을 찍는다. 이 점은 계급의 중앙값인데, 중앙값은 자료를 대표하는 대푯값 중 하나이며, 계급을 대표하는 계급값은 중앙값의 한 종류다(예를 들어 30 이상 40 미만의 계급값은 35). 그리고 히스토그램의 양 끝에 도수가 0인 계급을 하나씩 더 만들어 그 중앙에 점들을 찍고, 각각의 찍은 점들을 선분으로 연결한다.

히스토그램이나 도수분포다각형은 자료의 분포상태를 그림으로 잘 보여주는 그래프다. 특히 도수분포다각형은 **자료의 변화상태를 확인**할 수 있고, 2개 이상의 자료의 분포상태를 비교할 때 편리하다.

자료의 관찰(상대도수)

중국과 한국의 인터넷 사용량과 사용자 수를 비교하면 중국의 사용량과 사용자 수가 더 많다. 그럼에도 불구하고 우리나라를 인터넷 사용자가 많은 IT 강국이라고 한다. 그 이유는 절대적인 사용량과 사용자 수는 중국이 월등히 많지만, 인구를 고려한 사용량이나 사용자 수는 우리나라가 더 높기 때문이다. 이와 같이 두 자료의 총합이 다를 때 단순히 수량의 크기로 비교하는 것이 아니라 전체를 고려한 비율로 비교하는 것이 상대도수의 개념이다.

〈상대도수의 분포표〉

수학점수(점)	학생 수(명)	상대도수
30이상~40미만	1	0.05
40 ~50	2	0.1
50 ~60	2	0.1
60 ~70	4	0.2
70 ~80	6	0.3
80 ~90	4	0.2
90 ~100	1	0.05
합계	20	1

〈상대도수의 그래프〉

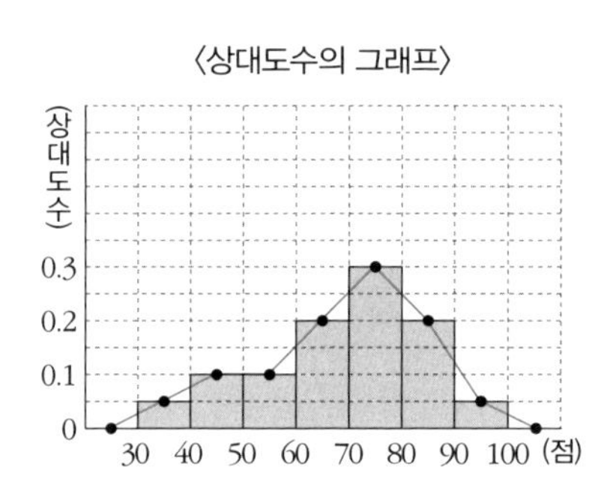

● **상대도수:** 전체 도수를 고려한 각 계급의 도수의 비율

$$(\text{어떤 계급의 상대도수}) = \frac{(\text{그 계급의 도수})}{(\text{도수의 총합})}$$

예 30 이상~40 미만의 상대도수는 $\frac{1}{20}$로 0.05다.

상대도수의 총합은 항상 1이다.

각 계급의 상대도수의 합은 $\frac{(\text{각 계급의 도수의 합})}{(\text{전체 도수})}$이다. 여기서 (각 계급의 도수의 합)=(전체 도수)이므로 상대도수의 총합은 항상 1이 된다.

상대도수에서도 도수분포표에서와 같이 히스토그램과 도수분포다각형을 그릴 수 있다. 상대도수에서는 히스토그램이나 상대도수분포다각형을 **상대도수의 그래프**라고 한다.

상대도수의 그래프를 그릴 때 **가로축은 계급**을, **세로축은 상대도수**를 나타내고, 히스토그램과 도수분포다각형과 같은 모양으로 그릴 수 있다.

일반적으로 상대도수는 도수의 총합이 서로 다른 두 자료를 관찰하고 비교할 때 사용된다.

예 어떤 학교의 중학생과 고등학생을 대상으로 인터넷 사용시간을 조사했더니, '1시간 이상 2시간 미만'이라고 답한 학생의 수가 전체 중학생 20명 중 5명, 전체 고등학생 100명 중 10명이라고 한다. 수량 자체로만 보자면 중학생 5명보다 고등학생 10명이 2배 많다. 그러나 전체 학생 수로 나눈 비율은 중학생이 $\frac{5}{20}$로 0.25, 고등학생은 $\frac{10}{100}$으로 0.1이다.

따라서 전체를 고려한 비율로 판단한다면 중학생의 비율이 더 높다. 이렇게 비교 대상의 총합이 다른 경우에는 상대도수를 이용해 비교하는 것이 일반적이다.

자료의 비교와 분석(대푯값), 어떻게 할까요?

대푯값이란 무엇일까?

변량이 1개인 두 자료를 비교할 때는 변량만 보고 비교할 수 있다. 그러나 기말고사 시험성적과 같이 변량이 여러 개인 두 자료를 비교할 때 두 자료의 모든 변량을 보고 비교하기는 어렵고 불편하다.

그래서 각각의 자료를 대표하는 하나의 수를 사용해 두 자료를 비교하는 방법을 사용한다. 그러면 편리하고 쉽게 두 자료를 비교할 수 있다. 이렇게 자료 전체의 특징을 대표하는 하나의 값을 그 자료의 **대푯값**이라 한다. 우리가 배울 대푯값에는 평균, 중앙값, 최빈값 등이 있는데, 각각의 대푯값의 특징과 의미, 그리고 어떻게 구하는지 그 방법을 알아보고 자료를 비교해보자.

평균은 어떻게 구할까?

- **평균**(Mean): 자료를 대표하는 대푯값이며 자료의 모든 변량의 합을 변량의 개수로 나누어 나타낸 수로, 가장 많이 사용되는 대푯값

$$(\text{평균}) = \frac{(\text{변량의 총합})}{(\text{변량의 개수})}$$

자료가 변량으로 주어질 때

예 주어진 변량이 70, 75, 80, 80, 90일 때의 평균을 한번 구해보자.

변량의 총합은 $70+75+80+80+90=395$다.

$(\text{평균}) = \frac{(\text{변량의 총합})}{(\text{변량의 개수})} = \frac{395}{5} = 79$

그러므로 평균은 79다.

자료가 도수분포표로 주어질 때

수학점수(점)	학생 수(명)	계급값	(계급값)×(도수)
30이상 ~40미만	1	35	35×1=35
40 ~50	2	45	42×2=90
50 ~60	2	55	55×2=110
60 ~70	4	65	65×4=260
70 ~80	6	75	75×6=450
80 ~90	4	85	85×4=340
90 ~100	1	95	95×1=95
합계	20		1380

도수분포표에서는 계급값이 변량의 개념이고, 각각의 계급값에는 개수에 해당되는 도수가 존재한다. 평균을 구하는 방법은 다음과 같다.

우선 각 계급의 계급값을 구한다. 각 계급값은 1개가 아니라 도수만큼 있으므로 (계급

값)×(도수)를 구한다.

{(계급값)×(도수)}의 총합을 도수의 총합으로 나누어 평균을 구한다.

(평균)$=\frac{1380}{20}=69$(점)이다.

중앙값은 어떻게 구할까?

● **중앙값(Median)**: 자료를 대표하는 대푯값으로, 자료의 모든 변량을 크기순으로 나열했을 때 정확히 가운데 놓이는 수

자료의 중앙값은 자료의 개수가 홀수일 때는 정확히 가운데 놓이는 값으로 정할 수 있다. 그러나 자료의 개수가 짝수일 때는 정확히 가운데 놓이는 수가 1개가 아니므로 두 값의 평균을 중앙값으로 정한다.

자료가 변량으로 주어질 때

예 3, 2, 4, 6, 1의 중앙값(자료의 개수가 홀수)은 크기순으로 나열한 후 1, 2, 3, 4, 6에서 가운데 오는 수인 3이 된다.

예 3, 2, 4, 6, 1, 5의 중앙값(자료의 개수가 짝수)은 크기순으로 나열한 후 1, 2, 3, 4, 5, 6에서 가운데 오는 두 수 3, 4의 평균인 $\frac{7}{2}$, 즉 3.5가 된다.

자료가 도수분포표로 주어질 때

도수분포표는 이미 자료가 크기 순서대로 배열되어 있기 때문에 중앙값이 포함되는 계급을 찾아 중앙값을 구할 수 있다.

예를 들어 다음 표와 같이 도수의 총합이 20일 경우 열 번째와 열한 번째 도

수가 들어가는 계급의 계급값을 찾아 중앙값을 구할 수 있다.
즉 크기순으로 열 번째와 열한 번째 도수가 70 이상 80 미만의 계급에 속하기 때문에 중앙값은 70 이상 80 미만의 계급의 계급값인 75(점)이다.
만약 중앙값을 구할 때 열 번째와 열한 번째가 두 계급에 걸쳐 있다면 두 계급의 계급값의 평균을 중앙값으로 정할 수 있다.

수학점수(점)	학생 수(명)
30이상 ~ 40미만	1
40 ~ 50	2
50 ~ 60	2
60 ~ 70	4
70 ~ 80	6
80 ~ 90	4
90 ~ 100	1
합계	20

최빈값은 어떻게 구할까?

- **최빈값(Mode):** 자료를 대표하는 대푯값으로, 자료에서 변량의 개수가 가장 많은 값, 도수가 가장 많은 계급의 계급값

자료가 변량으로 주어질 때

자료가 변량 70, 75, 80, 80, 90으로 주어졌을 때는 변량의 개수가 가장 많은 80이 최빈값이 된다. 하지만 변량의 개수가 2개뿐인 80을 자료를 대표하는 대푯값이라고 하기는 어려워보인다. 그러나 변량의 개수가 많고 하나의 같은 변량이 계속 반복되는 자료라면 최빈값을 대푯값으로 사용하는 것이 편리하다.

자료가 도수분포표로 주어질 때

수학점수(점)	학생 수(명)
30이상~40미만	1
40 ~50	2
50 ~60	95
60 ~70	2
합계	100

도수분포표에서 다른 계급에 비해 한 계급의 도수가 월등히 많을 때 그 계급의 계급값을 최빈값으로 해 대푯값으로 나타낼 수 있다.

오른쪽 표에서 50 이상 60 미만의 계급의 도수는 100개 중 95개로, 다른 도수에 비해 월등히 많다. 이런 경우 편리성을 위해서 95개의 도수를 가진 50 이상 60 미만 계급의 계급값 55(점)을 최빈값으로 사용해 대푯값으로 나타낼 수 있다.

대푯값의 사용

자료의 분포상태 및 특징을 나타내는 대푯값으로 평균을 주로 사용한다. 그러나 자료에 따라서 평균보다는 중앙값이나 최빈값을 사용하는 것이 자료의 집중도를 잘 나타낼 수 있는 경우가 있다.

예를 들어 어떤 자료에 매우 큰 값이나 작은 값이 존재할 때 대푯값으로 평균을 사용하게 되면 그 값의 영향을 많이 받게 된다. 이런 경우에는 오히려 변량을 크기순으로 배열한 후 중앙에 오는 중앙값을 사용하는 것이 자료의 특징을 더 잘 나타낼 수 있다.

또한 최빈값은 다른 자료에 비해 변량이나 계급의 도수가 월등히 많을 때 대푯값으로 사용하면 매우 편리하다는 장점이 있다.

자료의 비교와 분석(산포도), 어떻게 할까요?

대푯값이 같은 두 자료는 분포상태가 같은 것일까?

현정이와 민기가 이번 중간고사에서 얻은 시험점수는 오른쪽 표와 같다. 두 자료를 비교하기 위해 대푯값으로 평균을 각각 구했다.

구분	현정	민기
국어	100	84
영어	60	78
수학	80	82
과학	95	80
사회	65	76

현정이의 평균 점수

$$=\frac{(100+60+80+95+65)}{5}=\frac{400}{5}=80(\text{점})$$

민기의 평균 점수

$$=\frac{(84+78+82+80+76)}{5}=\frac{400}{5}=80(\text{점})$$

현정이와 민기의 중간고사 점수를 보면 평균이 같다. 즉 두 자료를 대표하는 대푯값인 평균은 80(점)으로 서로 같다.

그러나 자료를 잘 살펴보면 각각 얻은 점수의 분포상태는 다르다는 사실을 알 수 있다. 즉 두 자료의 대푯값은 같아도 두 자료의 분포상태는 다를 수 있다.

산포도란 무엇일까?

● **산포도:** 자료에서 변량들이 흩어져 있는 정도를 하나의 수로 나타낸 값

대푯값을 사용하면 자료의 중심은 알 수 있지만 분포상태는 알 수 없다. 그래서 자료에서 변량들이 흩어져 있는 상태를 알아보기 위해 산포도를 사용한다.

아래 그림에서 현정이와 민기의 자료의 평균은 80(점)으로 같다. 그러나 두 자료의 분포상태를 그림으로 나타내면 민기의 점수가 현정이의 점수보다 평균에 가까이 분포되어 있다는 것을 알 수 있다. 따라서 민기의 성적이 현정이의 성적보다 더 고르다. 즉 대푯값 평균을 기준으로 흩어져 있는 정도를 수로 나타내면 민기의 자료 값이 현정이의 자료 값보다 작다.

이러한 값을 이용해 자료의 흩어져 있는 정도를 비교할 수 있다. 변량들이 흩어져 있는 정도를 하나의 수로 나타내는 방법으로 분산(표준편차)을 주로 사용한다.

(편차)=(변량)−(평균)이므로 편차의 값은 평균을 중심으로 음수, 0, 양수이고, 그 합은 항상 0이 된다.

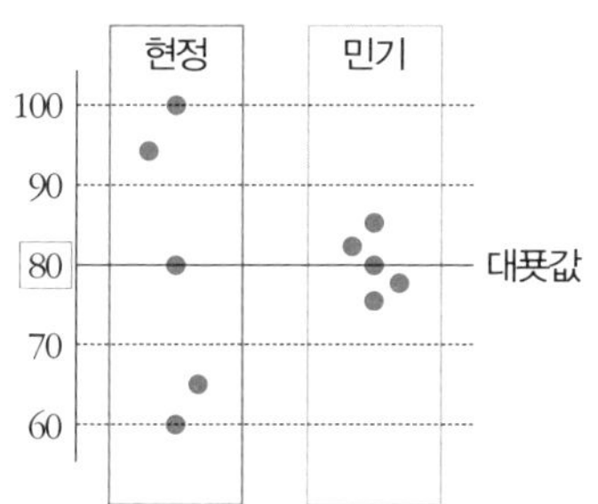

그래서 자료를 비교하기 위해 편차의 값을 각각 제곱해 양수로 바꾸어 흩어져 있

는 정도를 비교한다.

이때 편차의 제곱의 합을 구해 전체 변량의 개수로 나누면 **편차의 제곱의 평균**이 되고, 이것을 **분산**이라 하며, 분산의 **양의 제곱근**을 **표준편차**라 한다.

$$(\text{분산})=\frac{(\text{편차})^2\text{의 총합}}{(\text{변량의 개수})},\ (\text{표준편차})=\sqrt{(\text{분산})}$$

분산과 표준편차 구하기

분산과 표준편차는 다음과 같은 순서로 구할 수 있다. 자료가 변량으로 주어질 때와 도수분포표로 주어질 때로 나누어 분산과 표준편차를 구해보자.

평균 → 편차 → $(\text{편차})^2$ → 분산 → 표준편차

자료가 변량으로 주어질 때

현정이와 민기가 얻은 점수의 자료에서 분산과 표준편차를 구해보자.

현정	점수	100	60	80	95	65	총합	평균
	편차	20	−20	0	15	−15	0	0
	$(\text{편차})^2$	400	400	0	225	225	1250	250

민기	점수	84	78	82	80	76	총합	평균
	편차	4	−2	2	0	−4	0	0
	(편차)^2	16	4	4	0	16	40	8

현정이와 민기의 점수 **평균**은 모두 80(점)이고, 현정이와 민기의 자료에서 **편차**(변량−평균)**의 총합**은 0이다.

각 **편차를 제곱**해 총합을 구하면 현정이는 1250이고, 민기는 40이다.

(편차)^{2}의 평균인 **분산**을 구하면 현정이는 $\frac{1250}{2}=250$이고, 민기는 $\frac{40}{5}=8$이다.

분산의 양의 제곱근인 **표준편차**를 구하면 현정이는 $\sqrt{250}=5\sqrt{10}$(점)이고, 민기는 $\sqrt{8}=2\sqrt{2}$(점)이다.

그러므로 민기의 점수가 현정이의 점수보다 더 고르다고 할 수 있다.

자료가 도수분포표로 주어질 때

다음 표는 현정이네 반 학생 20명의 운동시간을 조사해 만든 도수분포표다. 도수분포표를 이용해 분산과 표준편차를 구하는 과정을 살펴보자.

운동시간(분)	학생 수(명)	계급값	(계급값)×(도수)	편차	(편차)^2	(편차)^2×(도수)
0^{이상}~20^{미만}	2	10	10×2=20	−40	1600	1600×2=3200
20 ~40	4	30	30×4=120	−20	400	400×4=1600
40 ~60	6	50	50×6=300	0	0	0×6=0
60 ~80	8	70	70×8=560	20	400	400×8=3200
총합	20		1000			8000

주어진 도수분포표에서 계급을 대표하는 계급값을 구한다.

{(계급값)×(도수)}를 도수의 총합으로 나누어 **평균**을 구하면

(평균)$=\frac{1000}{20}=50$(분)이다.

평균을 기준으로 각 변량이 떨어져 있는 정도인 **편차**를 구한다.

(편차)=(변량)−(평균)이다.

편차의 제곱을 구하고, (편차)^2×(도수)를 구한다.

(편차)^{2}의 평균인 **분산**을 구한다.

$$\frac{\{(\text{편차})^2\times(\text{도수})\}\text{의 총합}}{(\text{도수의 합})}=\frac{8000}{20}=400$$

분산의 양의 제곱근인 **표준편차**를 구한다. 표준편차는 $\sqrt{400}=20$(분)이다.

➡ 도수분포표에서도 분산과 표준편차를 통해 두 자료를 비교할 수 있다.

경우의 수란 무엇이고 어떻게 구하나요?

우리는 생활 속에서 어떤 일이 일어나는 경우를 미리 예상해보고, 경우의 가짓수를 알아보아야 할 때가 있다.

예를 들어 친구들과 가위바위보 게임을 할 때나 청소 당번을 정해야 할 때 등 일어날 수 있는 가짓수가 필요한 경우가 있다. 이렇게 어떤 일이 일어날 수 있는 경우의 가짓수를 경우의 수라 한다.

시행과 사건

시행과 사건은 경우의 수를 다룰 때 필요한 개념이다. 예를 들어 설명하자면 다음과 같다.

예 주사위 1개를 던질 때 나올 수 있는 모든 경우의 수는 1~6으로 6가지이고, 짝수의 눈이 나올 수 있는 경우의 수는 2, 4, 6으로 3가지다.

이때 주사위를 던져 우연에 의해서 결정되는 실험 또는 관찰을 **시행**이라 하고, 시행에 의해서 나타나는 결과를 **사건**이라 한다. 즉 주사위를 던지는 행위는 시행이고, 주사위를 던져서 나오는 눈의 결과가 사건이다.

사건 유형별 경우의 수

사건 A 또는 사건 B가 일어나는 경우의 수

사건 A 또는 사건 B가 일어나는 경우의 수를 구하는 문제는 사건 A가 일어나는 경우의 수와 사건 B가 일어나는 경우의 수를 더하는 방식으로 풀어준다. 그러나 먼저 확인해야 할 것은 두 사건이 동시에 일어나는 경우가 존재하는가이다. 만약 두 사건이 동시에 일어나는 경우가 존재한다면 각각의 사건의 경우의 수를 더해 동시에 일어나는 경우의 수를 빼주어야 한다.

Q 1부터 10까지의 수가 적힌 10장의 카드가 있다. 이 중에서 1장의 카드를 뽑을 때 3의 배수 또는 4의 배수가 나오는 경우의 수를 구해라.

A 카드에서 3의 배수가 나오는 사건을 A라고 하고, 4의 배수가 나오는 사건을 B라고 하자.

사건 A의 경우의 수는 3, 6, 9(3가지)이고, 사건 B의 경우의 수는 4, 8(2가지)이다.

두 사건이 동시에 일어나는 경우는 3과 4의 공배수인 12의 배수일 때다. 그런데 1부터 10까지는 12의 배수가 존재하지 않으므로 사건은 동시에 일어나지 않는다.

그러므로 3의 배수 또는 4의 배수가 나오는 경우의 수는 $3+2=5$(가지)다.

Q 1부터 20까지의 수가 각각 적힌 20장의 카드가 있다. 이 중에서 1장의 카드를 뽑을 때 3의 배수 또는 4의 배수가 나오는 경우의 수를 구해라.

A 카드에서 3의 배수가 나오는 사건을 A라 하고, 4의 배수가 나오는 사건을 B라 하자.

사건 A의 경우의 수는 3, 6, 9, 12, 15, 18(6가지)이고, 사건 B의 경우의 수는 4, 8, 12, 16, 20(5가지)이다.

3의 배수이면서 4의 배수인 경우는 12의 배수가 일어날 경우의 수다. 1부터 20까지의 수에서 12의 배수는 12로, 1개만 존재한다.

그러므로 3의 배수 또는 4의 배수가 나오는 경우의 수는 $6+5-1=10$(가지)이다.

사건 A와 사건 B가 동시에 일어나는 경우의 수

사건 A와 사건 B가 동시에 일어나는 경우의 수를 다룰 때, 먼저 두 사건이 서로에게 영향을 주지 않는다는 가정이 있어야 한다. 예를 들어 동전 1개와 주사위 1개를 던질 때 동전의 앞면과 뒷면, 주사위의 눈이 나오는 사건이 서로에게 영향을 주지 않아야 한다. 그래서 사건 A와 사건 B가 동시에 일어난다는 것은 사건 A가 일어난 상태에서 사건 B가 일어나는 경우를 의미한다. 다음 문제를 통해 사건 A와 사건 B가 동시에 일어날 경우의 수를 구해보자.

Q 동전 1개와 주사위 1개를 던질 때 일어날 수 있는 모든 경우의 수를 구해라.

A 동전 1개를 던져 일어나는 모든 사건을 A라 하고, 주사위 1개를 던져 일어나는 모든 사건을 B라 하자.

사건 A가 일어나는 경우의 수는 앞면과 뒷면으로 2가지이고, 사건 B가 일어나는 경우의 수는 1의 눈, 2의 눈, 3의 눈, 4의 눈, 5의 눈, 6의 눈으로 6가지다.

두 사건은 각각의 사건에 영향을 주지 않으므로 두 사건이 동시에 일어나는 경우의 수는 두 사건의 경우의 수의 곱이 된다. 즉 $2\times6=12$(가지)다.

사건 유형별 경우의 수 정리

경우의 수가 사건의 유형으로, 즉 '또는'이나 '동시에'라는 표현으로 주어진 경우에는 다음과 같은 방법으로 구할 수 있다.

사건 A 또는 사건 B가 일어나는 경우의 수

사건 A가 일어나는 경우의 수가 m(가지)이고, 사건 B가 일어나는 경우의 수가 n(가지)일 때

① 사건 A와 사건 B가 동시에 일어나지 않으면 $m+n$(가지)이다.

② 사건 A와 사건 B가 동시에 일어나는 경우의 수가 l(가지)이면 $m+n-l$(가지)이다.

사건 A와 사건 B가 동시에 일어나는 경우의 수

사건 A가 일어나는 경우의 수가 m(가지)이고, 사건 B가 일어나는 경우의 수가 n(가지)일 때 $m \times n$(가지)이다.

문제 유형별 경우의 수

경우의 수를 구할 때 순서를 고려해야 하는지 아닌지에 따라서 경우의 수를 구하는 방법이 달라진다. 예를 들어 현정, 민기, 수빈 3명의 학생 중 2명을 뽑아 일렬로 세우는 경우와 짝을 만드는 경우를 생각해보자. 2명을 뽑아 일렬로 세울 때는 순서가 존재하므로 (현정, 민기)와 (민기, 현정)을 세우는 것은 다르다. 그러므로 모든 경우의 수는 (현정, 민기), (현정, 수빈), (민기, 현정), (민기, 수빈), (수빈, 현정), (수빈, 민기)로 총 6가지다.

그러나 2명을 뽑아 짝을 만들 때는 순서가 존재하지 않으므로 (현정, 민기)와

(민기, 현정)은 같다. 따라서 모든 경우의 수는 (현정, 민기), (현정, 수빈), (민기, 수빈)으로 총 3가지다.

일렬로 배열하는 경우와 모둠으로 만드는 경우

일렬로 배열하는 경우는 순서가 있고, 모둠으로 만드는 경우는 순서가 없다. 이러한 순서의 개념을 생각하면서 다음 문제를 풀어보자.

1. 순서가 있는 경우

Q a, b, c, 3개의 문자를 일렬로 배열할 때 모든 경우의 수를 구해라.

A 일렬로 배열하는 경우는 순서가 있기 때문에 a, b와 b, a를 선택하는 것은 다르다. 3개의 문자를 일렬로 배열하는 모든 경우의 수를 구하면 (a, b, c), (a, c, b), (b, a, c), (b, c, a), (c, a, b), (c, b, a)로 총 6가지다.

이렇게 문자를 a부터 c까지 알파벳 순서대로 배열하는 것을 **사전식 배열**이라 한다.

➡ 순서가 있는 경우 사전식 배열을 통해 경우의 수를 찾을 수 있고, 이것을 $3\times2\times1=6$(가지)의 규칙성으로 나타낼 수 있다.

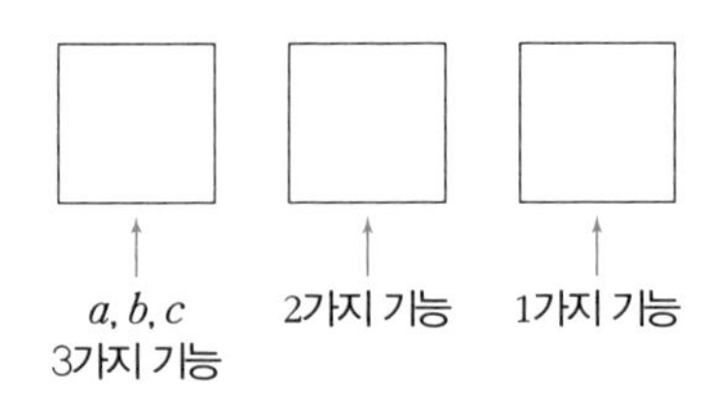

2. 순서가 없는 경우

Q a, b, c, 3개의 문자 중 2개를 뽑아 모둠을 만들 때 모든 경우의 수를 구해라.

A 3개의 문자에서 2개를 선택해 일렬로 배열하면 $3\times2=6$(가지)이다.

그러나 모둠을 만드는 것은 순서가 없기 때문에 문자 2개로 만들 수 있는 수만큼 겹치게 된다.

즉 (a, b)와 (b, a), (a, c)와 (c, a), (b, c)와 (c, b)는 서로 같다.

그러므로 모든 경우의 수는 (a, b), (a, c), (b, c)로 총 3가지다.

➡ 순서가 없는 경우의 배열은 수형도를 그려 경우의 수를 찾을 수 있고, 이것을 $\frac{3\times2}{2\times1}=3$(가지)의 규칙성으로 나타낼 수 있다.

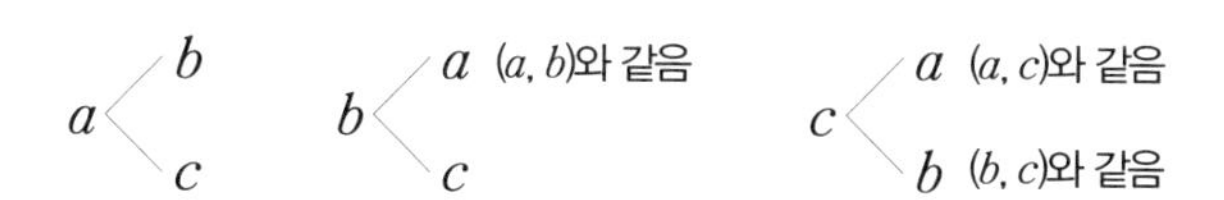

경우의 수를 구할 때 사전식 배열 등 직접 모든 경우를 확인해보면서 규칙성을 찾는 것이 필요하다.

직위가 구별되는 경우와 동일한 경우

몇 명의 학생 중에 회장, 부회장을 뽑는 경우의 수와 선도부 2명을 뽑는 경우의 수는 다르다. 회장, 부회장이라는 직위의 이름이 구별되면 순서가 있는 경우이고, 2명의 선도부를 뽑는 것은 직위가 동일해 순서가 없는 경우다.
다음 문제를 통해 2가지 유형을 비교해보자.

1. 순서가 있는 경우

Ⓠ 현정, 민기, 수빈, 정수, 미영, 5명의 학생 중에서 회장, 부회장을 뽑을 경우의 수를 구해라.

Ⓐ 5명 중 회장과 부회장을 뽑는 것은 직위가 구별되므로 순서가 있는 경우다.

회장	부회장	회장	부회장	회장	부회장	회장	부회장	회장	부회장
현정	민기	민기	현정	수빈	현정	정수	현정	미영	현정
현정	수빈	민기	수빈	수빈	민기	정수	민기	미영	민기
현정	정수	민기	정수	수빈	정수	정수	수빈	미영	수빈
현정	미영	민기	미영	수빈	미영	정수	미영	미영	정수

그러므로 $5\times4=20$(가지)이다.

2. 순서가 없는 경우

Ⓠ 현정, 민기, 수빈, 정수, 미영, 5명의 학생 중 선도부 2명을 뽑을 경우의 수를 구해라.

Ⓐ 5명 중 선도부 2명을 뽑는 것은 직위의 이름이 동일하므로 순서가 없는 경우다.

선도부	선도부	선도부	선도부	선도부	선도부	선도부	선도부
현정	민기	민기	수빈	수빈	정수	정수	미영
현정	수빈	민기	정수	수빈	미영		
현정	정수	민기	미영				
현정	미영						

그러므로 $\frac{5\times4}{2\times1}=10$(가지)이다.

확률이란 무엇이고 어떻게 구하나요?

확률이란 무엇일까?

- **확률:** 어떤 사건이 일어날 가능성을 분수나 소수(0부터 1까지의 수)로 나타내거나, % 기호를 사용해 백분율로 나타낸 것

예 내일 비가 올 확률을 $\frac{1}{2}$, 0.5 또는 50%로 나타낼 수 있다.

확률을 구하기 위한 실험이나 관찰에서 모든 사건이 일어날 가능성이 각각 같다고 할 때, n을 일어날 수 있는 모든 경우의 수라 하고, a를 사건 A가 일어날 경우의 수라고 하면 사건 A가 일어날 확률 p는 다음과 같다.

$$p=\frac{(\text{사건 } A\text{가 일어날 경우의 수})}{(\text{모든 경우의 수})}=\frac{a}{n}$$

동전 1개를 던져 앞면이 나올 확률을 구하라고 하면 $\frac{1}{2}$이라고 한다. 그러나 실제로 동전을 2번 던져 확인하면 앞면은 항상 2번 중 1번이 나오지 않는다. 심지어 동전을 10번, 100번 던져 확인해도 앞면이 나올 확률은 항상 $\frac{1}{2}$이 되지 않는다. 그러나 실험이나 관찰의 횟수를 충분히 많이 하면 확률이 점점 더 $\frac{1}{2}$에 가까워진다는 것을 알 수 있다.

이때 이론적으로 기대되는 확률을 **수학적 확률**이라 하고, 직접 실험이나 관찰을 통해 얻은 확률을 **통계적 확률**이라 한다. 실험이나 관찰의 횟수를 충분히 많이 하면 두 확률의 값은 점점 가까워지므로 같다고 할 수 있다.

따라서 동전 1개를 던져 앞면이 나올 확률을 구할 때

$\frac{(\text{앞면이 나올 경우의 수})}{(\text{모든 경우의 수})}$는 $\frac{1}{2}$이 된다.

확률의 성질

확률의 개념과 범위를 통해 확률의 성질을 알아보자.

어떤 사건 A가 일어날 확률은 $p=\frac{(\text{사건 }A\text{가 일어날 경우의 수})}{(\text{모든 경우의 수})}=\frac{a}{n}$다.

사건 A가 일어날 경우의 수 a는 0부터 n까지 가능하다. 즉 $0\leq a\leq n$이다.

이를 통해 확률의 성질을 정리해보면 다음과 같다.

첫째, $\frac{0}{n}\leq p\leq\frac{n}{n}$이므로 $0\leq p\leq 1$이다.

둘째, $p=\frac{0}{n}=0$이면 절대로 일어날 수 없는 사건의 확률이다.

셋째, $p=\frac{n}{n}=1$이면 반드시 일어나는 사건의 확률이다.

여사건의 확률

사건 A에 대해 'A가 일어나지 않는다.'라는 사건을 사건 A의 **여사건**이라고 한다.

사건 A가 일어나지 않을 경우의 수는 모든 경우의 수 n에서 사건 A가 일어날 경우의 수 a를 뺀 $n-a$다. 따라서 사건 A가 일어나지 않을 확률은 $\frac{n-a}{n}=\frac{n}{n}-\frac{a}{n}=1-\frac{a}{n}=1-p$다.

Q 10 이하의 자연수 중에서 3의 배수가 아닐 확률을 구해라. (단, 여사건 이용)

A 3의 배수가 될 사건을 A라 하면 A의 여사건은 3의 배수가 아닌 사건이다.

즉 1부터 10까지의 자연수 중에서 3의 배수가 될 경우는 3, 6, 9(3가지)이므로 3의 배수가 아닐 경우의 수는 $10-3=7$이다. 따라서 3의 배수가 아닐 확률은 전체에서 3의 배수가 될 확률을 빼서 구하면 $1-\frac{3}{10}=\frac{7}{10}$이다.

사건 유형별로 확률 구하기

사건 A 또는 사건 B가 일어날 확률

사건 A 또는 사건 B가 일어날 확률은 사건 A가 일어날 확률과 사건 B가 일어날 확률을 더해주면 되는데, 그 전에 먼저 사건 A와 사건 B가 동시에 일어나는 경우가 있는지부터 확인해야 한다.

만약 두 사건이 동시에 일어나는 경우가 있다면 두 사건의 확률의 합에서 동시에 일어나는 사건의 확률을 빼주어야 한다.

Q 1부터 10까지의 수가 각각 적힌 10장의 카드가 있다. 이 중에서 1장의 카드를 뽑을 때 3의 배수 또는 4의 배수가 나올 확률을 구해라.

A 모든 경우의 수는 10(가지)이다.

3의 배수가 될 경우는 3, 6, 9(3가지)이므로 확률은 $\frac{3}{10}$이고, 4의 배수가 될 경우는 4, 8(2가지)이므로 확률은 $\frac{2}{10}$다. 3의 배수와 4의 배수가 동시에 나오는 경우는 3과 4의 공배수인 12의 배수이므로 1부터 10까지의 수에는 12의 배수가 존재하지 않는다. 그러므로 **두 사건이 동시에 일어나지 않는다.**

따라서 3의 배수 또는 4의 배수가 나올 확률은 $\frac{3}{10}+\frac{2}{10}=\frac{5}{10}=\frac{1}{2}$이다.

Q 1부터 20까지의 수가 각각 적힌 20장의 카드가 있다. 이 중에서 1장의 카드를 뽑을 때 3의 배수 또는 4의 배수가 나올 확률을 구해라.

A 모든 경우의 수는 20(가지)이다.

3의 배수가 될 경우는 3, 6, 9, 12, 15, 18(6가지)이므로 확률은 $\frac{6}{20}$이고, 4의 배수가 될 경우는 4, 8, 12, 16, 20(5가지)이므로 확률은 $\frac{5}{20}$다. 3의 배수와 4의 배수가 동시에 나오는 경우는 3과 4의 공배수인 12의 배수이므로 1부터 20까지의 수에는 12의 배수가 1개 존재한다.

그러므로 **두 사건이 동시에 일어나는 경우가 있고,** 동시에 일어날 확률은 $\frac{1}{20}$이다.

따라서 3의 배수 또는 4의 배수가 나올 확률은 $\frac{6}{20}+\frac{5}{20}-\frac{1}{20}=\frac{10}{20}=\frac{1}{2}$이다.

사건 A와 사건 B가 동시에 일어날 확률

사건 A와 사건 B가 동시에 일어날 확률은 사건 A가 일어날 확률과 사건 B가 일어날 확률을 곱해주는데, 그 전에 먼저 두 사건이 서로에게 영향을 끼치지 않는다는 가정이 있어야 한다.

즉 동전 1개와 주사위 1개를 던질 때 동전의 앞면과 뒷면, 주사위의 눈이 나올 사건이 서로에게 영향을 주지 않아야 한다.

다음 문제를 통해 사건 A와 사건 B가 동시에 일어날 확률을 구해보자.

Q 동전 1개와 주사위 1개를 던질 때, 동전은 앞면이 나오고 주사위의 눈은 소수가 나올 확률을 구해라.

A 동전의 앞면이 나오는 사건을 A라 하고, 주사위의 눈이 소수가 되는 사건을 B라 하자. 이때 사건 A와 사건 B는 서로에게 영향을 끼치지 않는다.

사건 A가 일어날 확률은 $\frac{1}{2}$이다.

주사위의 눈이 소수인 경우는 2, 3, 5이므로 사건 B가 일어날 확률은 $\frac{3}{6}=\frac{1}{2}$이다.

따라서 사건 A와 사건 B가 동시에 일어날 확률은 $\frac{1}{2}\times\frac{1}{2}=\frac{1}{4}$이다.

사건 A와 사건 B가 동시에 일어날 확률

사건 A와 사건 B가 서로에게 영향을 끼치지 않을 때, 사건 A와 사건 B가 일어날 확률을 각각 p, q라 하면 사건 A와 사건 B가 동시에 일어날 확률은 $p\times q$다.

문제 유형별로 확률 구하기

정수 만들기

주어진 수에서 몇 개의 수를 선택해 정수를 만들 때 주의해야 할 점은 주어진 수에 0이 포함되어 있는지를 확인해야 한다는 것이다. 만약 주어진 수에서 0을 선택했을 경우에는 만들고자 하는 정수의 가장 앞자리에는 0이 올 수 없다.

Q 0, 1, 2, 3이 적힌 4장의 카드에서 2장을 뽑아 두 자리 정수를 만들 때, 그 수가 짝수가 될 확률을 구해라.

A 주어진 4개의 수 0, 1, 2, 3에서 2개를 선택해 두 자리 정수를 만들 때, 짝수가 될 확

률을 구하는 문제다.

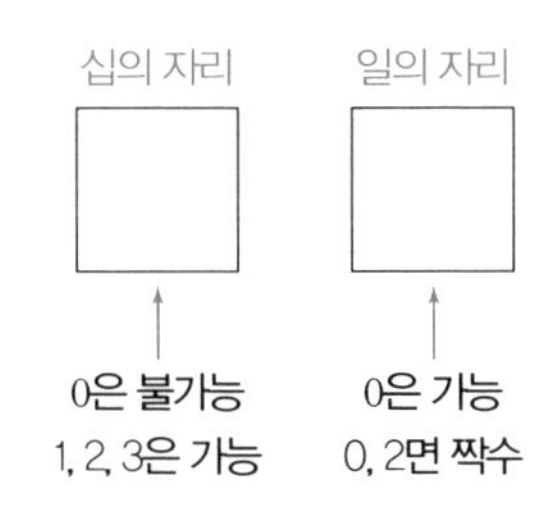

우선 0을 선택해 십의 자리에 놓으면 두 자리 정수가 되지 않는다.

그래서 0은 십의 자리에 올 수 없다. 또한 두 자리 정수가 짝수가 되기 위해서는 일의 자리에 0 또는 짝수가 와야 한다. 즉 0 또는 2가 올 수 있다. 그러므로 짝수가 되려면 십의 자리에 1, 2, 3(3가지)이 가능하고, 일의 자리에는 0, 2가 가능하다.

모든 경우의 수는 십의 자리에 0을 제외한 1, 2, 3(3가지)이 가능하고, 일의 자리에는 십의 자리에 사용한 수를 제외한 3가지가 가능하다. 즉 모든 경우의 수는 $3\times3=9$(가지)다.

□0인 경우 10, 20, 30(3가지)이 가능하고, □2인 경우 12, 32(2가지)가 가능하다.

그러므로 두 자리 정수가 짝수가 될 확률은 $\frac{3+2}{9}=\frac{5}{9}$다.

여사건의 확률

확률을 구하는 문제 중 '**적어도 ~**' 또는 '**~ 않는**' 등의 문장이 포함되어 있으면 여사건을 이용해 확률을 구하는 것이 편리할 때가 많다.

Q 창의력 퍼즐대회에 참가한 현정이가 A, B 두 문제를 풀 확률이 각각 $\frac{1}{3}$, $\frac{1}{2}$일 때 두 문제 중 적어도 한 문제를 풀 확률을 구해라.

A 적어도 한 문제를 풀 확률을 구할 때 3가지 경우의 확률을 각각 구해 더하는 것보다 여사건을 이용해 전체 확률에서 두 문제를 모두 못 풀 확률을 빼주는 것이 더 편리하다.

구분	A 문제	B 문제
1	푼다.	푼다.
2	푼다.	못 푼다.
3	못 푼다.	푼다.
4	못 푼다.	못 푼다.

A 문제를 못 풀 확률은 $1-\frac{1}{3}=\frac{2}{3}$ 이고, B 문제를 못 풀 확률은 $1-\frac{1}{2}=\frac{1}{2}$ 이다.

A, B 두 문제를 모두 풀지 못할 확률은 두 사건이 동시에 일어나는 확률이므로

$\left(1-\frac{1}{3}\right)\times\left(1-\frac{1}{2}\right)=\frac{2}{3}\times\frac{1}{2}=\frac{1}{3}$ 이다.

그러므로 A, B 두 문제 중 적어도 한 문제를 풀 확률은 $1-\frac{1}{3}=\frac{2}{3}$ 다.

평면도형은 한 평면 위에 그려진 도형을 말하며, 기본도형, 다각형, 원이 있다. 다각형은 선분으로 둘러싸인 도형이고, 원은 한 점으로부터 일정한 거리에 있는 점들을 모아둔 도형이다.

6장에서는 다각형과 원의 성질을 이해하고 관찰해 각 도형의 특징을 알아보는 것을 시작으로, 도형의 정의를 포함한 개념과 성질을 배우게 될 것이다. 특히 도형의 성질을 증명을 통해 설명할 텐데, 단순한 문제 풀이뿐만 아니라 그 이유에 대해 논리적으로 생각함으로써 수학적 힘을 키울 수 있고, 도형의 성질을 실생활에 활용하는 데 도움이 될 것이다.

6장

평면도형, 이보다 더 분명할 수 없다

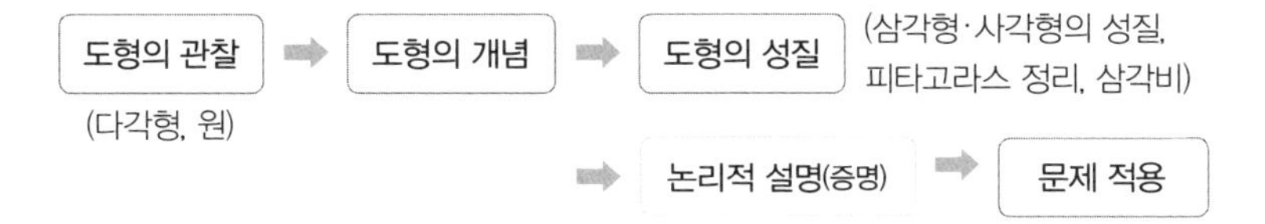

기본도형의 개념에 대해 알아보자

기하학과 도형

우리가 중·고등학교 수학시간에 배우는 도형에 관한 개념과 성질 등을 다루는 분야를 기하학이라 한다. 기하학은 영어로 'geometry'라 하는데 'geo-'는 땅이나 토지를 의미하고, '-metry'는 측정·측량을 의미한다.

기하학은 고대 그리스·이집트·중국 등 여러 문명에서 땅을 측량하고 측정하는 것으로부터 시작되었고, 이것을 학문으로 발전시킨 사람은 고대 그리스의 수학자 유클리드(Euclid)다. 유클리드는 13권으로 된 『원론(Element)』을 저술한 기하학의 창의자로 불리며, 현재 우리가 배우고 있는 내용은 유클리드의 『원론』에 있는 내용들이다.

기본도형의 정의

도형을 이루는 기본요소인 점, 선, 면, 각에 대한 개념과 성질을 이해하면 평면도형과 입체도형을 관찰할 때 많은 도움이 된다. 다음은 기본도형의 개념에 대한 설명이다.

● **점:** 위치를 나타내기 위한 기본도형

점은 위치를 나타내기 위한 수단으로 사용하기 때문에 길이, 넓이, 부피가 존재하지 않는다. 두 도형이 만날 때도 점이 생긴다. 선과 선 또는 선과 면이 만나서 생기는 점을 **교점**이라 한다.

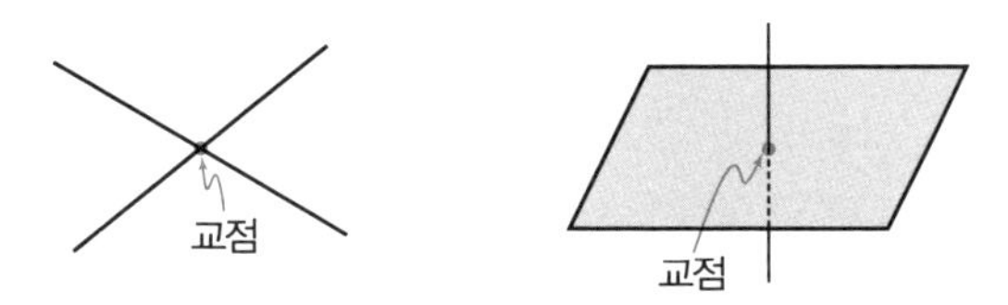

● **선:** 길이만 존재하고 폭이 없는 기본도형

선은 길이를 나타내는 수단으로 사용되고, 넓이와 부피가 존재하지 않는다. 두 도형이 만날 때도 선이 생긴다. 면과 면이 만날 때 생기는 직선 또는 곡선을 **교선**이라 한다.

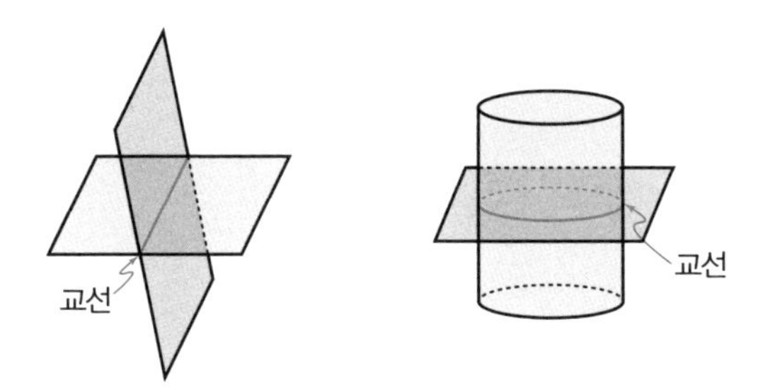

● **면:** 길이와 폭만 존재하는 기본도형

면은 입체도형을 만드는 기본요소로, 길이와 넓이는 존재하지만 부피는 존재하지 않는다. 면에는 평면과 곡면이 있고, 평면은 직선이 그 위에 무수히 많이 놓인 것이다.

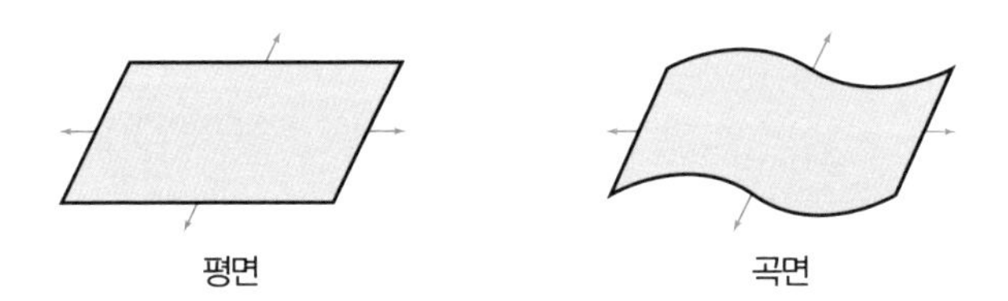

● **각:** 한 점 O에서 시작되는 2개의 반직선 OA, OB에 의해 만들어지는 도형

이 도형을 각 AOB라 하고, 기호로 ∠AOB 또는 ∠BOA, ∠O 또는 $\angle a$와 같이 나타낸다.

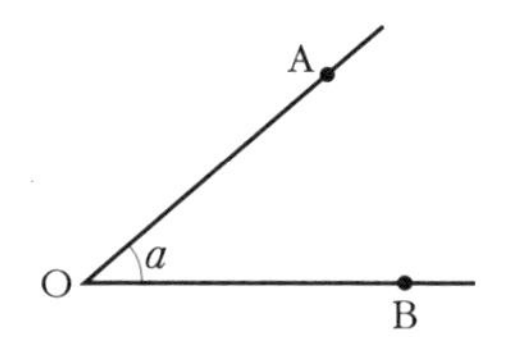

각의 크기에 따른 각의 종류

● **예각:** 각의 모양이 예리한 각으로, 0°보다 크고 90°보다 작은 각

● **직각:** 두 반직선이 만나서 이루는 각이 90°일 때의 각(직각은 ∠R이라고도 하는데, 여기서 R은 'Right Angle'을 의미)

● **둔각:** 각의 모양이 둔한 각으로, 90°보다 크고 180°보다 작은 각

● **평각:** 평평한 각으로 두 반직선이 점을 사이에 두고 일직선을 이룰 때의 각(180°=2∠R)

직선이 이루는 각: 맞꼭지각, 동위각, 엇각

● **맞꼭지각:** 두 직선이 한 점에서 만날 때 생긴 각 중 서로 마주보는 각

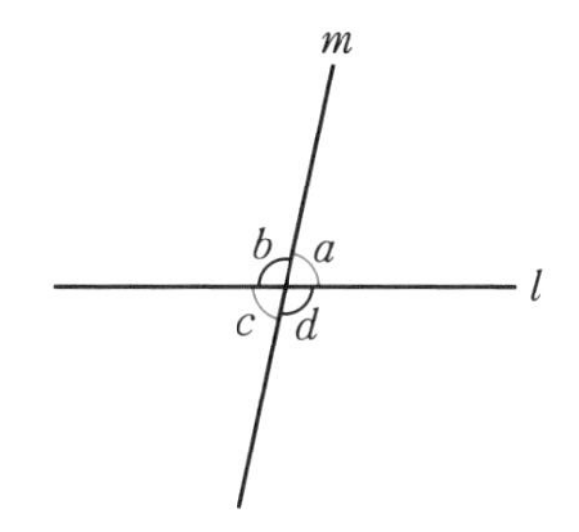

$\angle a+\angle b=180^\circ=\angle c+\angle b$($\because$평각)이므로

$\angle a=\angle c$다.

마찬가지로 $\angle a+\angle b=180^\circ=\angle a+\angle d$($\because$평각)

이므로 $\angle b=\angle d$다.

따라서 맞꼭지각의 크기는 항상 서로 같다.

한 평면 위의 두 직선 l, m이 한 직선 n과 만날 때 생기는 각 중에서 같은 쪽에 있는 각을 서로 **동위각**이라 하고, 엇갈려 있는 각을 서로 **엇각**이라고 한다.

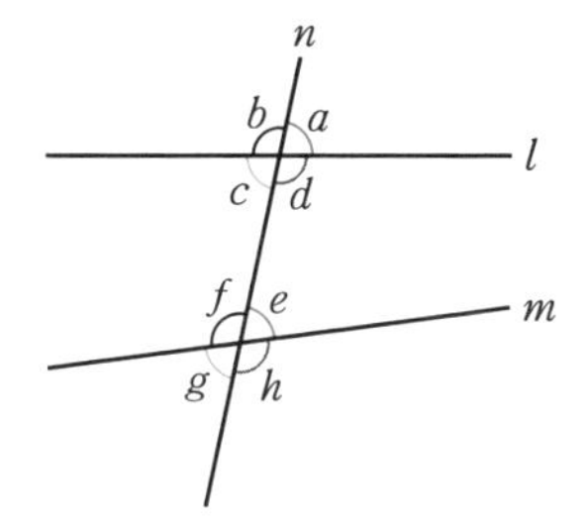

● **동위각:** 같은 쪽에 위치한 각

예 $\angle a$와 $\angle e$, $\angle b$와 $\angle f$, $\angle c$와 $\angle g$, $\angle d$와 $\angle h$

● **엇각:** 엇갈린 쪽에 위치한 각

예 $\angle c$와 $\angle e$, $\angle d$와 $\angle f$

평행선에서 동위각과 엇각의 관계

한 평면 위의 두 직선 l, m이 만나지 않을 때 두 직선 l, m은 **평행**하다고 하고, 기호 $l /\!/ m$과 같이 나타낸다. 평행한 두 직선을 **평행선**이라고 한다.

두 직선 l과 m이 평행할 때 두 직선에 의해 만들어지는 동위각의 크기와 엇각의 크기는 서로 같다. 즉 $l /\!/ m$이면 $\angle a=\angle b$이고 $\angle c=\angle b$다.

반대로 직선에 의해서 만들어진 동위각의 크기나 엇각의 크기가 서로 같을 때 두 직선은 평행하다. 즉 $\angle a=\angle b$이거나 $\angle c=\angle b$이면 $l /\!/ m$이다.

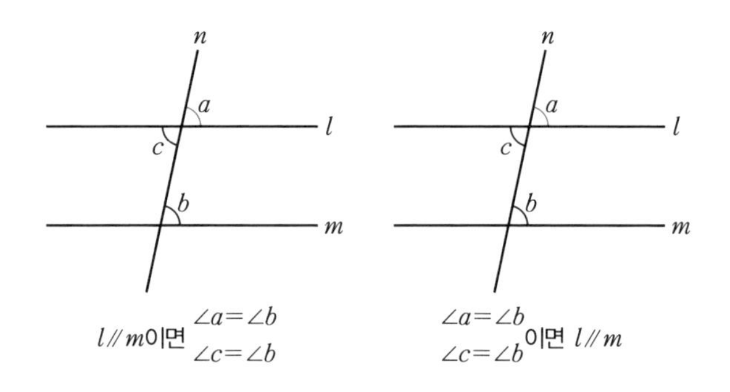

다각형의 성질은 무엇인가요?

다각형이란 무엇일까?

평면도형은 평면에 그려진 도형으로, 다각형과 원이 있다. 다각형은 여러 개의 선분으로 둘러싸인 도형이고, 원은 한 점으로부터 일정한 거리에 있는 점들을 모아 만든 도형이다.

먼저 다각형에 대해서 알아보고 그 성질을 관찰해보자.

● **다각형:** 여러 개의 선분으로 둘러싸인 평면도형

다각형은 선분으로 둘러싸인 평면도형이므로 선분의 개수와 각의 개수가 같다. 그래서 다각형은 삼각형부터 가능하다. 왜냐하면 일각형이나 이각형은 선분으로 둘러싸인 평면도형을 만들 수 없기 때문이다.

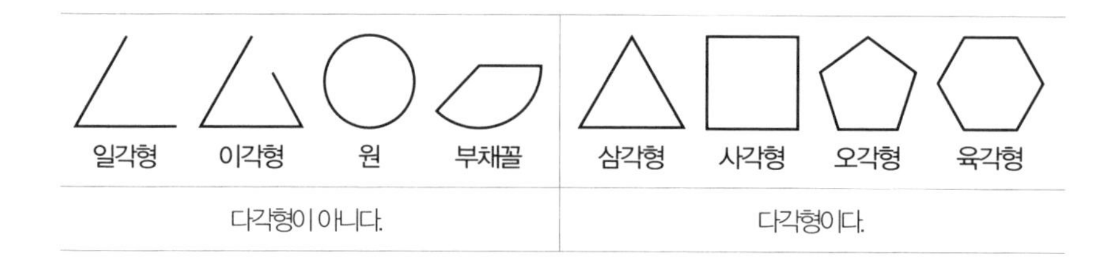

다각형의 내각과 외각

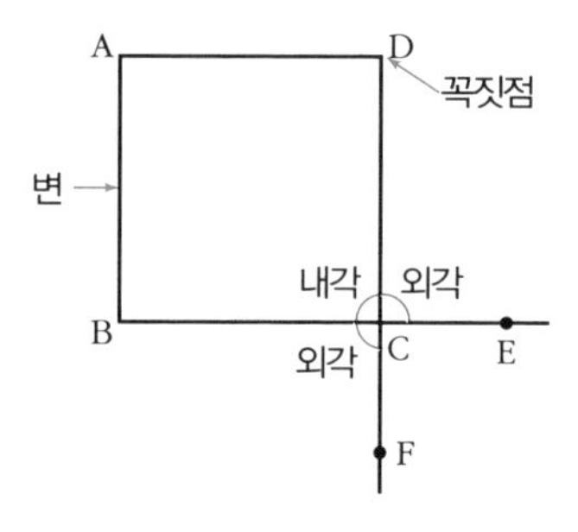

다각형에서 내각은 다각형 안쪽의 각을 의미하고, **외각**은 변의 연장선을 그었을 때 내각의 바깥쪽 각을 말한다. 그래서 다각형의 안쪽에 있는 각 ∠A, ∠B, ∠C, ∠D를 **다각형의 내각**이라 한다.

변 BC와 변 DC의 연장선을 그어 찍은 점을 E, F라 하면 ∠C는 다각형의 내각이고, ∠BCF와 ∠DCE는 ∠C의 외각이다. ∠C의 두 외각 ∠BCF와 ∠DCE는 맞꼭지각이므로 크기가 같고, **내각과 그 각의 외각의 합**은 연장선을 그었을 때 일직선 위의 각이므로 180°다.

명제와 증명

- **명제:** 주어진 내용이 참인지, 혹은 거짓인지를 명확하게 판단할 수 있는 문장이나 식

● **증명:** 참인 명제에 대해 참인 이유를 논리적으로 설명하는 것

거짓인 명제에 대해 거짓인 이유를 설명하는 것은 증명이라 하지 않고 **반례**를 든다고 한다. 즉 거짓이 되는 예를 하나 들어주면 그 명제는 거짓이 되는 것이다. 왜냐하면 참인 명제는 100% 참이 되어야 하지만, 거짓인 명제는 1%만 거짓이라도 거짓이기 때문이다.

[참인 명제] $a=2$, $b=5$이면 $a+b=7$이다.

증명 $a=2$, $b=5$를 $a+b=7$에 대입하면 $2+5=7$이므로 참이 된다.

[거짓인 명제] $a+b=7$이면 $a=2$, $b=5$다.

반례 $a=1$, $b=6$일 때도 $a+b=7$이다. 반드시 $a=2$, $b=5$가 되는 것이 아니므로 거짓이 된다.

● **정리:** 이미 증명된 명제 중에서 기본이 되는 중요한 성질

중학교에서 다루고 있는 정리는 피타고라스 정리, 중점연결정리, 중선정리 등이 있다.

다각형에서 삼각형의 개수와 대각선의 개수

가장 기본적인 다각형은 삼각형으로 사각형, 오각형, 육각형 등은 대각선을 그어 삼각형으로 나눌 수 있다. 다각형을 삼각형으로 나누면 내각의 크기의 합 등 다각형의 성질을 삼각형의 성질과 관련지어 찾아내기 쉽다.

● **대각선:** 다각형의 한 꼭짓점에서 이웃하지 않는 다른 꼭짓점을 연결한 선분

한 꼭짓점에서 그을 수 있는 대각선은 자기 자신과 이웃하는 두 점을 제외한 다른 점과 연결해 그릴 수 있다.

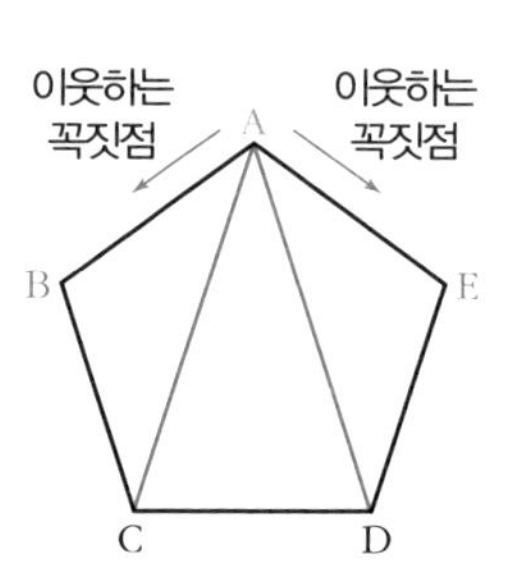

오른쪽 오각형에서 한 꼭짓점 A에서 대각선을 그을 때, 점 A 자신과 점 A와 이웃하는 두 꼭짓점 B, E를 제외하고 대각선 AC, AD를 그을 수 있다.

그러면 오각형은 삼각형 3개로 나눌 수 있다.

구분	삼각형	사각형	오각형	육각형	n각형
					…
삼각형의 개수	1개	2개	3개	4개	$(n-2)$개
한 꼭짓점에서 그을 수 있는 대각선의 개수	0개	1개	2개	3개	$(n-3)$개
대각선의 총 개수	$\frac{3(3-3)}{2}=0$	$\frac{4(4-3)}{2}=2$	$\frac{5(5-3)}{2}=5$	$\frac{6(6-3)}{2}=9$	$\frac{n(n-3)}{2}$

➡ 대각선의 총 개수는

$$\frac{(\text{꼭짓점의 개수})\times(\text{한 꼭짓점에서 그을 수 있는 대각선의 개수})}{2}=\frac{n(n-3)}{2}$$ 이다.

삼각형의 내각의 크기의 합과 외각의 크기의 합

삼각형은 다각형의 기본적인 형태로, 삼각형의 내각의 크기의 합과 외각의 크기의 합을 알아보는 것은 다각형의 특징을 찾거나 다른 다각형의 내각과 외각의 크기의 합을 구하는 데 도움이 된다.

1. 삼각형의 내각의 크기의 합은 180°다.

오른쪽 그림과 같이 $\triangle ABC$에서 $\overline{BC}$의 연장선 위에 점 D를 잡고 점 C를 지나면서 $\overline{AB}$에 평행한 반직선 CE를 긋자.

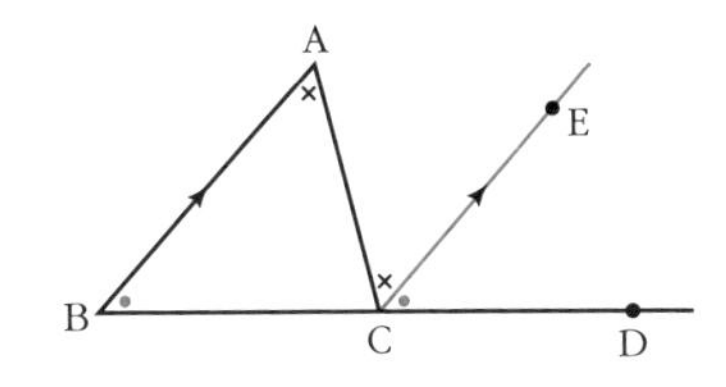

$\overline{AB} /\!/ \overline{CE}$이므로 $\angle A = \angle ACE$(엇각), $\angle B = \angle ECD$(동위각)다. 그러므로 $\angle A + \angle B + \angle C = \angle ACE + \angle ECD + \angle C$다. 따라서 $\angle A + \angle B + \angle C = 180°$다.

2. 삼각형의 외각의 크기의 합은 360°다.

오른쪽 그림과 같이 $\triangle ABC$에서 세 변의 연장선을 그어 점 D, E, F를 잡으면 내각과 그 각의 외각의 크기의 합은 180°다.

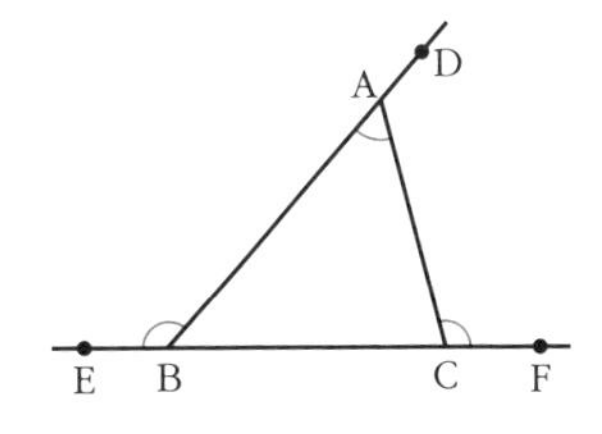

따라서 세 내각과 세 외각의 크기의 합은

$\angle A + \angle CAD + \angle B + \angle ABE + \angle C + \angle ACF = 180° \times 3$이다.

삼각형의 내각의 크기의 합 $\angle A + \angle B + \angle C = 180°$이므로

$\angle CAD + \angle ABE + \angle ACF = 180° \times 3 - (\angle A + \angle B + \angle C)$

$= 180° \times 3 - 180° = 360°$로, $\triangle ABC$의 세 외각의 크기의 합은 360°다.

다각형의 내각의 크기의 합과 외각의 크기의 합

구분	삼각형	사각형	오각형	육각형	n각형
					…
삼각형의 개수	1개	2개	3개	4개	$(n-2)$개
내각의 개수	3개	4개	5개	6개	n개
내각의 크기의 합	180°	360°	540°	720°	$180^\circ\times(n-2)$
외각의 크기의 합	360°	360°	360°	360°	360°

➡ n각형일 때 내각의 개수가 n개이므로 (내각의 크기의 합)+(외각의 크기의 합)$=180^\circ\times n$이다.

(외각의 크기의 합)

$=180^\circ\times n-$(내각의 크기의 합)

$=180^\circ\times n-180^\circ\times(n-2)$

$=180^\circ n-180^\circ n+360^\circ=360^\circ$

따라서 n각형일 때 외각의 크기의 합은 항상 360°다.

삼각형의 작도와 합동은 어떻게 해야 하나요?

수학에서 작도는 단순하게 그림을 그리거나 도형을 그리는 것이 아니다. 수학적 생각(구상)을 통해 논리적으로 설계해 도형을 그리는 것을 의미한다. 작도를 해보면 여러 가지 도형의 개념과 원리를 이해할 수 있다는 장점이 있다.

- **작도:** 유클리드 도구(눈금 없는 자와 컴퍼스)를 사용해 도형을 그리는 것

눈금이 없는 자로는 선분을 정확하게 측정해 똑같은 길이를 그릴 수 없다. 오직 두 점을 지나는 직선만 그릴 수 있다.

컴퍼스는 원을 그리기 위한 도구로 사용한다. 그러나 유클리드 도구로서의 컴퍼스는 원을 그리는 것뿐만 아니라, 원의 성질을 이용해 같은 크기의 각과 길이가 같은 선분을 그릴 수 있다.

삼각형의 작도와 합동조건은 하나의 연결된 개념으로 생각하고 이해해야 한다.

삼각형의 작도는 주어진 조건을 이용해 삼각형을 그리는 것을 의미하고, 삼각형의 합동은 두 삼각형이 가지고 있는 조건에 의해서 완전히 포개어지는지를 확인하는 것이다.
그래서 삼각형의 합동조건은 먼저 삼각형의 작도를 통해 항상 한 가지로 그려지는 조건을 찾아보고, 반대의 경우를 생각해보는 것이다.

조건에 따른 삼각형의 작도

세 변의 길이가 주어진 경우

1. 세 변의 길이가 1cm, 2cm, 5cm로 주어진 경우

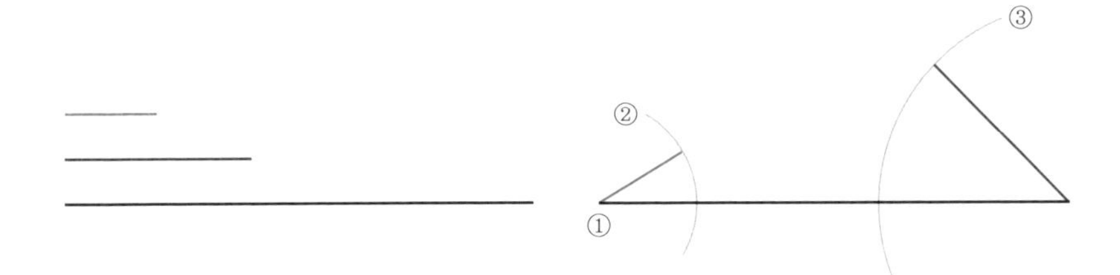

2. 세 변의 길이가 2cm, 4cm, 5cm로 주어진 경우

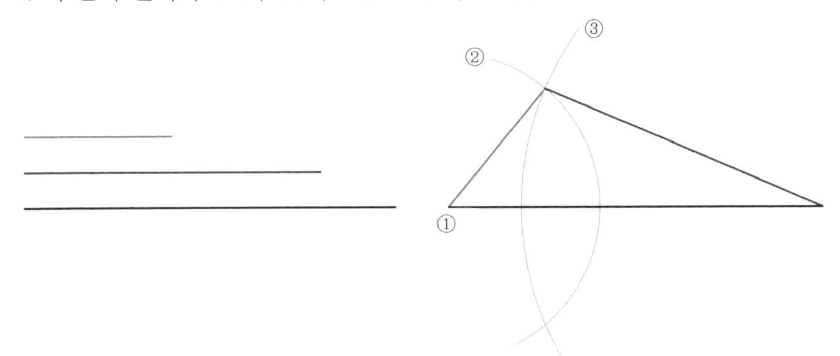

첫 번째의 경우는 삼각형이 그려지지 않고 두 번째의 경우는 삼각형을 그릴 수 있다. 그 이유는 주어진 세 변의 길이에서 가장 긴 변의 길이가 나머지 두 변의 길이의 합보다 작아야 삼각형을 그릴 수 있기 때문이다. 따라서 삼각형의 세 변을 a, b, c라 할 때 c가 가장 긴 변이면 반드시 $a+b>c$가 성립해야만 삼각형을 그릴 수 있다. 이것을 **삼각형의 결정조건**이라 한다.

두 변의 길이와 그 끼인각이 주어진 경우

두 변 b, c와 끼인각 ∠A가 주어졌을 때는 다음과 같이 삼각형을 작도할 수 있다.

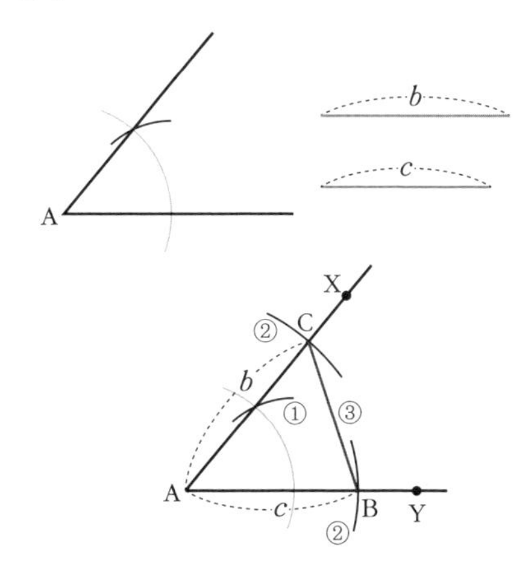

① ∠A와 크기가 같은 각 ∠XAY를 작도한다.

② 반직선 AX와 반직선 AY 위에 $\overline{AC}=b$, $\overline{AB}=c$인 점 C, B를 작도한다.

③ 자를 이용해 두 점 C, B를 연결해 △ABC를 그린다.

➡ 두 변과 그 끼인각이 주어진 경우, 항상 삼각형을 한 가지로 작도할 수 있다.

한 변의 길이와 양 끝각이 주어진 경우

한 변 a와 그 양 끝각 ∠B와 ∠C가 주어질 때 다음과 같이 삼각형을 작도할 수 있다.

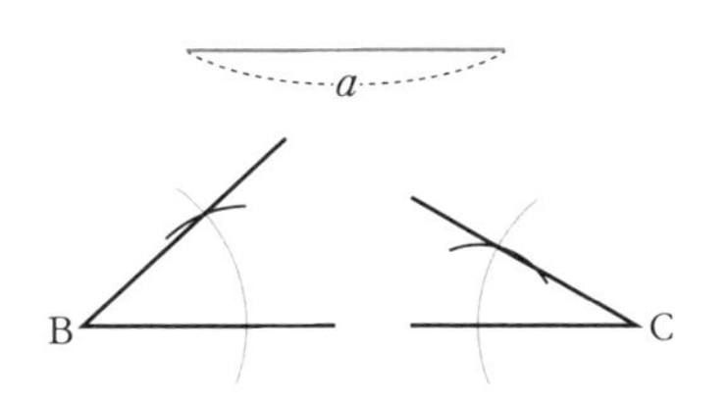

① 직선을 긋고 그 위에 길이가 a인 변 BC를 작도한다.

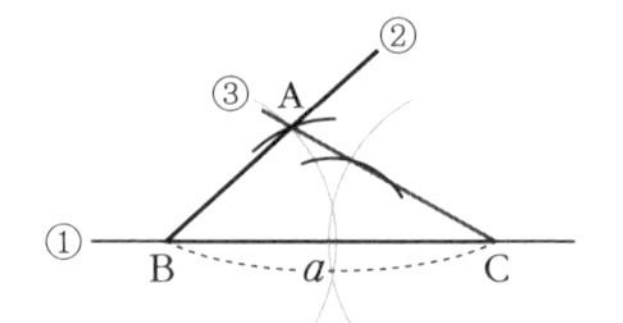

② 점 B를 중심으로 컴퍼스를 이용해 ∠B와 같은 크기의 각을 작도한다.

③ 점 C를 중심으로 컴퍼스를 이용해 ∠C와 같은 크기의 각을 작도한다.

④ 만나는 점을 A라고 하면 △ABC를 작도할 수 있다.

➡ 한 변과 그 양 끝각이 주어진 경우 항상 삼각형을 한 가지로 작도할 수 있다.

삼각형의 합동

삼각형의 작도를 통해 주어진 조건을 이용해 삼각형이 하나로 그려지는 것을 확인했다. 2개의 삼각형이 완전히 하나로 포개어질 때 두 삼각형을 서로 **합동**이라고 한다. 아래 그림을 보자.

△ABC, △DEF가 합동일 때 기호로 △ABC≡△DEF와 같이 나타낸다.

두 삼각형이 합동일 때 서로 포개어지는 꼭짓점, 변, 각을 서로 대응한다고 한다.

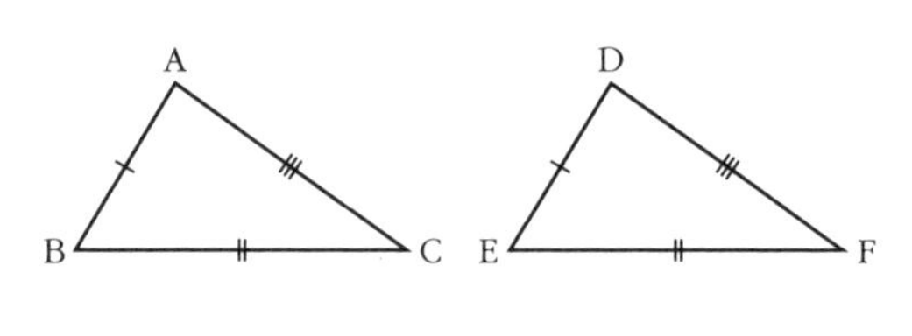

두 삼각형이 합동일 때는 대응하는 변의 길이가 같고 대응하는 각의 크기가 같다.

즉 △ABC≡△DEF이면 대응변 $\overline{AB}=\overline{DE}$, $\overline{BC}=\overline{EF}$, $\overline{CA}=\overline{FD}$이고, 대응각 ∠A=∠D, ∠B =∠E, ∠C =∠F다.

삼각형의 합동조건

삼각형을 작도함으로써 항상 1개의 삼각형으로 그려지는 조건은 다음과 같이 3가지임을 확인했다.

① 세 변 a, b, c가 주어진 경우: $a+b>c$(c: 가장 긴 변)

② 두 변과 그 끼인각이 주어진 경우

③ 한 변과 그 양 끝각이 주어진 경우

두 삼각형이 위의 3가지 조건 중 하나를 만족하면 두 삼각형은 완전히 포개어진다. 즉 합동이 된다.

1. 대응하는 세 변의 길이가 각각 같을 때 두 삼각형은 합동이다(SSS 합동).

오른쪽 그림과 같이 대응하는 세 변이 $\overline{AB}=\overline{DE}$, $\overline{BC}=\overline{EF}$, $\overline{CA}=\overline{FD}$일 때 두 삼각형은 완전히 포개어진다.

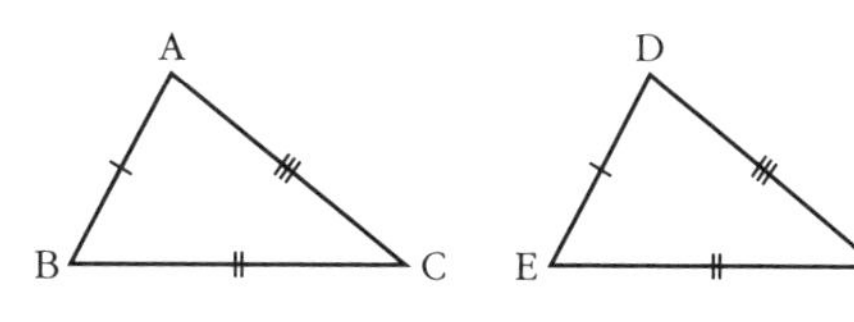

$\therefore \triangle ABC \equiv \triangle DEF$

2. 대응하는 두 변의 길이가 같고 그 끼인각의 크기가 같을 때 두 삼각형은 합동이다(SAS 합동).

오른쪽 그림과 같이 두 변 $\overline{AB}=\overline{DE}$, $\overline{BC}=\overline{EF}$이고 끼인각이 $\angle B=\angle E$일 때 두 삼각

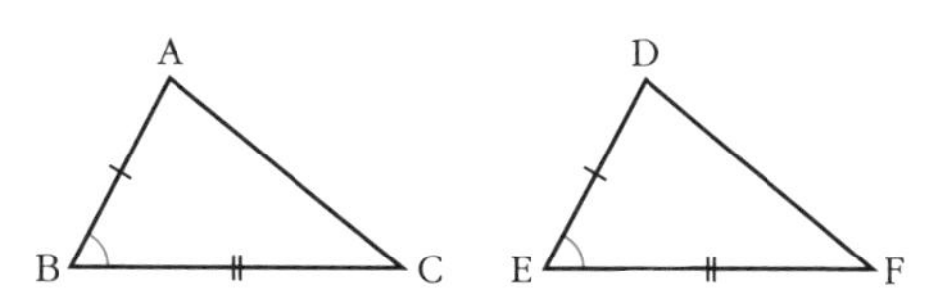

형은 완전히 포개어진다.

$\therefore$ △ABC≡△DEF

3. 대응하는 한 변의 길이가 같고 그 양 끝각의 크기가 같을 때 두 삼각형은 합동이다(ASA 합동).

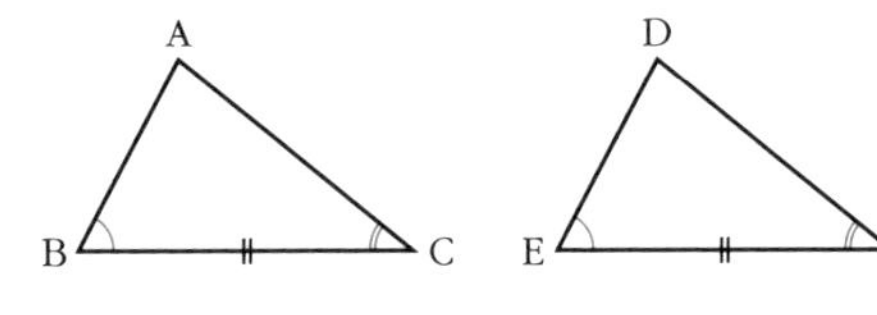

오른쪽 그림과 같이 대응하는 한 변 $\overline{BC}=\overline{EF}$이고 그 양 끝각이 $\angle B=\angle E$, $\angle C=\angle F$일 때, 두 삼각형은 완전히 포개어진다.

$\therefore$ △ABC≡△DEF

➡ S는 'Side'로 삼각형의 변을 의미하고, A는 'Angle'로 삼각형의 각을 의미한다.

삼각형이 직각삼각형일 때 다음과 같은 조건 중 1개만 만족하면 항상 합동이 된다.

① 빗변의 길이와 한 예각의 크기가 각각 같을 때(RHA 합동)

② 빗변의 길이와 다른 한 변의 길이가 각각 같을 때(RHS 합동)

➡ R은 'Right Angle'로 직각삼각형의 직각을 의미하고, H는 'Hypotenuse'로 직각삼각형의 빗변을 의미한다.

도형의 닮음이란 무엇인가요?

도형에서의 닮음

일상적으로 사용하는 닮음의 의미와 수학에서의 닮음의 의미는 다르다. 일상생활에서 "아빠와 아들이 닮았다." 또는 "두 건물이 닮았다."라고 하면 '비슷하다'의 의미를 담고 있다. 그러나 수학에서 "두 도형이 닮음이다." 또는 "닮은 도형이다."라고 하면 '비율이 일정하다'의 의미를 담고 있다. 즉 수학에서는 합동을 포함해 일정한 비율로 축소하거나 확대하는 것을 닮음이라고 한다.

오른쪽 그림과 같이 작은 직사각형을 일정한 비율로 확대해 큰 직사각형을 만들었다. 이와 같이 한 도형을 일정한 비율로 축소하거나 확대해 얻은 도형과 처음 도형은 서로 **닮음**이라고 하며, 서로 닮음인 관계에 있는 두 도형을 **닮은 도형**이라 한다.
만약 두 삼각형 $\triangle ABC$와 $\triangle A'B'C'$가 닮은 도형이라고 한다면 기호로 $\triangle ABC \backsim \triangle A'B'C'$와 같이 나타낸다.

➡ 두 도형이 합동일 때도 두 도형은 닮음이 된다. 이렇게 합동인 두 도형을 **1 : 1 닮음**이라고 한다. 즉 닮음은 일정한 비율로 축소·확대한 것과 합동(1 : 1 닮음)을 포함하는 개념이다.

도형의 닮음의 성질

평면도형에서 닮음

다음 그림에서 $\triangle A'B'C'$는 $\triangle ABC$를 일정한 비율로 2배만큼 확대한 도형이므로 $\triangle ABC \backsim \triangle A'B'C'$이다.

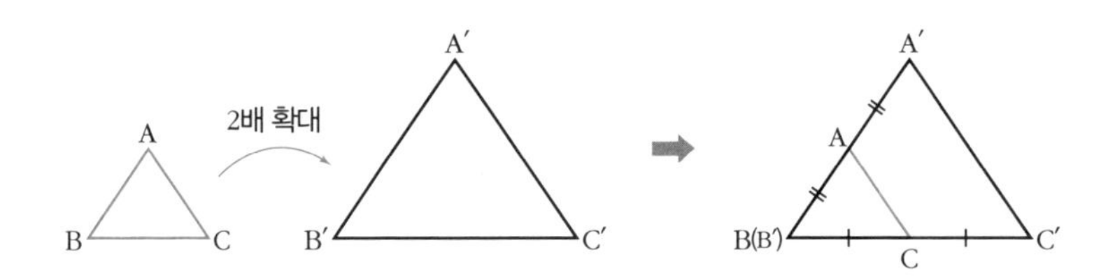

닮은 두 평면도형에서 **일정한 변의 길이의 비**를 **닮음비**라고 한다.
두 삼각형 $\triangle ABC$와 $\triangle A'B'C'$가 닮음이면 $\overline{AB} : \overline{A'B'} = \overline{BC} : \overline{B'C'} = \overline{CA} : \overline{C'A'} = 1 : 2$이므로 대응하는 변의 길이의 비가 일정하다. 따라서 두 삼각형

의 닮음비는 1 : 2다. 또한 ∠A=∠A′, ∠B=∠B′, ∠C=∠C′이므로 대응하는 각의 크기가 서로 같다.

두 평면도형이 닮음이면 다음과 같은 성질을 지닌다.

① 대응하는 변의 길이의 비가 일정하다.

② 대응하는 각의 크기가 서로 같다.

입체도형에서 닮음

다음 그림에서 사면체 A′B′C′D′는 사면체 ABCD를 일정한 비율로 2배만큼 확대한 입체도형이므로 두 사면체는 닮음이다.

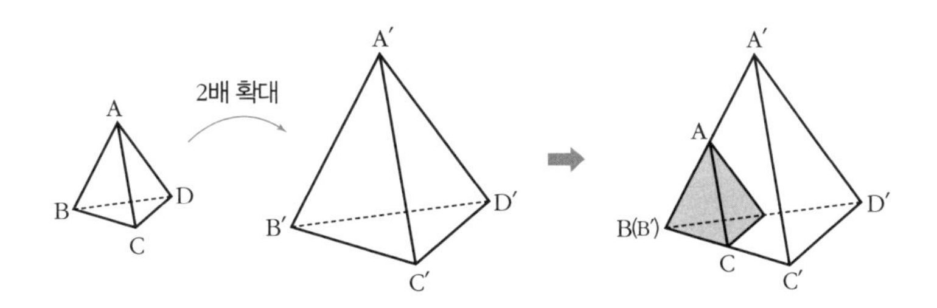

닮은 두 입체도형에서 일정한 모서리의 길이의 비를 닮음비라고 한다.

두 사면체가 닮음이면 대응하는 면인 △ABC와 △A′B′C′도 닮음이다. 이때 대응하는 모서리의 길이의 비는 1 : 2로 일정하기 때문에 두 사면체의 닮음비는 1 : 2가 된다.

두 입체도형이 닮음이면 다음과 같은 성질을 지닌다.

① 대응하는 면은 각각 서로 닮은 도형이다.

② 대응하는 모서리의 길이의 비가 일정하다.

삼각형의 닮음조건

두 삼각형이 닮음이면 대응하는 변의 길이의 비가 같고, 대응하는 각의 크기가 같다. 그렇다면 반대로 두 삼각형이 닮음이 되기 위해서는 어떤 조건을 만족해야 할까? 두 삼각형에서 대응하는 변의 길이의 비가 일정하고, 대응하는 각의 크기가 모두 같다면 당연히 닮음이 된다. 그러나 다음과 같은 조건을 만족하더라도 두 삼각형은 닮음이 된다.

1. 대응하는 세 변의 길이의 비가 같은 두 삼각형은 닮음이다(SSS 닮음).

오른쪽 그림에서 대응하는 세 변의 길이의 비가 모두 같으면, 즉 $a : a'=b : b'=c : c'$이면 두 삼각형은 닮음이다.

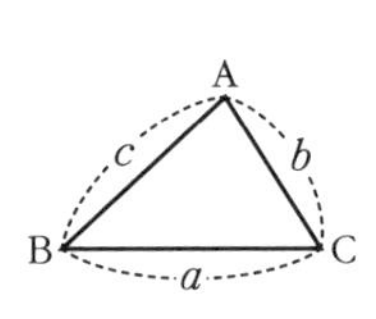

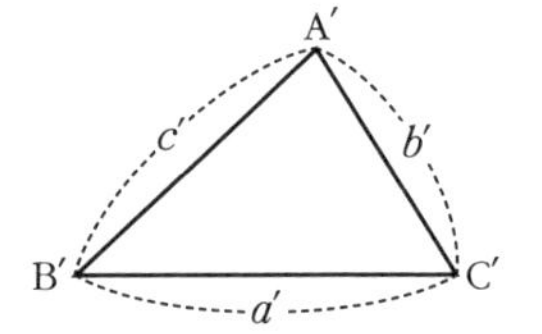

$\therefore \triangle ABC \backsim \triangle A'B'C'$

2. 대응하는 두 변의 길이의 비가 같고 그 끼인각의 크기가 같은 두 삼각형은 닮음이다(SAS 닮음).

오른쪽 그림에서 대응하는 두 변의 길이의 비가 $a : a'=c : c'$이고 그 끼인각이 $\angle B=\angle B'$이면 두 삼각형은 닮음이다.

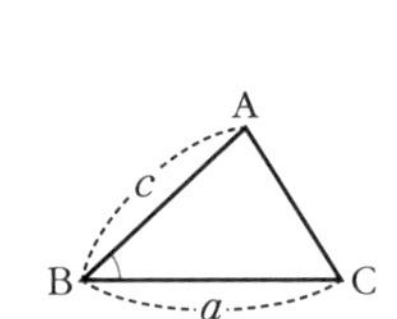

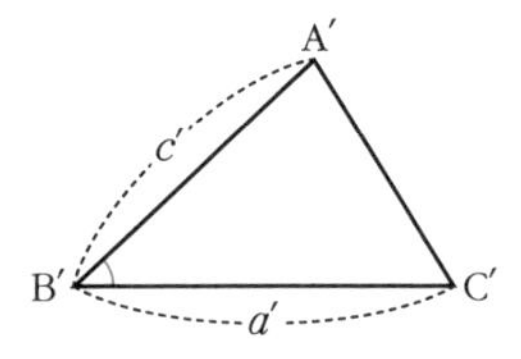

$\therefore \triangle ABC \backsim \triangle A'B'C'$

3. 대응하는 두 각의 크기가 같은 두 삼각형은 닮음이다(AA 닮음).

오른쪽 그림에서 대응하는 두 각의 크기가 $\angle B = \angle B'$, 그리고 $\angle C = \angle C'$이면 두 삼각형은 닮음이다.

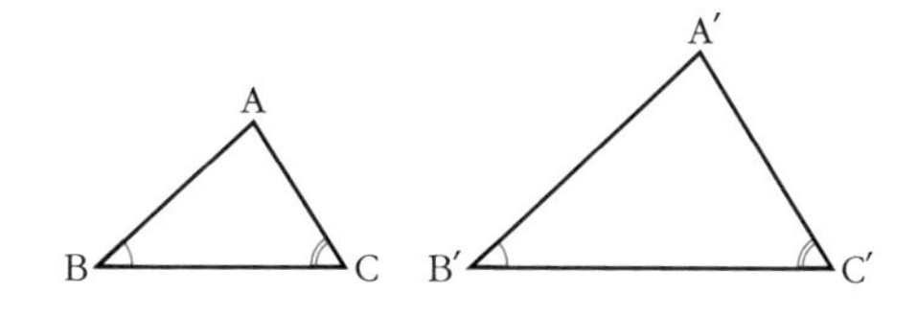

$\therefore \triangle ABC \backsim \triangle A'B'C'$

실생활 속에서 닮음의 활용

도형의 닮음은 고대 그리스의 수학자 탈레스(Thales)가 피라미드의 높이를 측정한 것과 같이, 직접 측정하기 어려운 거리나 높이를 재기 위해 사용할 수 있다. 일정한 비율을 줄여서 원형보다 작게 그린 축도나 커다란 건물 등을 일정한 비율로 축소해 만든 미니어처 등이 그 대표적인 예다.

사각형이란 무엇이고 어떤 성질을 가지고 있나요?

사각형은 각이 4개인 형태로 선분으로 둘러싸인 평면도형이다. 사각형 ABCD는 기호로 □ABCD와 같이 나타낸다. 평행사변형, 사다리꼴, 직사각형, 마름모, 정사각형으로 구분해 사각형의 성질을 알아보자.

평행사변형에 대해 알아보자

- **평행사변형:** 두 쌍의 대변이 각각 평행인 사각형
- **대변:** 서로 마주보는 두 변

예 $\overline{AB}$와 $\overline{CD}$, $\overline{AD}$와 $\overline{BC}$

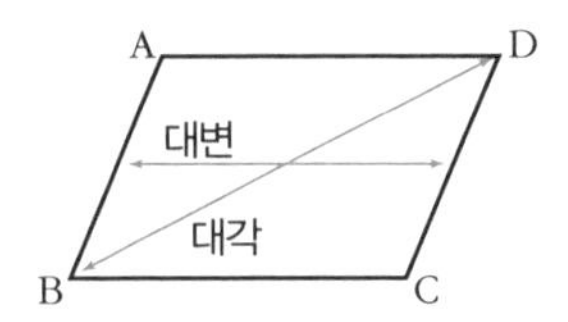

● **대각:** 서로 마주보는 두 각

예 ∠A와 ∠C, ∠B와 ∠D

● **대각선:** 이웃하지 않는 두 점을 연결한 선

예 $\overline{AC}$, $\overline{BD}$

평행사변형의 성질

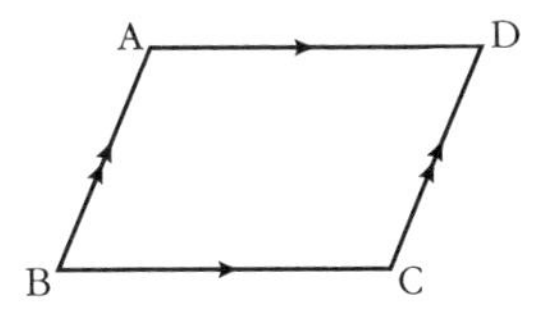

1. 두 쌍의 대변이 각각 평행인 사각형(정의)

□ABCD가 평행사변형이면 두 쌍의 대변이 각각 평행하다. 즉 $\overline{AB} /\!/ \overline{CD}$, $\overline{AD} /\!/ \overline{BC}$다.

또한 사각형 □ABCD에서 $\overline{AB} /\!/ \overline{CD}$, $\overline{AD} /\!/ \overline{BC}$이면 □ABCD는 평행사변형이다.

2. 평행사변형의 변, 각, 대각선에 대한 성질

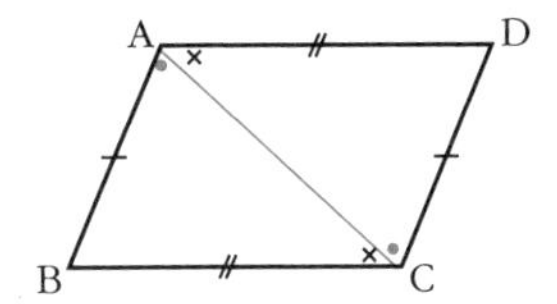

(1) 두 쌍의 대변의 길이가 각각 같고, 두 쌍의 대각의 크기가 각각 같다.

증명 대각선 AC를 그으면

$\overline{AB} /\!/ \overline{CD}$, $\overline{AD} /\!/ \overline{BC}$이므로

∠BAC=∠DCA(엇각) …①

∠BCA=∠DAC(엇각) …②

$\overline{AC}$(공통) …③

①, ②, ③에 의해서 △ABC≡△CDA(ASA 합동)다.

따라서 $\overline{AB}=\overline{CD}$, $\overline{BC}=\overline{DA}$이고, ∠A=∠C, ∠B=∠D다.

(2) 대각선이 서로 다른 것을 이등분한다.

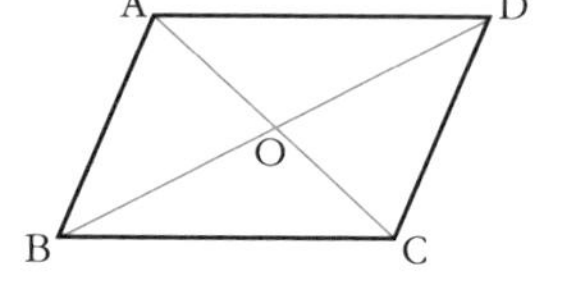

증명 두 대각선 AC와 BD를 그어 교점을 O라 하면

$\overline{AB} /\!/ \overline{CD}$이므로

$\angle OAB = \angle OCD$(엇각) …①

$\angle OBA = \angle ODC$(엇각) …②

$\overline{AB} = \overline{CD}$ …③

①, ②, ③에 의해서 $\triangle ABO \equiv \triangle CDO$(ASA 합동)다.

따라서 $\overline{AO} = \overline{CO}$, $\overline{BO} = \overline{DO}$다.

사다리꼴과 등변사다리꼴에 대해 알아보자

- **사다리꼴:** 한 쌍의 대변이 평행인 사각형
- **등변사다리꼴:** 두 밑각의 크기가 같은 사다리꼴

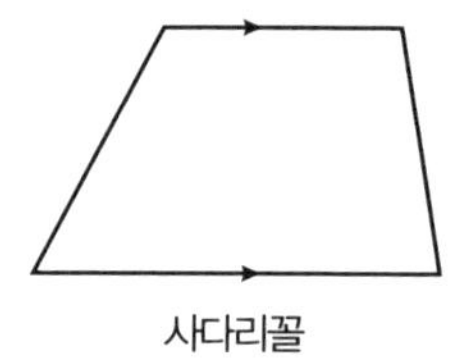

사다리꼴

등변사다리꼴

등변사다리꼴의 성질

1. 평행하지 않는 한 쌍의 대변의 길이가 같다.

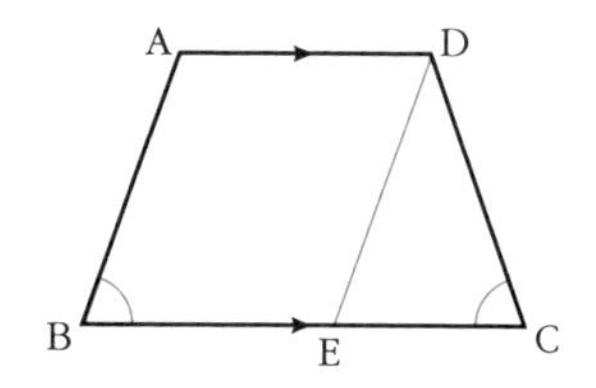

증명 점 D에서 $\overline{AB}$와 평행한 직선을 그어 변 BC와 만나는 점을 E라 하면 $\overline{AB} /\!/ \overline{DE}$다.

그러므로 $\angle B = \angle DEC$(동위각)다.

그런데 $\angle B = \angle C$이므로

$\angle B = \angle DEC = \angle C$다.

$\triangle DEC$는 이등변삼각형이므로 $\overline{DE} = \overline{DC}$다.

또 $\square ABED$가 평행사변형이므로 $\overline{AB} = \overline{DE}$다.

따라서 $\overline{AB} = \overline{DC}$다.

2. 두 대각선의 길이는 같다.

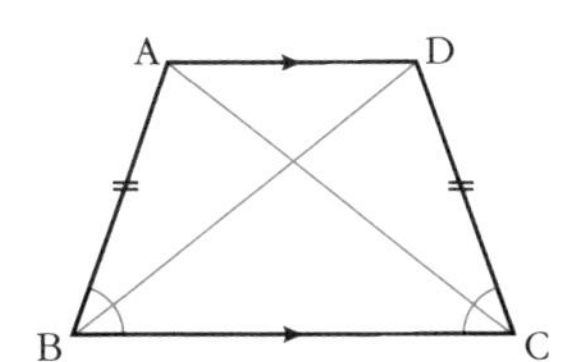

$\triangle ABC$와 $\triangle DCB$에서

$\overline{BC}$(공통) …①

$\angle ABC = \angle DCB$(가정) …②

$\overline{AB} = \overline{DC}$(등변사다리꼴의 성질) …③

①, ②, ③에 의해서 $\triangle ABC \equiv \triangle DCB$(SAS 합동)다.

따라서 $\overline{AC} = \overline{DB}$다.

직사각형에 대해 알아보자

- **직사각형:** 네 내각의 크기가 모두 같은 사각형

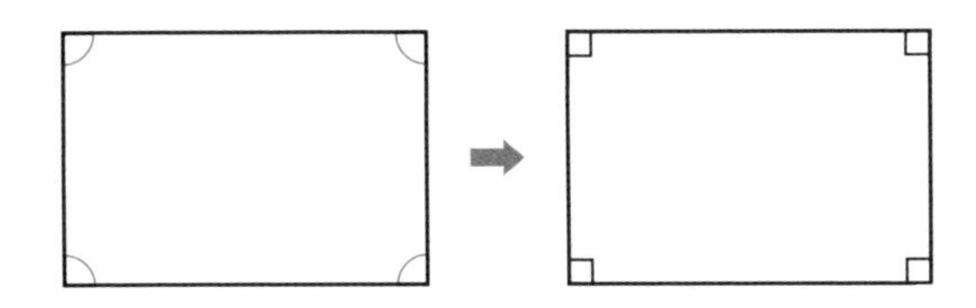

직사각형의 성질

두 대각선의 길이가 서로 같고 서로 다른 것을 이등분한다.

증명 $\triangle ABC \equiv \triangle DCB$(SAS 합동)다.

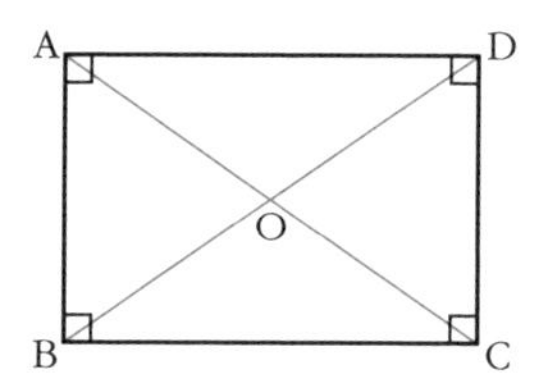

그러므로 $\overline{AC}=\overline{DB}$ ⋯①

또한 직사각형이면 평행사변형이므로 대각선이 서로 다른 대각선을 이등분한다.

즉 $\overline{AO}=\overline{CO}$, $\overline{BO}=\overline{DO}$ ⋯②

①, ②에 의해서

$\overline{AC}=\overline{BD}$, $\overline{AO}=\overline{BO}=\overline{CO}=\overline{DO}$다.

마름모에 대해 알아보자

- **마름모:** 네 변의 길이가 모두 같은 사각형

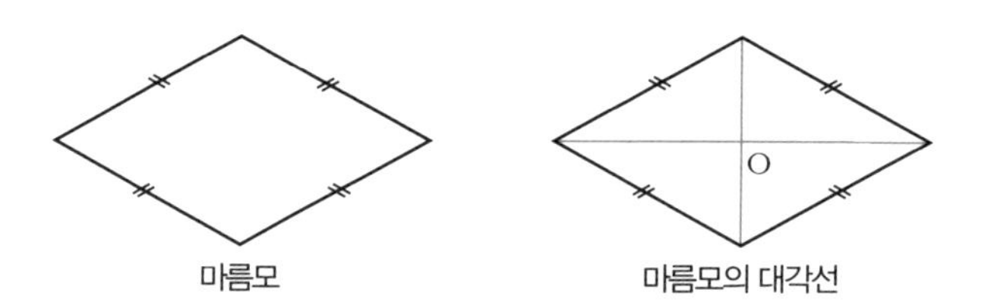

마름모 마름모의 대각선

마름모의 성질

두 대각선은 서로 다른 대각선을 수직이등분한다.

증명 마름모 ABCD의 두 대각선 AC와 BD의 교점을 O라 하면

$\triangle ABO \equiv \triangle ADO$(SSS 합동)이다.

그러므로 $\angle AOB = \angle AOD$이고,

$\angle AOB + \angle AOD = 180°$다.

즉 $\angle AOB = \angle AOD = 90°$ …①

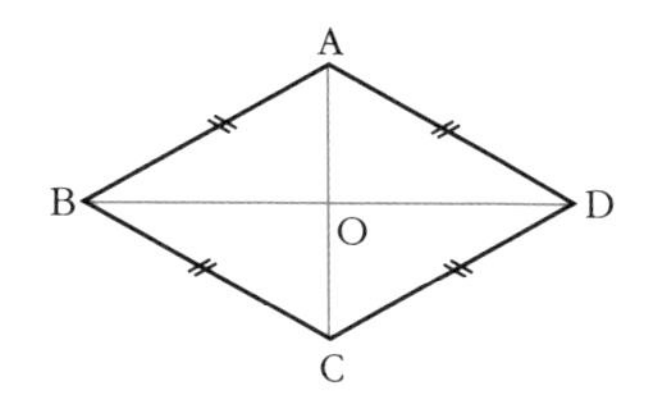

또한 마름모이면 평행사변형이므로 대각선이 서로 다른 대각선을 이등분한다.

즉 $\overline{AO} = \overline{CO}$, $\overline{BO} = \overline{DO}$ …②

①, ②에 의해서 $\overline{AC} \perp \overline{BD}$, $\overline{AO} = \overline{CO}$, $\overline{BO} = \overline{DO}$다.

정사각형에 대해 알아보자

- **정사각형:** 네 변의 길이가 모두 같고 네 내각의 크기가 모두 같은 사각형

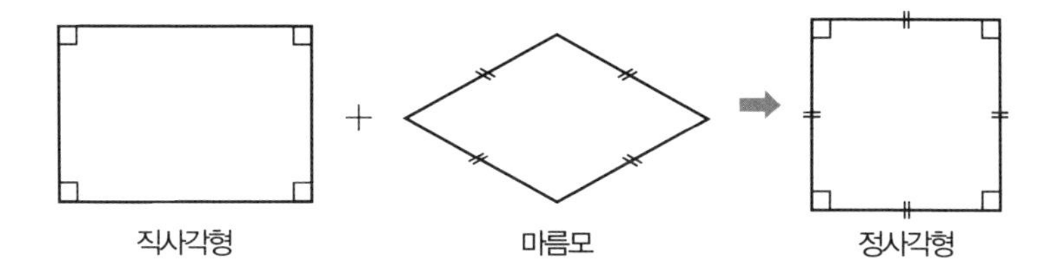

정사각형의 성질

두 대각선은 길이가 서로 같고 다른 대각선을 수직이등분한다.

증명 정사각형은 네 변의 길이가 모두 같고 네 내각의 크기가 모두 같은 사각형이다. 즉 네 변의 길이가 모두 같으므로 마름모가 된다.

□ABCD가 마름모이면 $\overline{AC} \perp \overline{BD}$, $\overline{AO} = \overline{CO}$, $\overline{BO} = \overline{DO}$ …①

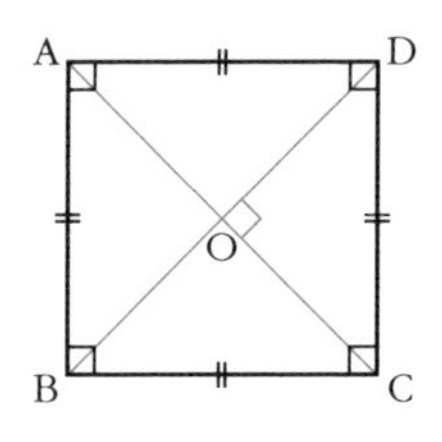

또한 정사각형은 네 내각의 크기가 모두 같으므로 직사각형이 된다.

□ABCD가 직사각형이면 $\overline{AC} = \overline{BD}$, $\overline{AO} = \overline{BO} = \overline{CO} = \overline{DO}$ …②

①, ②에 의해서 $\overline{AC} \perp \overline{BD}$, $\overline{AO} = \overline{BO} = \overline{CO} = \overline{DO}$다.

피타고라스 정리란 무엇인가요?

피타고라스 정리의 개념

피타고라스 정리는 직각삼각형의 세 변의 길이 사이의 관계를 나타낸 명제다. 고대 이집트나 메소포타미아, 인도, 중국 등의 문서에서 피타고라스 정리를 사용한 흔적을 볼 수 있는데, 고대 건축이나 토지의 측량 등 생활 속에서 정확한 직각을 찾을 때 사용되었다. 예를 들어 고대 이집트에서는 긴 끈을 일정한 간격으로 3칸, 4칸, 5칸짜리 삼각형을 만들면 3칸과 4칸 사이가 직각이 된다는 사실을 알았다.

피타고라스 정리를 일반화하고 증명한 사람은 피타고라스이지만, 그 이전부터 피타고라스 정리에 대한 개념은 실생활 속에서 사용되었다. 피타고라스 정리의 기본 원리는 다음과 같다.

$\angle$C가 직각인 직각삼각형 ABC에서

세 변을 a, b, c라 하면

$a^2+b^2=c^2$(c: 빗변)이다.

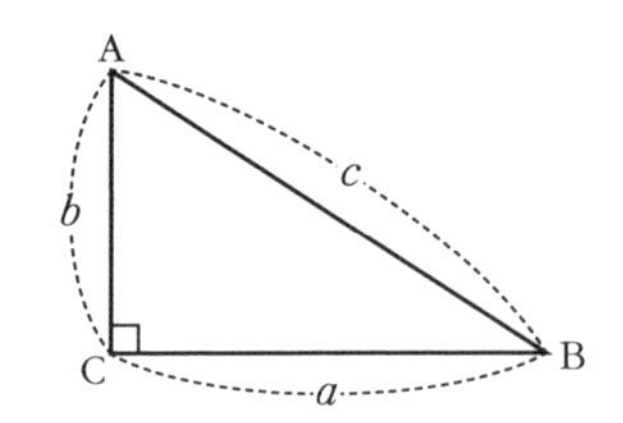

피타고라스 정리의 증명 방법

피타고라스 정리는 여러 가지 방법으로 증명이 가능하다. 대부분의 증명은 직각삼각형으로 새로운 도형을 만들고, 도형의 넓이나 성질을 이용해 대수의 개념으로 바꾸어 세 변 사이의 관계식 $a^2+b^2=c^2$이 만족함을 보이는 것이다. 피타고라스 정리의 증명 방법 중 대표적인 2가지 방법을 소개한다.

피타고라스에 의한 피타고라스 정리의 증명

오른쪽 그림과 같이 △ABC와 합동인 삼각형을 이용해 □CDEF를 만든다. 그러면 □CDEF는 한 변의 길이가 $(a+b)$인 정사각형이다.

여기서 새롭게 만들어진 □ABGH가 어떤 사각형인지 확인해보자.

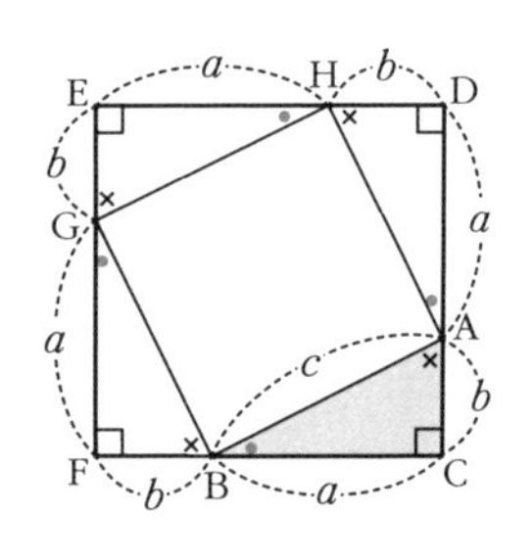

증명 △ABC≡△BGF≡△GHE≡△HAD이므로

□ABGH에서 $\overline{AB}=\overline{BG}=\overline{GH}=\overline{HA}=c$이고

△ABC에서 $\angle BAC+\angle ABC=90^\circ$ 이므로

$\angle ABG=\angle BGH=\angle GHA=\angle HAB=90^\circ$ 다.

∴ □ABGH는 한 변의 길이가 c인 정사각형이다.

$\square$CDEF$=4\triangle$ABC$+\square$ABGH이므로 $(a+b)^2=4\left(\frac{1}{2}ab\right)+c^2$이고,

$a^2+2ab+b^2=2ab+c^2$이다.

따라서 $a^2+b^2=c^2$(c: 빗변)이다.

유클리드에 의한 피타고라스 정리의 증명

유클리드의 증명은 피타고라스 정리의 증명 방법 중 가장 세련되고 논리적인 증명 방법이다.

직각삼각형 ABC의 각 변을 한 변으로 하는 정사각형 AEDC, ABGF, BCIH를 그리고, 꼭짓점 C에서 변 AB와 FG에 수선의 발을 내려 L, M이라 하자.

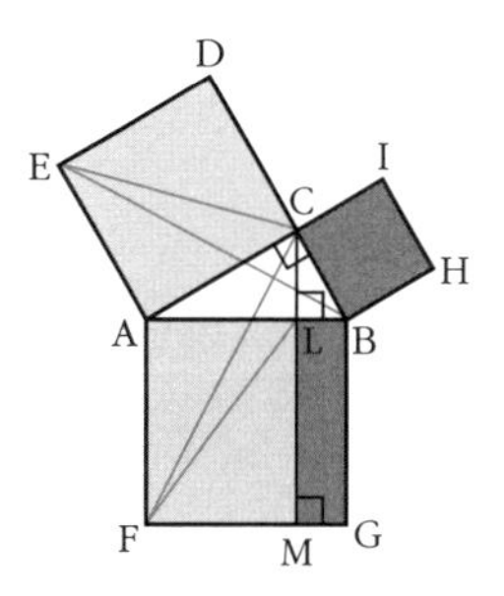

증명 [1단계] $\triangle$CAF$\equiv\triangle$EAB(SAS 합동)

($\because$) $\triangle$CAF와 $\triangle$EAB에서

$\overline{CA}=\overline{EA}$, $\overline{AF}=\overline{AB}$이고

$\angle CAF=\angle CAB+\angle LAF=\angle CAB+90^\circ$

$=\angle CAB+\angle CAE=\angle EAB$이므로

$\triangle$CAF$\equiv\triangle$EAB(SAS합동)이다.

$\therefore$ $\triangle$CAF$=\triangle$EAB

[2단계] $\overline{AF}\,/\!/\,\overline{CM}$, $\overline{EA}\,/\!/\,\overline{DB}$이므로 평행선과 삼각형의 넓이에 의해

$\triangle$CAF$=\triangle$LAF$=\frac{1}{2}\overline{AF}\cdot\overline{LA}$, $\triangle$EAB$=\triangle$EAC$=\frac{1}{2}\overline{EA}\cdot\overline{AC}$다.

[3단계] $\triangle$CAF$=\triangle$LAF$=\triangle$EAB$=\triangle$EAC($\because$ 1단계)

[4단계] $\square$AFML$=2(\triangle$LAF$)=2(\triangle$EAC$)=\square$AEDC

[5단계] 마찬가지로 $\square$BCIH$=\square$BGML이다.

$\therefore$ $\square$ABGF$=\square$AFML$+\square$BGML$=\square$AEDC$+\square$BCIH

이제 도형의 개념을 대수의 개념으로 바꾸기 위해 각 넓이를 구해 □ABGF=□AEDC+□BCIH에 대입하면 □ABGF=c^2, □AEDC=b^2, □BCIH=a^2이므로 $a^2+b^2=c^2$(c: 빗변)이다.

피타고라스 정리의 활용

피타고라스 정리는 도형에서 직각삼각형을 찾아 두 변이 주어진 경우, 변들 사이의 관계식 $a^2+b^2=c^2$을 이용해 다른 변의 길이를 구할 수 있다.
피타고라스 정리를 활용해 평면도형에서 대각선의 길이, 정삼각형의 높이와 넓이 등을 구할 수 있고, 입체도형에서도 직각삼각형을 찾아 피타고라스 정리를 활용해 입체도형의 높이 및 부피 등을 구할 수 있다.

평면도형에서의 활용

1. 대각선의 길이

직사각형에서 대각선 AB를 그으면 △ABC가 직각삼각형이므로 $\overline{AB}^2=\overline{BC}^2+\overline{AC}^2=a^2+b^2$이다.
$\overline{AB}>0$이므로 $\overline{AB}=\sqrt{a^2+b^2}$

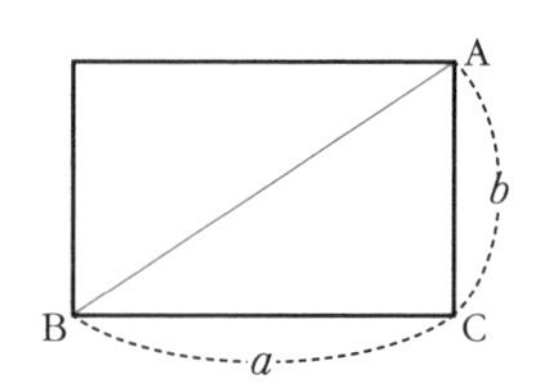

정사각형에서 대각선 AB를 그으면 △ABC가 직각이등변삼각형이므로 $\overline{AB}^2=\overline{BC}^2+\overline{AC}^2=a^2+a^2$이다.
$\overline{AB}>0$이므로 $\overline{AB}=\sqrt{a^2+a^2}=\sqrt{2}a$다.

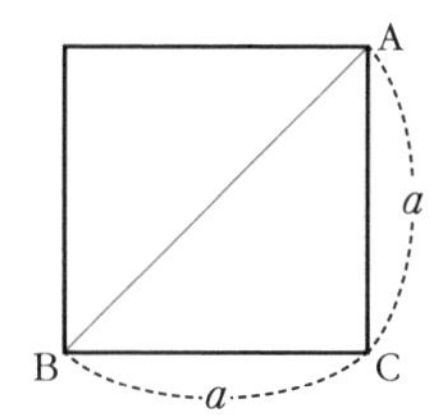

2. 특수한 직각삼각형의 길이의 비

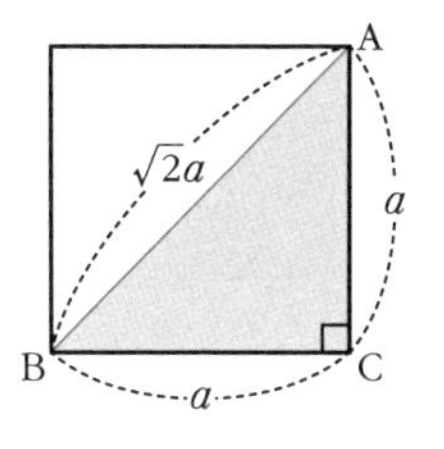

한 변의 길이가 a인 정사각형의 대각선을 그어 직각이등변삼각형을 만들면 피타고라스 정리에 의해

$\overline{AB}^2=\overline{BC}^2+\overline{CA}^2=a^2+a^2=2a^2$

$\overline{AB}>0$이므로 $\overline{AB}=\sqrt{2}a$다.

따라서 45°, 45°, 90°인 직각이등변삼각형에서 세 변의 길이의 비는 $a : a : \sqrt{2}a=1 : 1 : \sqrt{2}$다.

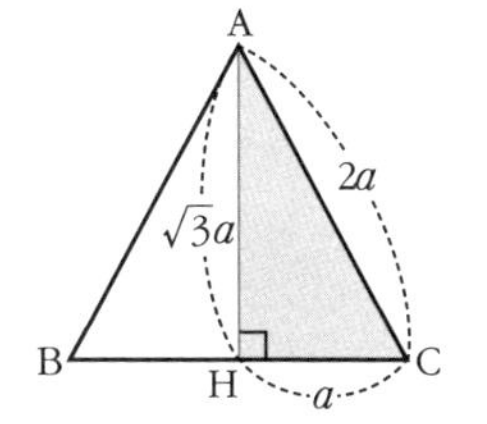

한 변의 길이가 $2a$인 정삼각형의 한 꼭짓점에서 그 대변의 수선의 발을 내리면 $\overline{AH}$는 $\overline{BC}$의 수직이등분선이다.

△AHC에서 피타고라스 정리에 의해

$\overline{AC}^2=\overline{AH}^2+\overline{HC}^2$이므로

$\overline{AH}^2=\overline{AC}^2-\overline{HC}^2=(2a)^2-a^2=3a^2$이다.

$\overline{AH}>0$이므로 $\overline{AH}=\sqrt{3}a$다.

30°, 60°, 90°인 직각삼각형에서 세 변의 길이의 비는

$a : \sqrt{3}a : 2a=1 : \sqrt{3} : 2$다.

입체도형에서의 활용

입체도형에서 피타고라스 정리를 활용하려면 구하고자 하는 변을 이용해 직각삼각형을 먼저 찾아야 한다. 피타고라스 정리는 직각삼각형에서 두 변의 길이를 알 때 나머지 한 변의 길이를 구할 수 있는 정리이므로, 입체도형이든 평면도형이든 직각삼각형을 찾는 것이 우선이다.

오른쪽 그림과 같이 한 변의 길이가 a인 정사면체의 높이를 구하기 위해 꼭짓점 A에서 밑면 BCD에 수선의 발을 내려 H라 하자.
피타고라스의 정리를 이용하려면 $\overline{AH}$를 포함한 직각삼각형을 찾아야 한다.

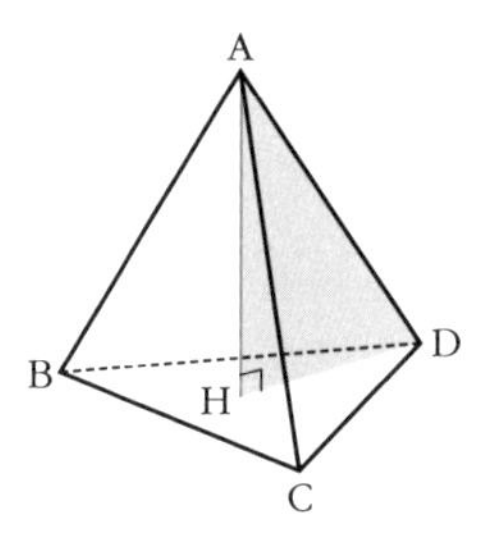

직각삼각형 AHD에서 두 변 AD와 DH의 길이를 알 수 있다면 피타고라스 정리를 이용해 높이 AH를 구할 수 있다.

증명 꼭짓점 A에서 수선의 발을 내려 H라 하자. H에서 △BCD의 꼭짓점을 연결하면 △AHB≡△AHC≡△AHD(RHS 합동)이므로 $\overline{BH}=\overline{CH}=\overline{DH}$이다. 즉 H는 △BCD의 외심이다. 정삼각형에서는 외심, 내심, 무게중심, 수심이 일치하므로 H는 △BCD의 무게중심이다.

그러므로 $\overline{DH}$는 △BCD의 높이의 $\frac{2}{3}$배다.

즉 $\frac{2}{3}\left(\frac{\sqrt{3}}{2}a\right)=\frac{\sqrt{3}}{3}a$다.

△AHD에서 피타고라스 정리를 이용하면

$\overline{AH}^2=\overline{AD}^2-\overline{DH}^2=a^2-\left(\frac{\sqrt{3}}{3}\right)^2=\frac{2}{3}a^2$이다.

따라서 정사면체의 높이 $\overline{AH}=\sqrt{\frac{2}{3}a^2}=\frac{\sqrt{6}}{3}a$다.

➡ 삼각형의 오심에는 외심, 내심, 무게중심, 방심, 수심이 있다.

외심은 세 변의 수직이등분선의 교점이고 세 꼭짓점에 이르는 거리가 같다. 내심은 세 내각의 이등분선의 교점이고 세 변에 이르는 거리가 같다. 무게중심은 세 꼭짓점에서 그 대변에 각각 중점을 연결한 선(중선)의 교점이고 중선을 꼭짓점으로부터 2 : 1로 내분한다.

방심은 한 내각의 이등분선과 다른 두 외각의 이등분선의 교점이고, 방심은 삼각형의 밖에서 3개 존재한다.

수심은 세 꼭짓점에서 그 대변에 각각 수선의 발을 내린 선(수선)의 교점이다.

삼각비란 무엇이고 어떻게 구하나요?

삼각비란 무엇일까?

● **삼각비:** 직각삼각형에서 세 변 중 두 변의 길이의 비

삼각비는 길이를 측정하기 어려운 강물의 폭이나 건물의 높이 등을 구할 때 사용되는 개념으로, 중학교에서는 삼각비로 $\sin A$, $\cos A$, $\tan A$를 배운다.

∠A의 삼각비를 알아보자.

직각삼각형 ABC에서 예각인 ∠A를 알 때

$\frac{(\text{높이})}{(\text{빗변의 길이})}=\frac{\overline{BC}}{\overline{AB}}$를 $\sin A$로 나타내고 "사인 A"라고 읽는다.

또 $\frac{(\text{밑변의 길이})}{(\text{빗변의 길이})}=\frac{\overline{AC}}{\overline{AB}}$를 $\cos A$로 나타내고 "코사인 A"라고 읽는다.

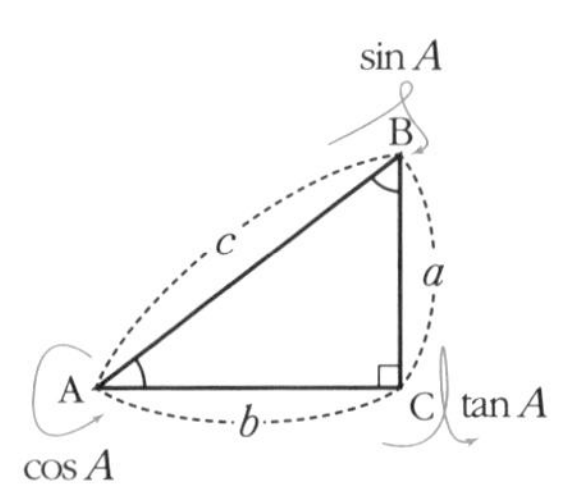

또 $\dfrac{(\text{높이})}{(\text{밑변의 길이})}=\dfrac{\overline{\mathrm{BC}}}{\overline{\mathrm{AC}}}$를 $\tan A$로 나타내고 "**탄젠트 A**"라고 읽는다.
이때 $\sin A$, $\cos A$, $\tan A$를 $\angle \mathrm{A}$의 **삼각비**라고 한다.

특수한 각의 삼각비의 값 구하기

30°, 45°, 60°의 삼각비의 값

피타고라스 정리의 특수한 직각삼각형의 길이의 비를 이용해 30°, 45°, 60°의 삼각비를 구할 수 있다.

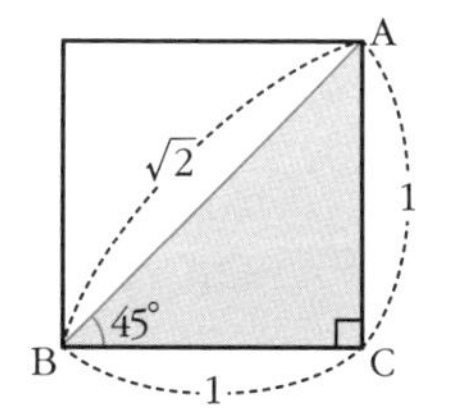

오른쪽 그림과 같이 한 변의 길이가 1인 정사각형에서 대각선 AB를 그어 직각이등변삼각형을 만들면 45°의 삼각비를 구할 수 있다. $\angle \mathrm{B}=45°$이므로 $\angle \mathrm{B}$의 삼각비를 구하면

$\sin B=\dfrac{\overline{\mathrm{AC}}}{\overline{\mathrm{AB}}}=\dfrac{1}{\sqrt{2}}=\dfrac{\sqrt{2}}{2}$다. 즉 $\sin 45°=\dfrac{\sqrt{2}}{2}$다.

$\cos B=\dfrac{\overline{\mathrm{BC}}}{\overline{\mathrm{AB}}}=\dfrac{1}{\sqrt{2}}=\dfrac{\sqrt{2}}{2}$다. 즉 $\cos 45°=\dfrac{\sqrt{2}}{2}$다.

$\tan B=\dfrac{\overline{\mathrm{AC}}}{\overline{\mathrm{BC}}}=\dfrac{1}{1}=1$이다. 즉 $\tan 45°=1$이다.

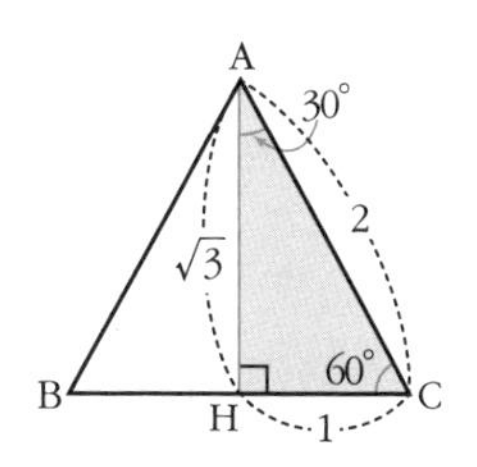

오른쪽 그림과 같이 한 변의 길이가 2인 정삼각형의 한 꼭짓점 A에서 그 대변의 수선의 발을 내려 H라 하자. $\triangle \mathrm{AHC}$는 30°, 60°, 90°인 직각삼각형이므로 30°와 60°의 삼각비를 구할 수 있다.

$\sin 30° = \frac{\overline{CH}}{\overline{AC}} = \frac{1}{2}$, $\cos 30° = \frac{\overline{AH}}{\overline{AC}} = \frac{\sqrt{3}}{2}$, $\tan 30° = \frac{\overline{CH}}{\overline{AH}} = \frac{1}{\sqrt{3}}$

$\sin 60° = \frac{\overline{AH}}{\overline{AC}} = \frac{\sqrt{3}}{2}$, $\cos 60° = \frac{\overline{CH}}{\overline{AC}} = \frac{1}{2}$, $\tan 60° = \frac{\overline{AH}}{\overline{CH}} = \frac{\sqrt{3}}{1} = \sqrt{3}$

0° 와 90° 의 삼각비 구하기

오른쪽 그림과 같이 좌표평면 위에 한 변의 길이가 1인 사분원을 그리고, 원점에서 직선을 그어 사분원과 만나는 점을 A라 하자. $\overline{OA}$의 연장선과 점 Q를 지나는 수선의 교점을 P라 하자.

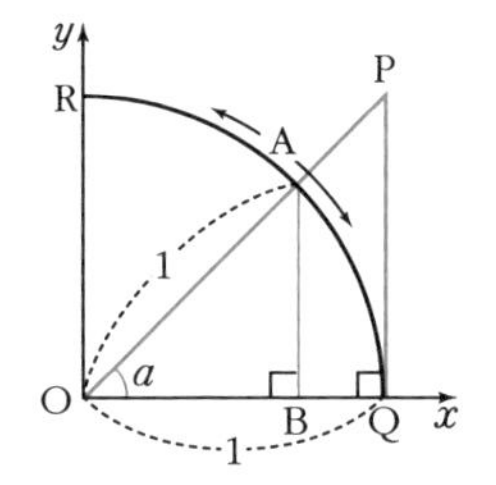

$\triangle OAB \backsim \triangle OPQ$이고 $\overline{OA} = \overline{OQ} = 1$이므로 $\angle a$의 삼각비를 구하면 다음과 같다.

$\sin a = \frac{\overline{AB}}{\overline{OA}} = \frac{\overline{PQ}}{\overline{OP}}$, $\cos a = \frac{\overline{OB}}{\overline{OA}} = \frac{\overline{OQ}}{\overline{OP}}$,

$\tan a = \frac{\overline{AB}}{\overline{OB}} = \frac{\overline{PQ}}{\overline{OQ}}$

구분	30°	45°	60°
$\sin a$	$\frac{1}{2}$	$\frac{\sqrt{2}}{2}$	$\frac{\sqrt{3}}{2}$
$\cos a$	$\frac{\sqrt{3}}{2}$	$\frac{\sqrt{2}}{2}$	$\frac{1}{2}$
$\tan a$	$\frac{1}{\sqrt{3}}$	1	$\sqrt{3}$

1. $\angle a$의 크기를 0°로 만들어 삼각비의 값을 생각해보자.

① $\sin a = \frac{\overline{AB}}{\overline{OA}} = \frac{\overline{AB}}{1} = \overline{AB}$이므로 $\overline{AB} = 0$이다.

$\therefore \sin 0° = 0$

② $\cos a = \frac{\overline{OB}}{\overline{OA}} = \frac{\overline{OB}}{1} = \overline{OB}$이므로 $\overline{OB} = \overline{OQ} = 1$이다.

$\therefore \cos 0° = 1$

구분	0°	90°
$\sin a$	0	1
$\cos a$	1	0
$\tan a$	0	정할 수 없다.

③ $\tan a = \frac{\overline{AB}}{\overline{OB}} = \frac{\overline{PQ}}{\overline{OQ}} = \frac{\overline{PQ}}{1} = \overline{PQ}$이므로 $\overline{PQ} = 0$이다.

$\therefore \tan 0° = 0$

2. $\angle a$의 크기를 90°로 만들어 삼각비의 값을 생각해보자.

① $\sin a = \frac{\overline{AB}}{\overline{OA}} = \frac{\overline{AB}}{1} = \overline{AB}$이므로 $\overline{AB} = \overline{OR} = 1$이다.

$\therefore \sin 90° = 1$

② $\cos a = \frac{\overline{OB}}{\overline{OA}} = \frac{\overline{OB}}{1} = \overline{OB}$이므로 $\overline{OB} = 0$이다.

$\therefore \cos 90° = 0$

③ $\tan a = \frac{\overline{AB}}{\overline{OB}} = \frac{\overline{PQ}}{\overline{OQ}} = \frac{\overline{PQ}}{1} = \overline{PQ}$이므로 $\overline{PQ}$는 y축으로 한없이 올라간다.

그러므로 $\tan 90°$의 값은 정할 수 없다.

원과 부채꼴이란 무엇인가요?

원은 우리 주변에서 쉽게 볼 수 있는 매우 친숙한 모양이다. 동전이나 자동차 바퀴뿐만 아니라 시계, 컵, 탁자 등 생활 속에서 다양하게 만들어진 원을 볼 수 있다. 그럼 물건들을 원으로 왜 만드는 것일까? 또 원으로 만들었을 때 좋은 점은 무엇일까?

물건을 원으로 만들면 어느 위치에서 보든지 같은 모양이고 힘을 일정하게 받는다. 바퀴를 원 모양으로 할 때 바퀴는 항상 일정한 힘을 받고, 지면과 한 점에서 만나기 때문에 마찰력을 최소화할 수 있다. 그래서 같은 힘으로 가장 멀리 갈 수 있다. 또한 동전, 탁자, 시계 등을 원 모양으로 만들면 어디에서 보든 지름의 길이가 일정하기 때문에 안정적이고 아름다운 모양이 된다.

원이란 무엇일까?

● **원:** 평면 위의 한 정점 O로부터 일정한 거리에 있는 점들의 모임(자취)

이때 한 정점을 원의 중심이라 하고, 원의 중심이 O이면 원 O라고 부른다. 일정한 거리를 원의 반지름이라고 하고, radius의 약자인 'r'이라고 부른다. **자취**는 도형이 남긴 표시나 자리의 흔적을 말한다.

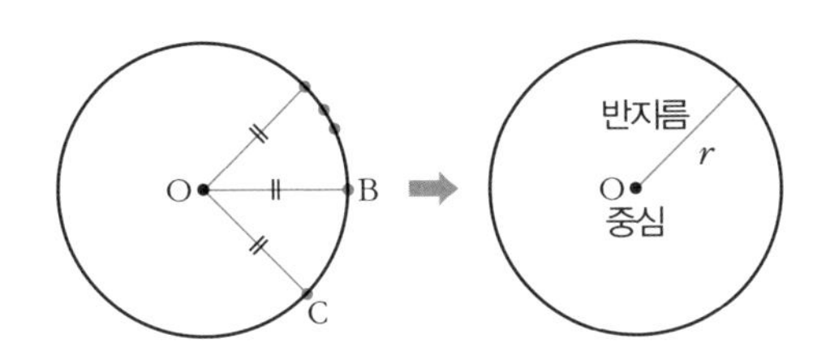

원주율이란 무엇일까?

● **원주율:** 원의 둘레의 길이를 원의 지름 길이로 나눈 비

$$(\text{원주율})=\frac{(\text{원의 둘레의 길이})}{(\text{원의 지름의 길이})}$$

초등학교 때는 원주율을 3.14라는 근삿값(어림수)으로 사용했다.

원주율은 3.14159265358979…로 순환하지 않는 무한소수, 즉 원주율의 소수점 이하 몇 백 자리, 심지어 몇 백만 자리 이상을 써 내려가도 끝이 없는 무리수이므로 3.14는 말 그대로 근삿값에 불과하다.

그래서 원주율을 3.14159265358979…와 같이 근삿값으로 나타내지 않고, 둘레를 의미하는 그리스어 *περίμετροπ*의 머리글자를 따서 π(파이)라는 기호를 사용해 나타낸다.

원에서 사용되는 용어

- **호:** 원의 둘레의 일부로 원 O 위의 두 점 A, B를 잡으면 원의 둘레는 두 부분으로 나누어진다. 이때 생기는 두 부분을 각각 호라고 한다.

오른쪽 그림과 같이 원 위에 두 점 A, B가 있을 때 길이가 짧은 쪽의 호를 열호라고 하고 긴 쪽을 우호라고 한다. 일반적으로 '호'라 하면 열호를 의미하고, 기호로 $\overset{\frown}{AB}$라고 나타낸다.

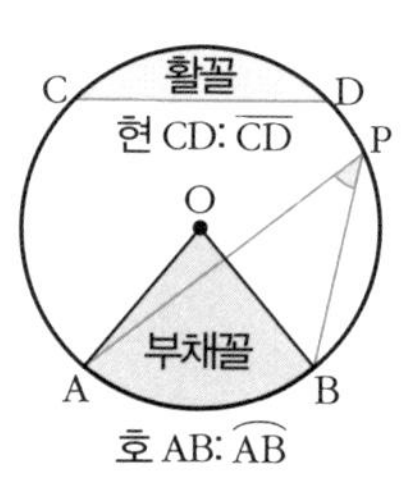

- **현:** 오른쪽 그림과 같이 원 위의 두 점 C, D를 선분으로 이은 선을 현이라 한다. 현 중에서 가장 긴 현은 원의 지름이다.
- **부채꼴:** 원 O에서 호 AB와 두 반지름 AO, BO로 만들어지는 도형을 부채꼴이라 한다.
- **활꼴:** 호 CD와 현 CD에 의해 만들어지는 활 모양을 활꼴이라 한다.
- **중심각:** 부채꼴 AOB에서 ∠AOB를 호 AB의 중심각이라 한다.
- **원주각:** 호 AB와 원 위의 점 P로 만들어지는 ∠APB를 호 AB의 원주각이라 한다.

원의 둘레의 길이와 원의 넓이

원의 둘레의 길이

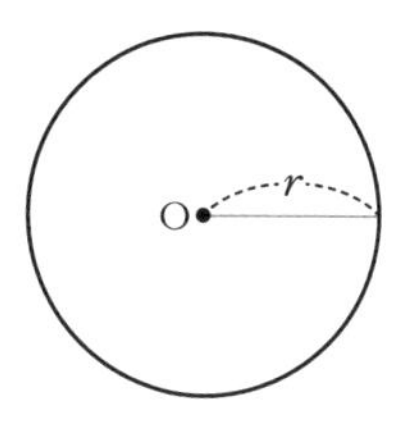

원의 둘레의 길이는 원주율의 개념으로 구할 수 있다.

반지름이 r인 원에서 원의 둘레의 길이를 l이라 하면

원주율이 $\frac{(\text{원의 둘레의 길이})}{(\text{원의 지름의 길이})}$이므로 $\pi=\frac{l}{2r}$이다.

그러므로 원의 둘레의 길이 $l=2\pi r$이다.

원의 넓이

아래 그림과 같이 원을 크기가 같은 8조각의 부채꼴로 만들고 조각을 맞추어 새로운 도형을 만들었다. 이러한 조각을 8, 16, 32, …와 같이 충분히 많이 나누어 엇갈려 붙이면 직사각형 모양에 가까워진다. 그 직사각형은 항상 가로의 길이가 원의 둘레의 길이의 $\frac{1}{2}$이고 세로의 길이는 원의 반지름 r이다.

그러므로 원의 넓이는 $\frac{1}{2}(2\pi r)\times r=\pi r^2$이 된다.

따라서 반지름이 r인 원의 넓이는 πr^2이다.

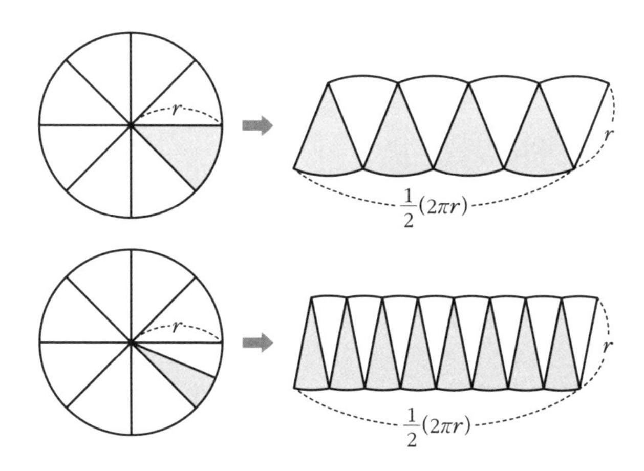

➡ 원의 넓이는 위와 같은 방법으로 크기가 같은 부채꼴의 조각으로 충분히 많이 나누어 엇갈려 붙이면 직사각형에 더욱 가까운 도형을 만들 수 있고, 그 도형의 넓이와 원의 넓이는 같다고 할 수 있다.

부채꼴의 호의 길이와 넓이

부채꼴의 호의 길이와 넓이는 원의 둘레의 길이와 넓이의 일부다. 부채꼴의 호의 길이와 넓이는 원과 비례식을 통해서 구할 수 있다.

부채꼴의 호의 길이

부채꼴 AOB의 호의 길이 $\overset{\frown}{AB}$는 원의 둘레의 길이의 일부다. 원의 둘레의 길이는 $2\pi r$이고 원의 중심각의 크기는 360°다.

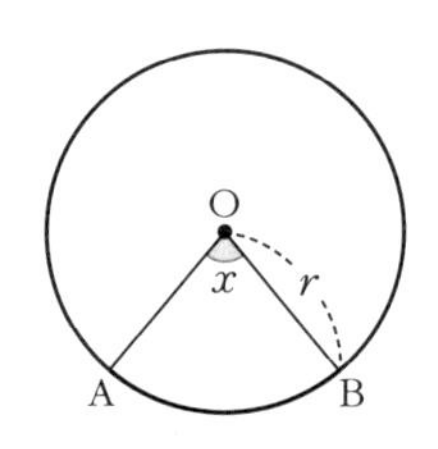

부채꼴 AOB의 호의 길이 $\overset{\frown}{AB}$는 비례식을 통해 구할 수 있다.

즉 $360° : \angle AOB = 2\pi r : \overset{\frown}{AB}$이므로 $\overset{\frown}{AB} = 2\pi r \times \frac{\angle AOB}{360°}$다.

따라서 부채꼴 AOB의 중심각의 크기를 x라 하고, 호의 길이를 l이라 하면 $l = 2\pi r \times \frac{\angle x}{360°}$다.

부채꼴의 넓이

1. 중심각의 크기를 알 때

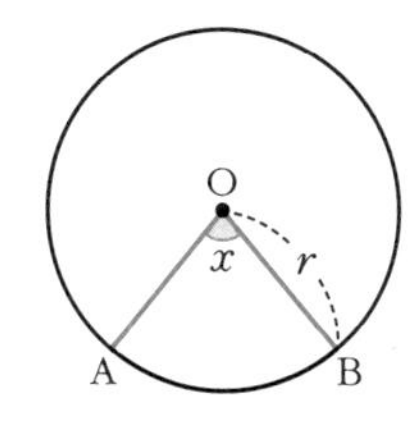

부채꼴 AOB의 넓이는 원 O의 넓이의 일부다.

반지름이 r인 원의 넓이는 πr^2이고 원의 중심각의 크기는 360°다.

부채꼴의 넓이는 비례식을 통해 구할 수 있다.

즉 360° : ∠AOB$=\pi r^2$: (부채꼴의 넓이)이므로

(부채꼴의 넓이)$=\pi r^2 \times \dfrac{\angle \mathrm{AOB}}{360^\circ}$다.

따라서 부채꼴 AOB의 중심각의 크기를 x라 하고, 부채꼴의 넓이를 S라 하면 $S=\pi r^2 \times \dfrac{\angle x}{360^\circ}$다.

2. 호의 길이를 알 때

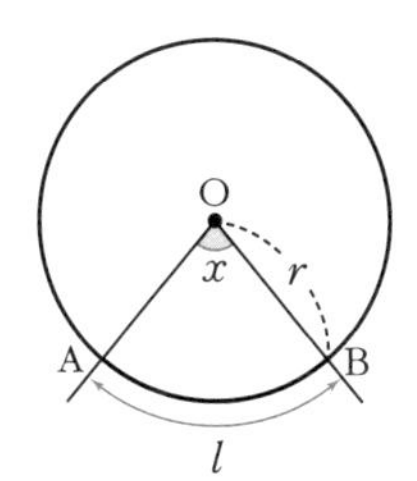

반지름이 r인 원에서 부채꼴 AOB의 호의 길이를 l, 넓이를 S라 하면

$l=2\pi r \times \dfrac{\angle x}{360^\circ}$ …①이고 $S=\pi r^2 \times \dfrac{\angle x}{360^\circ}$ …②다.

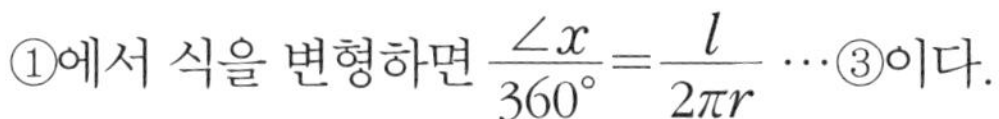

①에서 식을 변형하면 $\dfrac{\angle x}{360^\circ}=\dfrac{l}{2\pi r}$ …③이다.

③을 ②에 대입하면 $S=\pi r^2 \times \dfrac{\angle x}{360^\circ}=\pi r^2 \times \dfrac{l}{2\pi r}=\dfrac{1}{2}rl$이다.

그러므로 $S=\dfrac{1}{2}rl$이다.

입체도형은 공간 위에 그려진 도형으로, 길이와 폭, 두께가 있어 부피가 있는 도형이다. 입체도형에는 다면체와 회전체가 있다.

7장에서는 도형을 종류별로 관찰해보고, 그 구성요소인 꼭짓점, 모서리, 면 등을 찾아 입체도형의 특징을 알아본다.

중학교 교육과정에서는 입체도형을 직접 만들거나 그려보고 관찰하는 것에 초점을 맞춘다. 입체도형의 특징과 성질을 바탕으로 겉넓이와 부피를 구하거나 다양한 문제에 활용하는 것이 7장의 목적이다.

7장

입체도형, 이보다 더 명확할 수 없다

입체도형 관찰 ➡ 평면도형과의 관계 ➡ 겉넓이, 부피 ➡ 문제 적용

(다면체, 회전체, 정다면체)

(전개도를 통한 겉넓이 구하기)

다면체란 무엇이고 어떻게 이해해야 하나요?

다면체란 무엇일까?

- **다면체:** 다각형인 면으로 둘러싸인 입체도형

다면체의 이름은 면의 모양과 면의 개수에 따라 결정된다. 먼저 면의 모양에 따라 각기둥, 각뿔, 각뿔대로 나뉘는데, 예를 들어 밑면이 오각형이면 각각 오각기둥, 오각뿔, 오각뿔대라고 한다.

면의 개수를 기준으로 하면 사면체, 오면체, 육면체, …라고 한다. 다각형으로 둘러싸인 면으로 입체도형을 만들려면 최소한 면의 개수가 4개 이상 있어야 가능하다. 면의 개수가 2개일 때는 높이가 있는 입체도형을 만들 수 없고, 면의 개수가 3개일 때는 높이를 만들 수는 있지만 면으로 둘러싸인 입체도형을 만들 수 없다. 그래서 다면체는 사면체부터 가능하다.

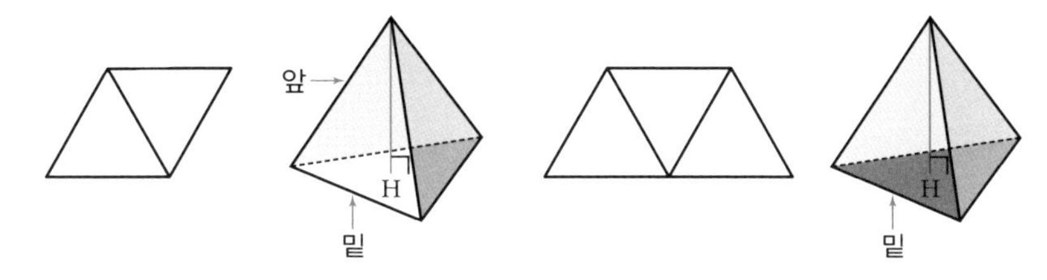

면이 2개인 경우 앞면과 밑면을 만들 수 없다.　　　　면이 3개인 경우 밑면을 만들 수 없다.

다면체의 구성 요소와 용어

- **면:** 다면체를 둘러싸고 있는 다각형
- **모서리:** 2개의 면에 공통인 다각형의 변
- **꼭짓점:** 다각형의 각각의 꼭짓점
- **대각선:** 같은 면에 포함되지 않은 서로 다른 2개의 꼭짓점을 잇는 선분

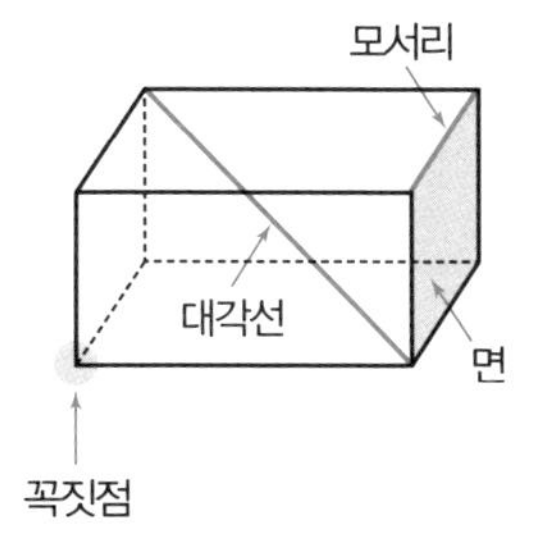

다면체의 특징(관찰)

입체도형 단원에서는 주어진 입체도형을 보고 관찰해 각 도형의 특징을 확인하는 것이 중요하다. 각기둥, 각뿔, 각뿔대에서 꼭짓점·모서리·면의 개수를 관찰해 n각기둥, n각뿔, n각뿔대일 때의 개수를 확인해나가는 과정을 살펴보자.

- **각기둥:** 두 밑면이 평행하면서 합동이고 옆면은 직사각형으로 이루어진 입체도형

구분	삼각기둥	사각기둥	오각기둥	n각기둥
다면체				…
밑면의 모양	삼각형	사각형	오각형	n각형
옆면의 모양	직사각형			
밑면의 개수	2개			
옆면의 개수	3개	4개	5개	n(개)
꼭짓점의 개수	6개	8개	10개	$2n$(개)
모서리의 개수	9개	12개	15개	$3n$(개)
면의 개수	5개	6개	7개	$n+2$(개)

➡ 각기둥은 다음과 같은 특징이 있다. 첫째, 각기둥의 두 밑면은 평행하면서 합동이므로 옆면의 모양은 직사각형이다. 둘째, 밑면의 모양은 입체도형의 이름에서 알 수 있으며 밑면은 2개다. 셋째, 옆면의 개수는 밑면의 다각형의 변의 개수에 따라 결정된다. 예를 들어 사각기둥이면 옆면의 개수는 사각형의 변의 개수와 같은 4개가 된다. 넷째, 꼭짓점의 개수는 밑면인 다각형의 꼭짓점의 개수의 2배다. 각기둥은 두 밑면의 꼭짓점을 연결해 만든 입체도형이기 때문이다. 다섯째, 모서리의 개수는 밑면인 다각형의 변의 개수의 3배다. 각기둥은 두 밑면의 꼭짓점을 선분으로 연결해 만든 입체도형이기 때문이다.

● **각뿔:** 밑면은 다각형이고 옆면은 삼각형으로 이루어진 입체도형

구분	삼각뿔	사각뿔	오각뿔	n각뿔
다면체				…
밑면의 모양	삼각형	사각형	오각형	n각형
옆면의 모양	삼각형			
밑면의 개수	1개			
옆면의 개수	3개	4개	5개	n(개)
꼭짓점의 개수	4개	5개	6개	$n+1$(개)
모서리의 개수	6개	8개	10개	$2n$(개)
면의 개수	4개	5개	6개	$n+1$(개)

➡ 각뿔은 다음과 같은 특징이 있다. 첫째, 옆면의 모양은 삼각형이다. 둘째, 밑면의 모양은 입체도형의 이름에서 알 수 있으며 밑면은 1개다. 셋째, 옆면의 개수는 밑면의 다각형의 변의 개수에 따라 결정된다. 예를 들어 사각뿔이면 옆면의 개수는 사각형의 변의 개수와 같은 4개가 된다. 넷째, 꼭짓점의 개수는 밑면인 다각형의 꼭짓점의 개수보다 1개 더 많다. 각뿔은 밑면에서 뿔 모양을 만들기 위해 한 점으로 모이는 형태이기 때문이다. 다섯째, 모서리의 개수는 밑면인 다각형의 변의 개수의 2배다. 각뿔은 밑면의 꼭짓점을 선분으로 연결해 한 점으로 모이게 만든 입체도형이기 때문이다.

- **각뿔대:** 각뿔을 밑면과 평행한 평면으로 잘라서 생기는 두 다면체 중에서 각뿔이 아닌 입체도형

구분	삼각뿔대	사각뿔대	오각뿔대	n각뿔대
다면체				…
밑면의 모양	삼각형	사각형	오각형	n각형
옆면의 모양	사다리꼴			
밑면의 개수	2개			
옆면의 개수	3개	4개	5개	n(개)
꼭짓점의 개수	6개	8개	10개	$2n$(개)
모서리의 개수	9개	12개	15개	$3n$(개)
면의 개수	5개	6개	7개	$n+2$(개)

➡ 각뿔대는 다음과 같은 특징이 있다. 첫째, 각뿔대의 두 밑면은 평행하면서 닮음이므로 옆면의 모양은 사다리꼴이다. 둘째, 밑면의 모양은 입체도형의 이름에서 알 수 있으며 밑면은 2개다. 셋째, 옆면의 개수는 밑면인 다각형의 변의 개수에 따라 결정된다. 예를 들어 사각뿔대라면 옆면의 개수는 사각형의 변의 개수와 같은 4개가 된다. 넷째, 꼭짓점의 개수는 밑면인 다각형의 꼭짓점의 개수의 2배다. 각뿔대는 두 밑면의 꼭짓점을 연결해 만든 입체도형이기 때문이다. 다섯째, 모서리의 개수는 밑면인 다각형의 변의 개수의 3배다. 각뿔대는 두 밑면의 꼭짓점을 선분으로 연결해 만든 입체도형이기 때문이다.

정다면체란 무엇이고 어떻게 이해해야 하나요?

정다면체란 무엇일까?

각 면이 모두 합동인 정다각형이고, 각 꼭짓점에 모이는 면의 개수가 같은 다면체를 **정다면체**라 한다.

오른쪽의 두 육면체는 면이 모두 합동인 정다각형으로 이루어진 다면체다. 면이 정사각형으로 이루어진 입체도형은 각 꼭짓점에 모이는 면의 개수가 3개로 모두 같지만, 면이 정삼각형으로 이루어진 입체도형은 각 꼭짓점에 모이는 면의 개수가 3개나 4개로 같지 않다. 그래서 두 육면체 중에서 면이 정사각형인 입체도형이 정다면체가 되고, 정육면체라고 한다.

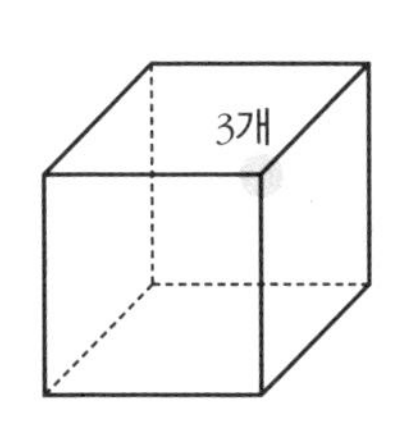

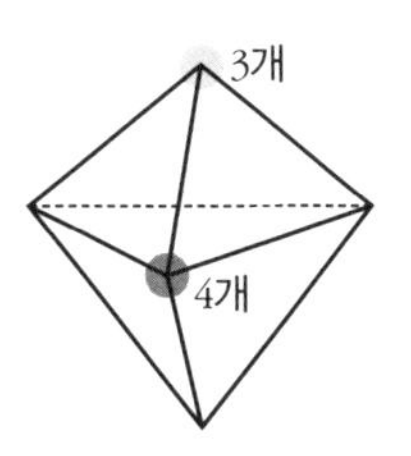

정다면체는 몇 가지일까?

정다각형은 모든 변의 길이가 같고, 모든 내각의 크기가 같은 다각형이므로 정삼각형, 정사각형, 정오각형 등 무수히 많다. 그러나 정다면체는 각 면이 합동인 정다각형이면서 동시에 각 꼭짓점에 모이는 면의 개수가 같아야하기 때문에 정사면체, 정육면체, 정팔면체, 정십이면체, 정이십면체로 5가지밖에 없다.

구분	정사면체	정육면체	정팔면체	정십이면체	정이십면체
정다면체					
면의 모양	정삼각형	정사각형	정삼각형	정오각형	정삼각형
한 꼭짓점에 모이는 면의 개수	3개	3개	4개	3개	5개

정다면체가 5가지밖에 없는 이유는 무엇일까?

정다면체는 정의에서 알아보았듯이 각 면이 합동인 정다각형이면서 한 꼭짓점에 모이는 면의 개수가 같은 다면체다. 면이 될 수 있는 정다각형을 정삼각형, 정사각형, 정오각형, 정육각형, …인 경우를 생각해보고, 각 꼭짓점에 모이는 면의 개수가 3개, 4개, 5개, …일 때를 생각해 만들 수 있는 정다면체를 확인해보자.

구분	3개	4개	5개	6개	…
정삼각형	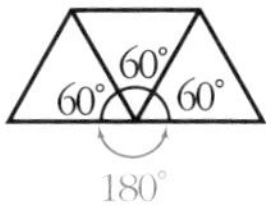 정사면체	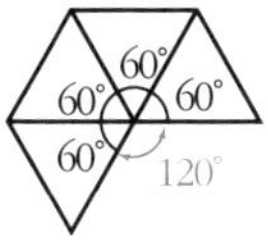 정팔면체	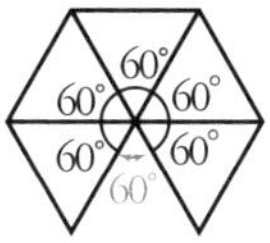 정이십면체	 360°이므로 불가능	360° 초과로 이후 불가능
정사각형	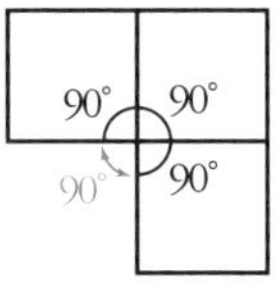 정육면체	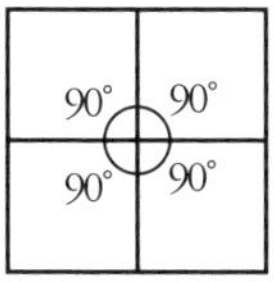 360°이므로 불가능	360° 초과로 이후 불가능		
정오각형	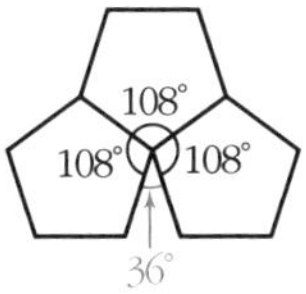 정십이면체	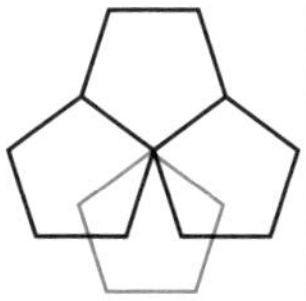 360°를 초과하므로 불가능	360° 초과로 이후 불가능		
정육각형	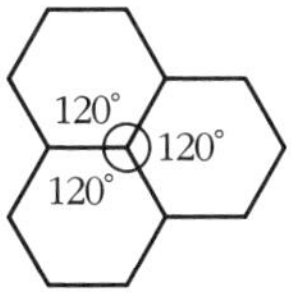 360°이므로 불가능	360° 초과로 이후 불가능			
⋮	면이 정칠각형 이상일 때 한 꼭짓점에 3개 이상의 도형이 모이면 360°를 초과하므로 입체도형을 만들 수 없다.				

➡ 한 꼭짓점에 면이 1개나 2개가 모이면 입체도형을 만들 수 없으므로 한 꼭짓점에 면이 3개 이상 모여야 한다. 또한 한 꼭짓점에 면이 3개 이상 모여 모이는 면의 내각의 크기의 합이 360° 이상이 되면 평면이 되거나 겹쳐서 입체도형을 만들 수 없으므로, 모이는 면의 내각의 크기의 합이 360° 미만이어야 한다.

따라서 정다면체는 정사면체, 정육면체, 정팔면체, 정십이면체, 정이십면체로 총 5가지밖에 없다.

정다면체의 관찰

정다면체도 다면체에서와 같이 도형을 직접 관찰해보는 것이 좋다. 입체도형을 구성하는 꼭짓점, 모서리, 면의 특징과 개수 등을 확인해보자.

구분	정사면체	정육면체	정팔면체	정십이면체	정이십면체
정다면체					
면의 모양	정삼각형	정사각형	정삼각형	정오각형	정삼각형
한 꼭짓점에 모인 면의 개수	3개	3개	4개	3개	5개
꼭짓점의 개수	4개	8개	6개	20개	12개
모서리의 개수	6개	12개	12개	30개	30개
면의 개수	4개	6개	8개	12개	20개

정다면체의 꼭짓점, 모서리, 면의 개수는 도형을 직접 보고 구하는 것이 일반적이다. 실제 입체도형이 없으면 상상해서 꼭짓점과 모서리의 개수를 구해야 하는데, 이는 쉬운 일이 아니다. 그래서 다음과 같이 면의 모양과 한 꼭짓점에 모이는 면의 개수를 통해 꼭짓점과 모서리의 개수를 구할 수 있다.

정다면체의 꼭짓점 개수는 한 꼭짓점에 모이는 면의 개수를 이용해 구할 수 있다. 예를 들어 정사면체에서는 한 꼭짓점에 모이는 면이 3개이므로 꼭짓점 3개가 겹치게 된다.

정사면체는 면의 모양이 정삼각형이므로 꼭짓점의 총 개수는 (면의 꼭짓점 개수)×(면의 개수)이고, 겹치는 꼭짓점의 개수인 3으로 나누어야 한다. 즉 꼭짓점의 개수는 $\frac{(\text{면의 꼭짓점 개수})\times(\text{면의 개수})}{(\text{한 꼭짓점에 모이는 면의 개수})}$다.

그러므로 정사면체, 정육면체, 정팔면체, 정십이면체, 정이십면체의 꼭짓점의 개수는 각각 $\frac{3\times4}{3}=4$(개), $\frac{4\times6}{3}=8$(개), $\frac{3\times8}{4}=6$(개), $\frac{5\times12}{3}=20$(개), $\frac{3\times20}{5}=12$(개)다.

또한 정다면체의 모서리의 개수는 입체도형을 이루는 두 면이 항상 하나의 선분을 공유하고 있다는 사실을 통해 구할 수 있다.

예를 들어 정사면체에서는 각 면을 이루는 두 삼각형이 항상 하나의 선분을 공유하고 있으므로 모서리의 총 개수를 2로 나누어야 한다. 즉 모서리의 개수는 $\frac{(\text{면의 모서리 개수})\times(\text{면의 개수})}{2}$다.

그러므로 정사면체, 정육면체, 정팔면체, 정십이면체, 정이십면체의 모서리의 개수는 각각 $\frac{3\times4}{2}=6$(개), $\frac{4\times6}{2}=12$(개), $\frac{3\times8}{2}=12$(개), $\frac{5\times12}{2}=30$(개), $\frac{3\times20}{2}=30$(개)이다.

회전체란 무엇이고 어떻게 이해해야 하나요?

회전체란 무엇일까?

● **회전체:** 한 직선 l을 기준으로 평면도형을 1회전시켜 만든 입체도형

오른쪽 그림에서 직사각형 ABCD를 한 직선 l을 축으로 삼아 1회전시키면 입체도형이 생긴다. 이 입체도형이 바로 회전체다.

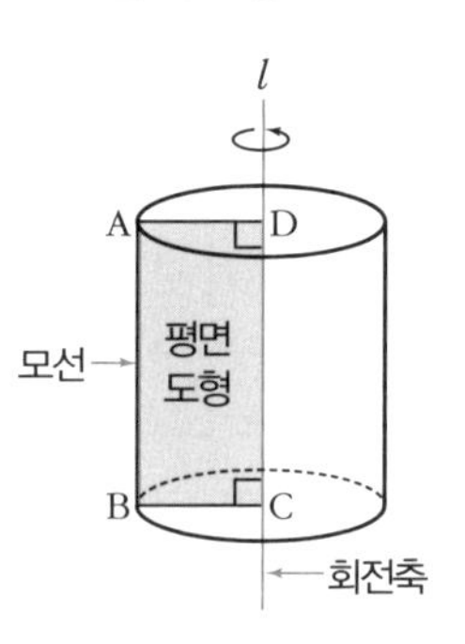

이때 회전체의 옆면을 만드는 선분 AB를 입체도형의 **모선**이라고 한다.

또한 기준이 되는 직선 l을 **회전축**이라고 한다.

회전체도 다면체와 같이 옆면과 밑면으로 이루어져 있다.

회전체의 종류

회전축을 기준으로 다양한 모양의 평면도형을 1회전시켜 생기는 입체도형을 알아보고 관찰해보자.

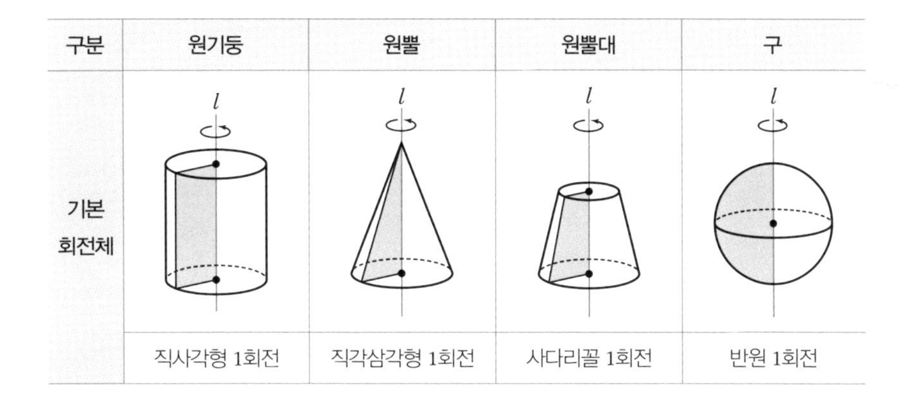

구분	원기둥	원뿔	원뿔대	구
기본 회전체	직사각형 1회전	직각삼각형 1회전	사다리꼴 1회전	반원 1회전

➡ 회전체는 어떤 평면도형을 1회전시켜 만들 것인가에 따라 다양한 모양이 나온다. 그뿐만 아니라 회전축과 떨어져 있는 정도에 따라서도 다양한 형태가 나오기 때문에 직접 그려보고 관찰하는 것이 중요하다.

회전체의 성질

회전체는 자르는 방법에 따라 단면의 모양이 다양하고 크기도 다르다. 그런데 회전체를 회전축에 수직인 평면으로 자르거나 회전축을 포함한 평면으로 자를 때는 일정한 특징이 있다. 회전체를 이 2가지 방법으로 자르면 단면은 어떤 모양으로 나오는지 확인하고 그 특징을 알아보자.

구분	원기둥	자른 후 단면	원뿔	자른 후 단면
회전축에 수직인 평면으로 자를 때	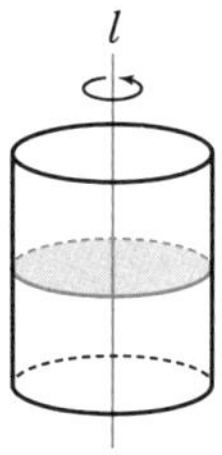 l		 l	
	원뿔대	자른 후 단면	구	자른 후 단면
	 l		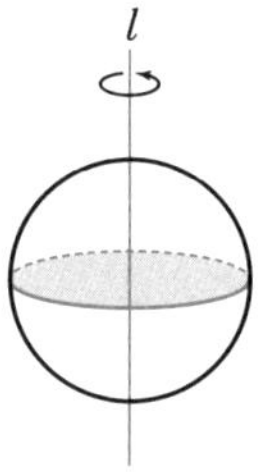 l	

구분	원기둥	자른 후 단면	원뿔	자른 후 단면
회전축을 포함한 평면으로 자를 때	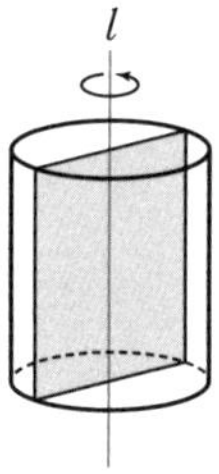 l	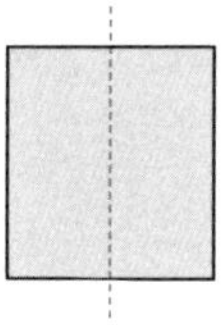	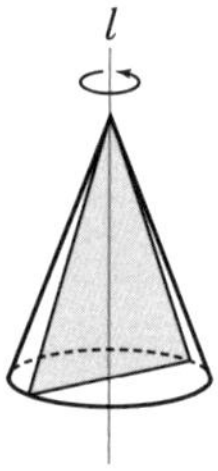 l	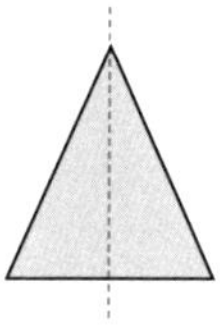
	원뿔대	자른 후 단면	구	자른 후 단면
	 l	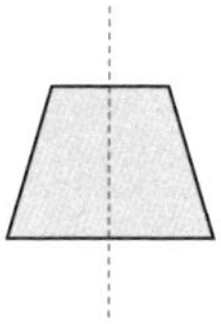	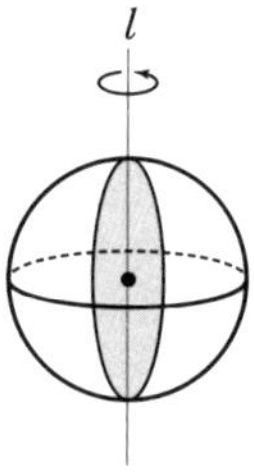 l	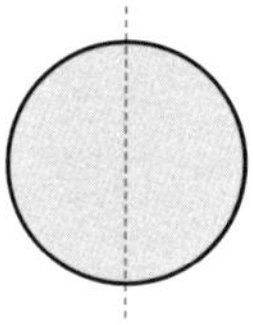

➡ 회전축과 수직인 평면으로 자르면 항상 원 모양이 나온다. 왜냐하면 회전체는 회전축을 기준으로 1회전시킨 도형이므로 회전축의 한 점으로부터 일정한 거리에 있는 무수히 많은 점들이 모여 선을 이루기 때문이다.

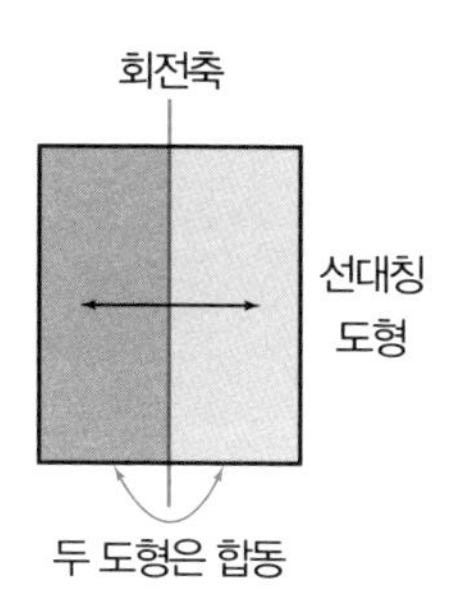

회전체를 회전축을 포함한 평면으로 자르면 그 단면은 회전축을 기준으로 항상 **선대칭**을 이룬다. 선대칭은 기준이 되는 직선을 접는 선으로 해서 접었을 때 완전히 겹쳐지는 것을 말한다. 또한 회전축을 기준으로 두 도형은 항상 합동이다.

입체도형의 겉넓이, 어떻게 구하나요?

겉넓이란 무엇이고 어떻게 구할까?

평면도형에서 평면의 크기를 양으로 나타낸 것을 **면적** 또는 **넓이**라고 한다. 그렇다면 입체도형에서도 넓이를 구할 수 있을까?

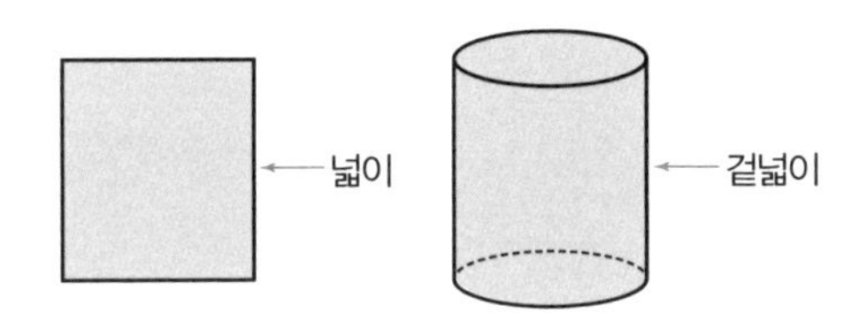

입체도형에서는 넓이라는 용어 대신 겉넓이라는 용어를 사용한다. 즉 입체도형에서 겉 표면의 넓이를 **표면적** 또는 **겉넓**이라고 한다.

넓이는 평면의 개념이므로 입체도형의 겉넓이를 구할 때 입체도형을 평면의 형태로 만들면 쉽게 구할 수 있다. 입체도형의 표면을 적당히 잘라 평면 위에 펼쳐놓은 것을 입체도형의 **전개도**라고 한다. 즉 각각의 입체도형에 대해 전개도를 그릴 수 있다면, 겉넓이는 전개도의 넓이로 구할 수 있다.

각기둥과 원기둥의 겉넓이

각기둥과 원기둥의 겉넓이는 전개도를 펼친 후 각각의 넓이의 합을 구해 구할 수 있다.

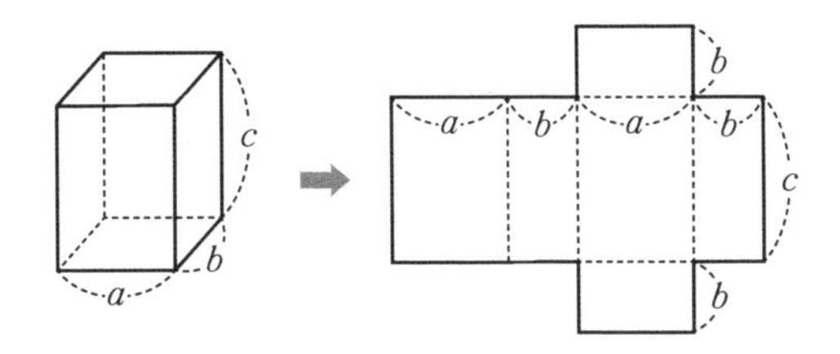

사각기둥은 두 밑면이 평행하면서 합동이고 옆면은 직사각형으로 이루어진 입체도형이다. 사각기둥의 겉넓이를 구하기 위해 전개도를 그리면, 마주보는 면끼리 서로 넓이가 같다.

각 면의 넓이가 ab, bc, ca이므로 사각기둥의 겉넓이는 $2(ab+bc+ca)$다.

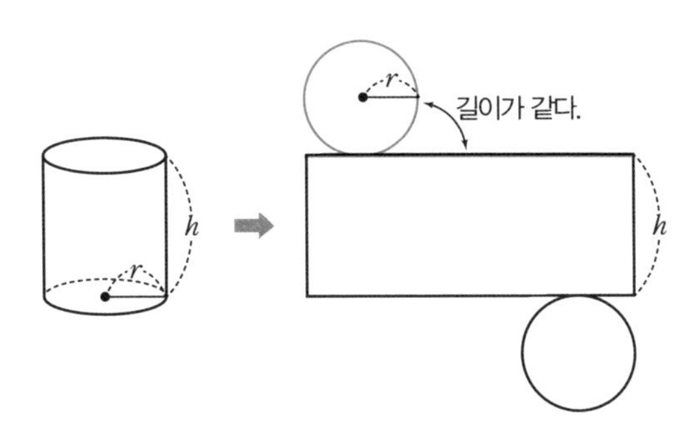

원기둥은 전개도를 펼치면 2개의 원과 옆면은 직사각형으로 구성되어 있다. 직사각형의 가로의 길이는 원의 원주의 길이와 같으므로 $2\pi r$이다.
그러므로 원기둥의 겉넓이는 2개의 원의 넓이와 직사각형 모양의 옆넓이의 합이다. 따라서 $2(\pi r^2)+2\pi r\times h=2\pi r^2+2\pi rh$다.

각뿔과 원뿔의 겉넓이

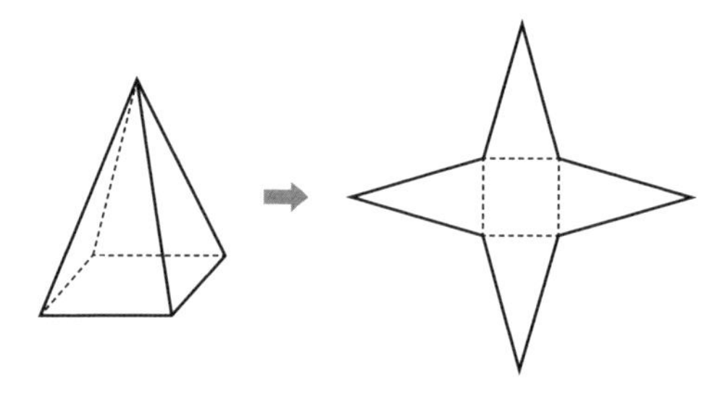

사각뿔은 전개도를 펼치면 밑면은 사각형이고, 옆면은 삼각형으로 구성되어 있다.
밑면의 사각형의 넓이를 A라 하고, 옆면의 삼각형의 넓이의 합을 B라 하면 겉넓이는 A+B다. 물론 삼각형의 넓이를 구하기 위해서는 높이를 알고 있어야 한다.

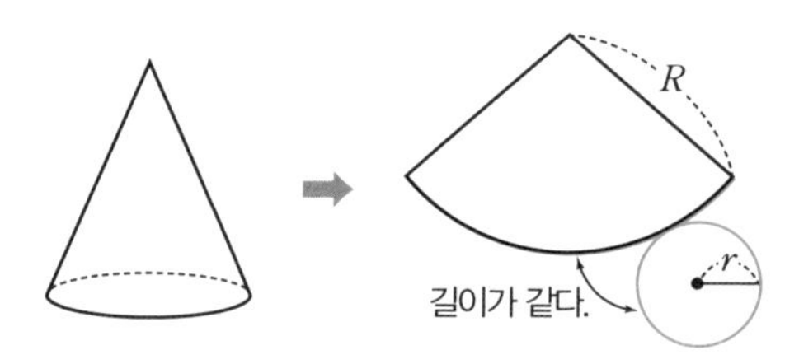

원뿔의 겉넓이를 구하기 위해 전개도를 펼치면 1개의 원과 옆면인 부채꼴이 나온다.
부채꼴의 호의 길이는 원주의 길이와 같으므로 $2\pi r$이다.
그러므로 원기둥의 겉넓이는 1개의 원의 넓이와 부채꼴의 넓이의 합이다.
따라서 $\pi r^2 + \frac{1}{2}2\pi r \times R = \pi r^2 + \pi r R$이다.

➡ 부채꼴의 넓이는 반지름의 길이가 r이고 중심각의 크기가 x일 때 $\pi r^2 \times \frac{x}{360}$이고, 반지름의 길이가 r이고 호의 길이가 l일 때는 $\frac{1}{2}rl$이다.

각뿔대와 원뿔대의 겉넓이

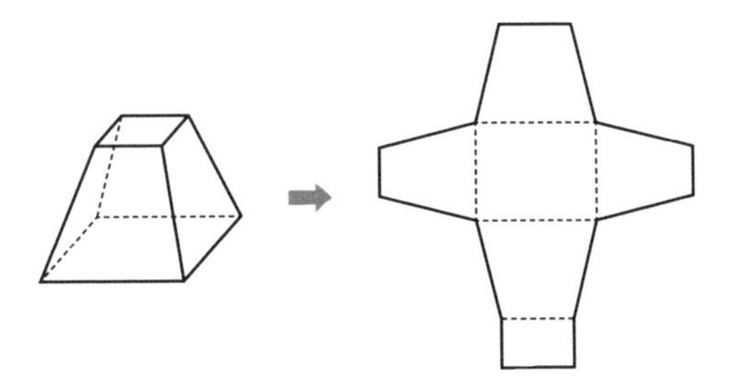

사각뿔대의 겉넓이를 구하기 위해 전개도를 펼치면 두 밑면은 닮음인 사각형이고, 옆면은 사다리꼴이다. 옆면인 사다리꼴들의 넓이의 합과 닮음인 두 밑면의 넓이의 합을 구하면 겉넓이를 구할 수 있다.

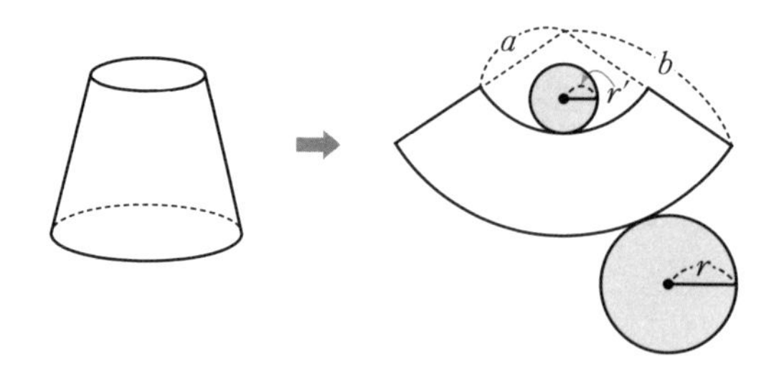

원뿔대의 겉넓이를 구하기 위해 전개도를 펼치면 닮음인 두 개의 원과 옆면은 부채꼴이 작은 부채꼴로 잘린 형태다.

부채꼴의 호의 길이는 원주의 길이와 같으므로 두 호의 길이는 각각 $2\pi r$, $2\pi r'$이다. 그러므로 원뿔대의 겉넓이는 닮음인 2개의 원의 넓이와 큰 부채꼴에서 작은 부채꼴의 넓이를 뺀 도형의 넓이의 합이다.

따라서 $\pi r^2+\pi r'^2+\frac{1}{2}b(2\pi r)-\frac{1}{2}a(2\pi r')=\pi r^2+\pi r'^2+b\pi r-a\pi r'$이다.

구의 겉넓이

구의 겉넓이를 정확하게 계산하려면 고등학교 때 배우게 될 미분과 적분을 알아야 한다. 그래서 중학교에서는 구의 겉넓이를 실험이나 구의 부피로부터 유도해 직관적으로 이해하도록 한다.

실험을 통해 구의 겉넓이 구하기

구의 겉표면을 얇은 실로 촘촘히 묶은 다음, 실을 다시 풀어 평면 위에 원을 만들면 처음 구의 반지름의 2배가 된다.

그러므로 구의 겉넓이는 $\pi(2r)^2=4\pi r^2$이다.

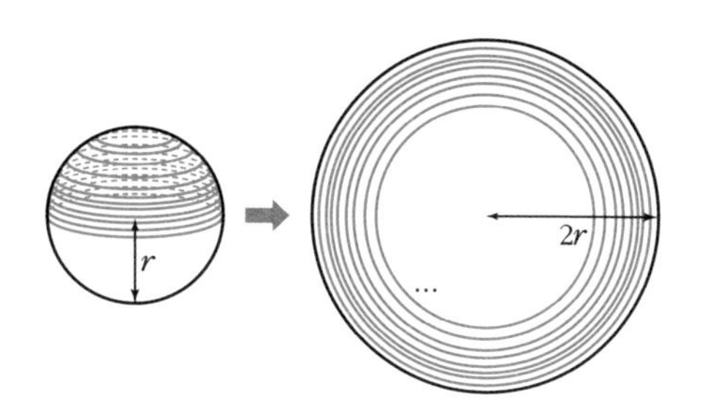

구의 부피로부터 겉넓이 구하기

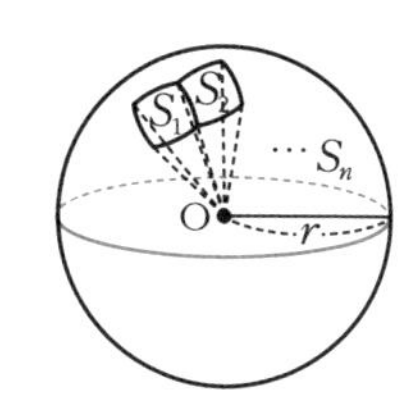

구의 겉표면을 잘게 잘라서 $S_1, S_2, S_3, \cdots, S_n$이라 하고 구의 중심과 연결하자. 충분히 많이 잘라서 n을 크게 하면 각 조각은 사각뿔에 가까워진다.

그러면 각 사각뿔의 부피의 합은 구의 부피와 같다.

(사각뿔의 부피의 합)=(구의 부피)이므로

$\frac{1}{3}S_1r+\frac{1}{3}S_2r+\frac{1}{3}S_3r+\cdots+\frac{1}{3}S_nr=\frac{4}{3}\pi r^3$이고

$\frac{1}{3}r(S_1+S_2+S_3+\cdots+S_n)=\frac{4}{3}\pi r^3$이다. (구의 부피를 구하는 방법은 277~278쪽을 참고하자.)

$S=S_1+S_2+S_3+\cdots+S_n$이므로 구의 겉넓이 $S=4\pi r^2$이다.

입체도형의 부피, 어떻게 구하나요?

부피란 넓이와 높이를 가진 입체도형이 일정한 공간을 차지하는 크기를 말한다. 중학교에서는 각기둥과 원기둥의 부피를 먼저 구하고, 이를 통해 다른 입체도형의 부피를 직관적으로 이해하도록 한다. 입체도형의 종류별로 부피를 구하는 방법을 알아보자.

각기둥과 원기둥의 부피

각기둥이나 원기둥은 두 밑면이 평행하면서 합동인 도형이므로 부피를 구할 때, 밑넓이를 높이만큼 그대로 이동시켜 만들어지는 공간의 크기를 구하면 된다.

사각기둥에서 밑넓이를 S라 하고, 높이를 h라 하면 사각기둥의 부피는 $V=Sh$로 구할 수 있다.

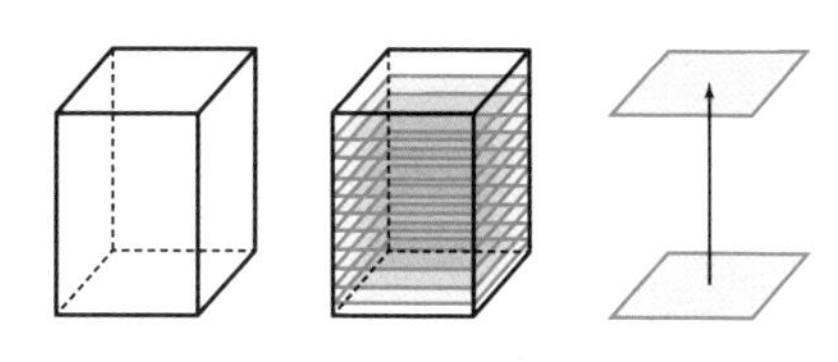

원기둥의 밑면인 원의 반지름을 r이라 하고, 높이를 h라 하면 원기둥의 부피는 $V=(\pi r^2)h$다.

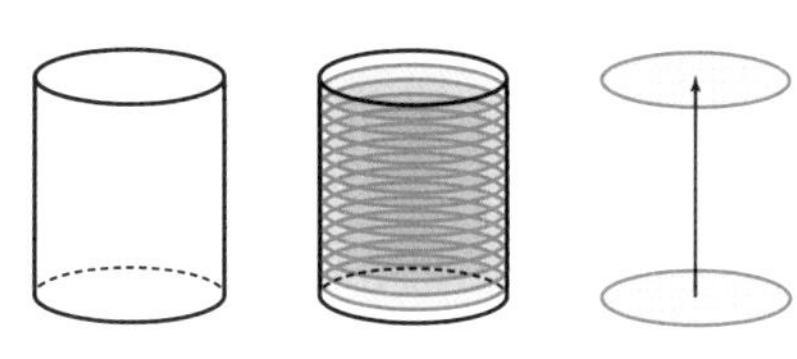

각뿔과 원뿔의 부피

각뿔이나 원뿔의 부피는 밑면과 높이가 같은 각기둥이나 원기둥의 부피의 $\frac{1}{3}$이 된다.

실험을 통해 각뿔의 부피 구하기

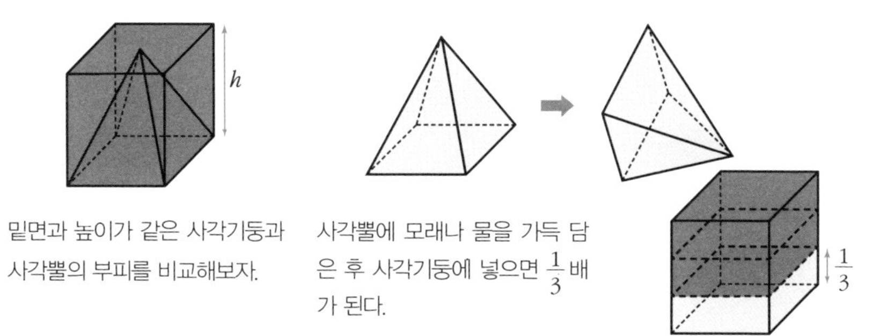

밑면과 높이가 같은 사각기둥과 사각뿔의 부피를 비교해보자.

사각뿔에 모래나 물을 가득 담은 후 사각기둥에 넣으면 $\frac{1}{3}$배가 된다.

기둥을 잘라서 각뿔의 부피 구하기

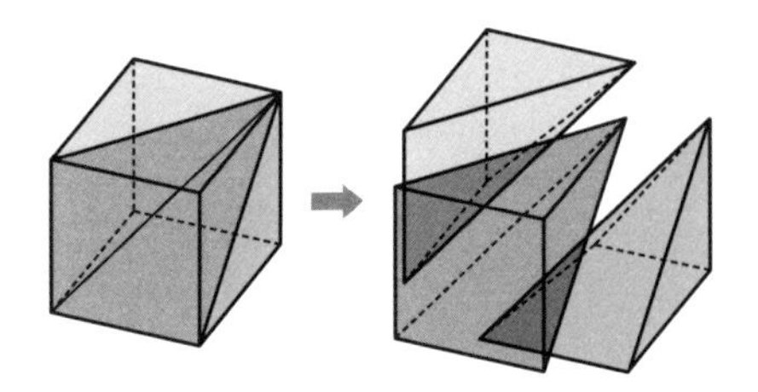

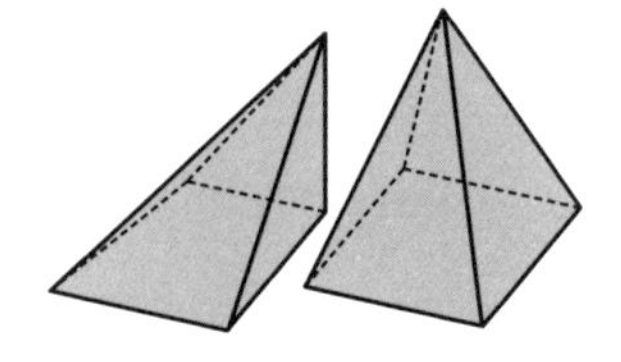

밑면의 넓이와 높이가 같으면 사각뿔의 모양이 달라도 그 부피는 같다.

정육면체를 3개의 사각뿔로 자르면 각각의 사각뿔의 밑넓이는 정육면체의 한 면의 넓이이고, 높이는 정육면체의 한 변의 길이가 된다. 정육면체의 한 변의 길이를 a라 하면 정육면체(사각기둥)의 부피는 a^3이고, 3개로 분할된 사각뿔의 부피는 정육면체의 부피의 $\frac{1}{3}$이다.
따라서 사각뿔의 부피는 $\frac{1}{3}a^3$이다.
마찬가지로 원뿔의 부피도 원기둥의 부피의 $\frac{1}{3}$배다.

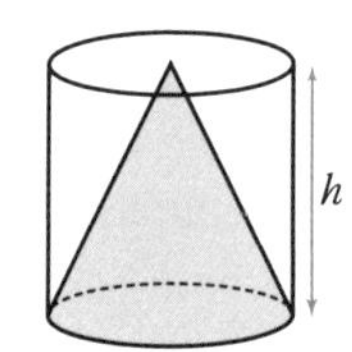

밑면과 높이가 같은 원기둥과 원뿔의 부피를 비교해보자.

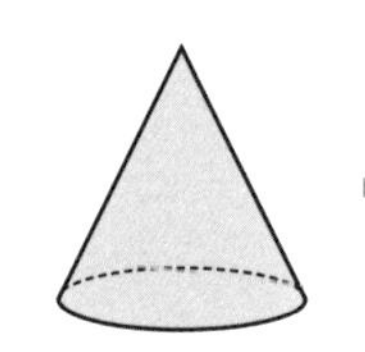

원뿔에 모래나 물을 가득 담은 후 원기둥에 넣으면 $\frac{1}{3}$ 배가 된다.

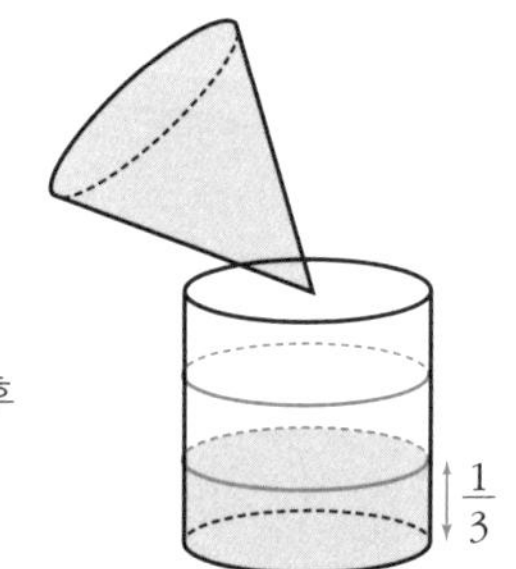

위에서 원기둥의 반지름과 높이를 각각 r, h라 하면 원뿔의 부피는 원기둥의 부피의 $\frac{1}{3}$이므로 (원뿔의 부피)$=\frac{1}{3}\times$(원기둥의 부피)다.
따라서 (원뿔의 부피)$=\frac{1}{3}\times$(밑넓이)$\times$(높이)$=\frac{1}{3}(\pi r^2)h$다.

각뿔대와 원뿔대의 부피

각뿔대와 원뿔대는 각뿔과 원뿔에서 밑면과 평행인 평면으로 잘라서 생긴 두 도형 중 각뿔이나 원뿔이 아닌 입체도형이다. 그래서 각뿔대와 원뿔대의 부피는 각각 처음 각뿔과 원뿔의 부피에서 잘라서 만든 작은 각뿔과 작은 원뿔의 부피를 뺌으로써 구할 수 있다.

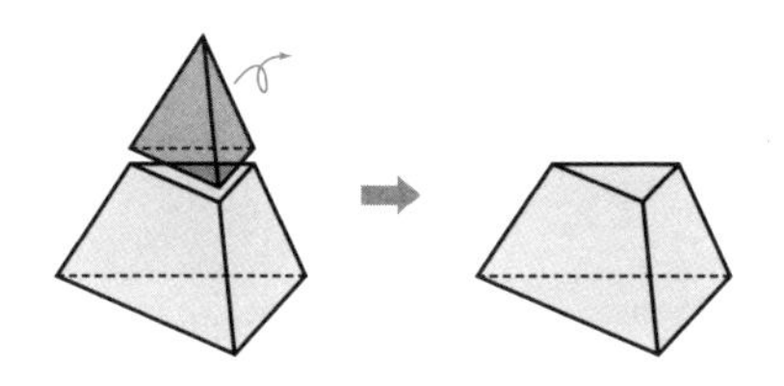

삼각뿔대의 부피는 처음 삼각뿔의 부피를 구한 후에 작은 삼각뿔의 부피를 빼서 구할 수 있다.

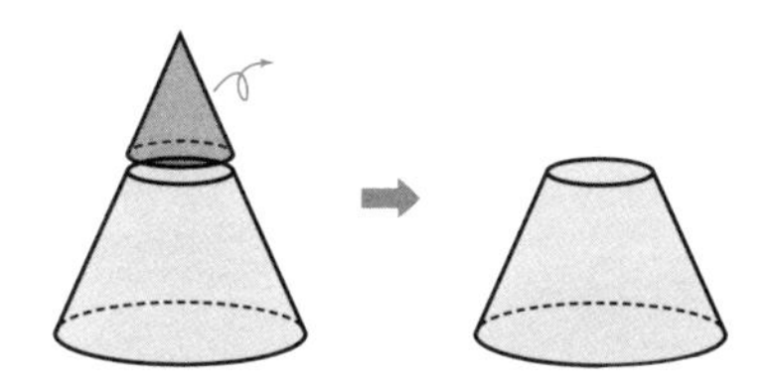

원뿔대의 부피는 처음 원뿔의 부피를 구한 후에 작은 원뿔의 부피를 빼서 구할 수 있다.

구의 부피

구의 부피도 미분과 적분을 배워야 직접 계산을 통해서 구할 수 있다. 중학교에서는 실험을 통해 직관적으로 이해해야 한다. 그림과 같이 구를 정확히 포함하는 원기둥에 물을 붓고, 구를 뺀 후에 그 물의 높이를 확인해보면 원기둥의 높이의 $\frac{1}{3}$이 된다. 즉 구의 부피는 원기둥의 부피의 $\frac{2}{3}$배가 된다는 것을 알 수 있다.

원기둥의 반지름을 r이라 하면, 원기둥의 높이는 구의 지름이므로 $2r$이다.

구의 부피는 원기둥의 부피의 $\frac{2}{3}$배다.

(구의 부피)$=\frac{2}{3}\times$(원기둥의 부피)이므로

(구의 부피)$=\frac{2}{3}(\pi r^2)(2r)=\frac{4}{3}\pi r^3$이다.

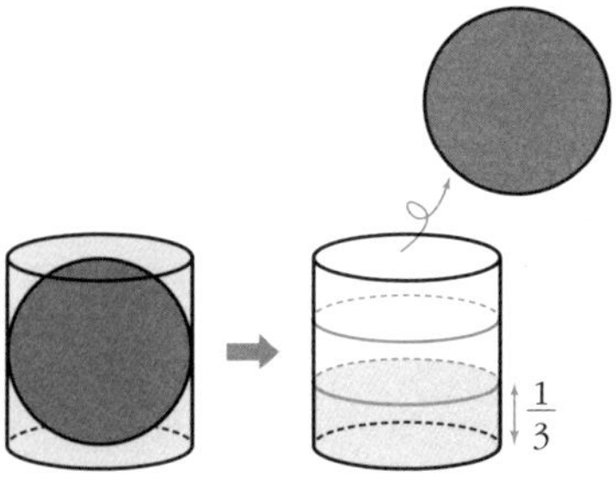

$\frac{1}{3}$

입체도형의 겉넓이와 부피의 비, 어떻게 구하나요?

입체도형 중 회전체인 원뿔, 구, 원기둥의 겉넓이와 부피를 구해 각각의 비를 비교해보자. 밑면의 반지름이 r인 원뿔과 원기둥, 원기둥에 정확히 포함된 구의 겉넓이와 부피도 직접 구해보고 각각의 비를 비교해보자.

겉넓이의 비

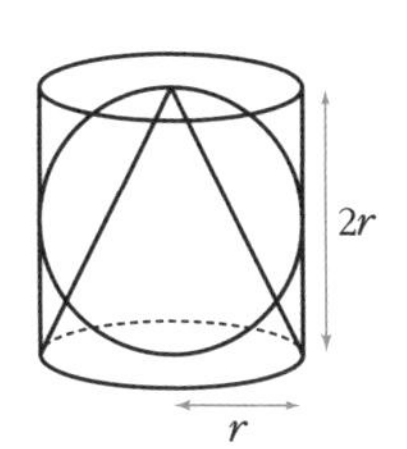

오른쪽 그림에서 원기둥과 원뿔은 반지름이 r인 원을 밑변으로 공유하고 있고, 구는 원기둥에 정확히 포함되어 있다. 원의 반지름이 r이므로 구의 지름은 $2r$이다. 그러므로 원기둥의 높이는 구의 지름과 같은 $2r$이 된다. 이때 원뿔의 겉넓이, 구의 겉넓이, 원기둥의 겉넓이를 각각 S_1, S_2, S_3라 하자. 각각의 전개도를 그려보고 겉넓이 S_1, S_2, S_3를 구해 $S_1 : S_2 : S_3$의 비를 구할 수 있다.

원뿔의 겉넓이

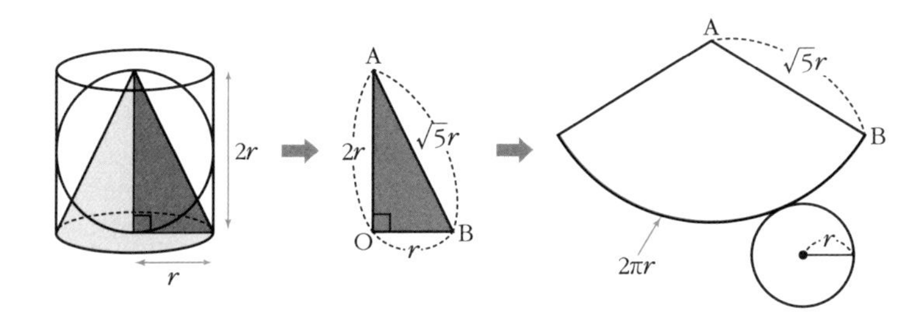

원뿔의 겉넓이를 구하기 위해서는 모선 AB의 길이를 먼저 구해야 한다.

모선의 길이는 위의 입체도형에서 직각삼각형 AOB를 찾아 피타고라스 정리를 이용하면 된다.

$\overline{AB}=\sqrt{r^2+(2r)^2}=\sqrt{5r^2}=\sqrt{5}r$, 즉 모선의 길이는 $\sqrt{5}r$이다.

그러므로 원뿔의 전개도에서 겉넓이는 부채꼴의 넓이와 원의 넓이의 합이 된다.

(부채꼴의 넓이)$=\frac{1}{2}\sqrt{5}r(2\pi r)=\sqrt{5}\pi r^2$이고, (원의 넓이)$=\pi r^2$이다.

따라서 원뿔의 겉넓이는 $\sqrt{5}\pi r^2+\pi r^2=(1+\sqrt{5})\pi r^2$이다.

➡ 원뿔의 겉넓이를 구할 때는 모선의 길이를 먼저 구해야 한다. 모선의 길이는 피타고라스 정리를 이용해 구할 수 있다. 또한 부채꼴의 겉넓이는 중심각을 알 때

와 호의 길이를 알 때로 나누어 구할 수 있다. 이 경우는 호의 길이를 알 때이므로 $\frac{1}{2}rl$(l: 호의 길이)로 부채꼴의 넓이를 구할 수 있다.

구의 겉넓이

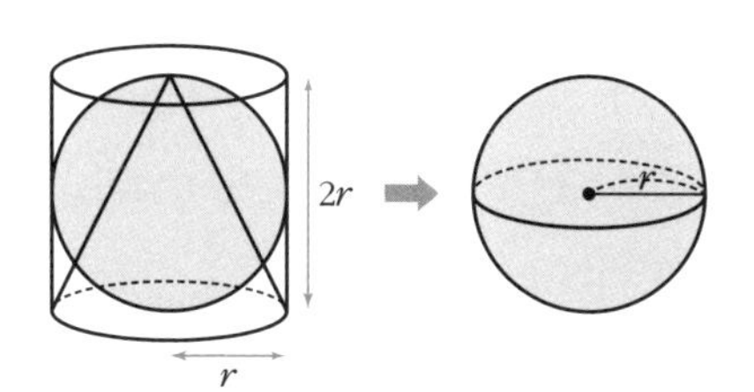

구의 겉넓이를 구하기 위해서는 반지름의 길이를 알아야 한다. 구의 반지름은 원기둥의 반지름과 같으므로 r이 된다. 그러므로 구의 겉넓이는 $4\pi r^2$이 된다.

원기둥의 겉넓이

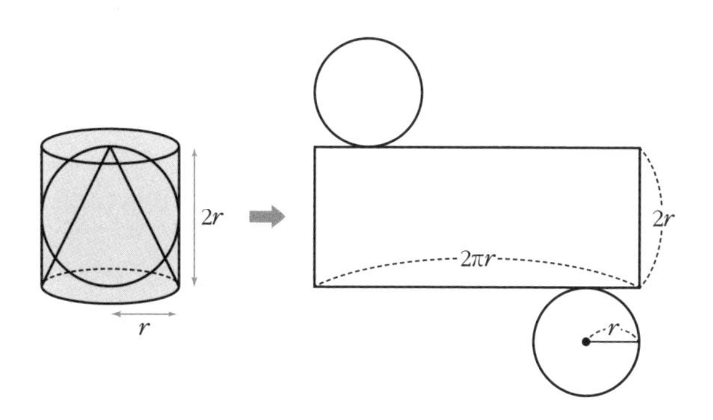

원기둥의 겉넓이를 구하기 위해서는 옆면의 가로의 길이를 알아야 한다. 원기둥의 옆면의 가로의 길이는 밑면인 원의 둘레의 길이와 같으므로 $2\pi r$이 된다. 그러므로 원기둥의 겉넓이는 원 2개의 넓이와 옆면인 직사각형의 넓이의 합과 같다.
따라서 원기둥의 겉넓이는 $2(\pi r^2)+2\pi r(2r)=2\pi r^2+4\pi r^2=6\pi r^2$이다.

앞에서 알아본 바와 같이 원뿔의 겉넓이 $S_1=(1+\sqrt{5})\pi r^2$이고, 구의 겉넓이 $S_2=4\pi r^2$, 원기둥의 겉넓이는 $S_3=6\pi r^2$이다.
그러므로 $S_1 : S_2 : S_3=(1+\sqrt{5})\pi r^2 : 4\pi r^2 : 6\pi r^2=(1+\sqrt{5}) : 4 : 6$이다.

부피의 비

원뿔의 부피

원기둥과 밑면을 공유하고 있는 원뿔의 부피는 원기둥의 부피의 $\frac{1}{3}$이다.

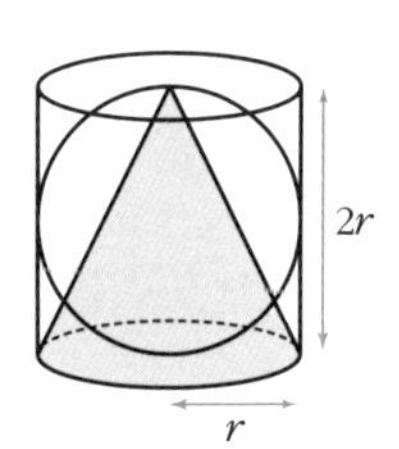

원뿔의 부피를 V_1이라 하면
$V_1=\frac{1}{3}\times$(원기둥의 부피)이므로
$V_1=\frac{1}{3}(\pi r^2)(2r)=\frac{1}{3}(2\pi r^3)=\frac{2}{3}\pi r^3$이다.

구의 부피

원기둥에 정확히 포함되는 구의 부피는 원기둥의 부피의 $\frac{2}{3}$다.

구의 부피를 V_2라 하면

$V_2=\frac{2}{3}\times$(원기둥의 부피)이므로

$V_2=\frac{2}{3}(\pi r^2)(2r)=\frac{2}{3}(2\pi r^3)=\frac{4}{3}\pi r^3$이다.

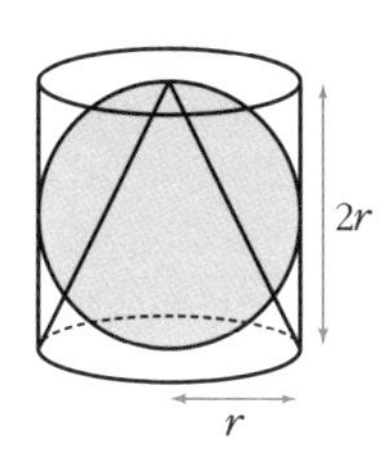

원기둥의 부피

원기둥의 부피는 밑넓이를 높이만큼 올려서 만들어지는 공간의 크기다. 원기둥의 부피를 V_3라 하면

$V_3=$(밑넓이)$\times$(높이)이므로

$V_3=(\pi r^2)\times(2r)=2\pi r^3$이다.

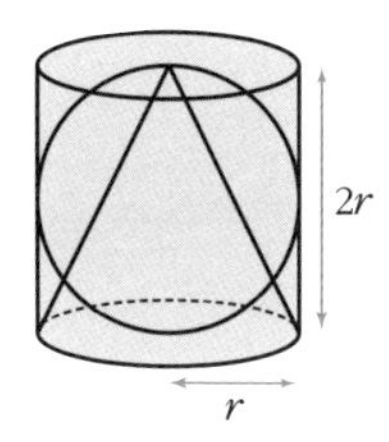

앞에서 알아본 바와 같이 원뿔의 부피는 $V_1=\frac{2}{3}\pi r^3$이고, 구의 부피는 $V_2=\frac{4}{3}\pi r^3$이고, 원기둥의 부피는 $V_3=2\pi r^3$이다.
그러므로 $V_1 : V_2 : V_3=\frac{2}{3}\pi r^3 : \frac{4}{3}\pi r^3 : 2\pi r^3=1 : 2 : 3$이다.

➡ 원뿔의 부피와 구의 부피는 원기둥의 부피를 통해서 구했기 때문에 직접 계산을 하지 않고 원기둥의 부피를 기준으로 비를 구할 수 있다. 원기둥의 부피를 V_3라 하면 원뿔의 부피는 $\frac{1}{3}V_3$이고 구의 부피는 $\frac{2}{3}V_3$다. 그러므로 (원뿔의 부피) : (구의 부피) : (원기둥의 부피)$=\frac{1}{3}V_3 : \frac{2}{3}V_3 : V_3=1 : 2 : 3$이다.

『개념을 알면 중학 수학이 쉬워져요』 저자 심층 인터뷰

'저자 심층 인터뷰'는 이 책의 주제와 내용에 대한 심층적 이해를 돕기 위해 편집자가 질문하고 저자가 답하는 형식으로 구성한 것입니다.

Q 『개념을 알면 중학 수학이 쉬워져요』를 소개해주시고, 이 책을 통해 독자에게 전하고 싶은 메시지는 무엇인지 말씀해주세요.

A 저는 교육열이 높기로 유명한 서울 강남의 중학교에서 학생들을 가르치는 수학 교사입니다. 27년간 학생들에게 수학을 가르치면서 알게 된 것은, 무엇보다도 교과서에 나오는 기본 개념이 중요하다는 것입니다. 많은 학생들이 오랜 시간을 투자해 수학 공부를 하고 있습니다. 그러나 대부분 기본 개념을 정확하게 이해하지 못한 상태에서 문제 풀이만을 반복하기 때문에 비효율적이고 더욱 많은 시간과 노력을 들이게 됩니다. 그로 인해 수학에 대한 피로도가 쌓이고, 학년이 올라갈수록 개념에 대한 이해가 부족해 수학이 점점 더 어렵다고 느끼게 됩니다.

이 책은 중학교 수학 교과서에 나오는 용어의 의미와 기본 개념, 그리고 이러한 개념을 확인할 수 있는 핵심 문제로 구성되어 있습니다. 개념 이해는 수학 공부의 시작이자 핵심입니다. 문제의 답을 찾는 것도 중요하지만, 그 문제가 요구하는 것이 무엇인지를 찾아내고 그 과정에서 필요한 개념들을 활용하는 능력을 키우는 것이 더욱 중요합니다. 이 책을 통해 학생들이 기본 개념의 중요성을 인식하고, 정확한 개념 이해를 통해 수학을 공부하는 데 도움이 되길 바랍니다.

Q 시중에 중학생 수학 도서들이 많이 있는데요, 이 책들과의 차이점은 무엇인가요?

A 시중에 나와 있는 중학생을 위한 수학 도서들은 대부분 문제집 형태이거나 수학의 일부 개념을 활용한 것들입니다. 물론 문제집에도 개념 설명은 포함되어 있지만, 보통 문제 풀이에 편중되어 있습니다. 그러나 학교에서 학생들을 가르치다 보면 학생들에게 근본적으로 필요한 것은 수학 교과서에서 다루는 용어와 기본 개념의 정확한 이해라는 것을 알게 됩니다. 그래서 저는 중학 교과서의 핵심 개념을 중심으로 전 학년에서 다루는 내용을 유형별로 재구성해 총 7장으로 만들고, 관련 내용을 이해하기 쉽게 정리했습니다. 이 책은 각 장을 '용어의 정확한 이해→기본 개념 익히기→개념 이해를 통한 문제 파악(해결방안 찾기)→문제 풀이를 통해 기본 개념 정리하기'의 4단계로 구성해 개념을 이해하는 데 중점을 두었습니다.

Q 이 책에서 수학의 기본 개념의 중요성에 대해 강조하셨는데, 그 이유에 대해 설명 부탁드립니다.

A 수학의 기본 개념은 논리적으로 문제를 해결하거나 생활 속에서 활용하기 위한 중요한 열쇠입니다. 어떤 일이든 문제를 해결하기 위해서는 자신이 가지고 있는 지식과 경험을 적절하게 이용해야 합니다. 아무런 지식과 경험도 없이 상황을 해결하려 한다면 오히려 상황을 더 어렵게 만들 뿐입니다. 수학 공부를 하면서 문제를 풀 때도 마찬가지입니다. 문제 해결의 열쇠인 지식을 쌓아나가야 하고, 이를 어떤 상황에 활용할 것인가를 경험해보아야 합니다. 수학에서 지식이란 기본 개념을 말하고, 경험은 문제 풀이를 통해 개념을 더 견고하게 하는 것입니다. 이 책은 중학교과서 수준의 수학 개념을 담고 있습니다. 그 목적이 수능시험이든, 논리적 사고의 향상이든, 혹은 관련 분야를 공부하기 위한 것이든, 중학교 수학의 기본 개념은 수학 공부의 시작이자 핵심이기 때문에 매우 중요합니다.

Q 이 책은 기본 개념을 위주로 정리했다고 하셨는데, 그렇다면 중학교 3학년 학생들이 보기에는 너무 늦지 않을까요?

A 이 책은 중학교 수학 전 단원의 개념을 정리한 책입니다. 중학교 3학년이나 기초가 부족한 고등학생에게는 중학 수학의 개념을 정리할 수 있는 기회가 될 것입니다. 수학은 단계형 교육과정으로 이루어진 과목입니다. 기초가 부족하다면 학년에 상관없이 이전 학년의 개념을 정리하고 이해하는 시간을 꼭 가져야 합니다. 기초부터 튼튼하게 쌓아 올려야 건물이 문제 없이 유지되는 것처럼, 중학교 수학은 수학이라는 건물을 세우기

위한 기초 단계이기 때문에 지금이라도 부족하다고 생각되는 부분은 반드시 채워나가야 합니다. 또한 고등학교 수학을 접하기 전에 기본이 되는 내용에 대해서도 준비할 시간을 가져야 합니다. 중학교 3학년 학생들이 고등학교 수학을 무리 없이 배우고 정확하게 이해하기 위해서는 자신이 배웠던 중학교 수학에서 부족한 부분이 없는지 확인하는 과정이 반드시 필요합니다.

Q 학생들 사이에서 '수포자'라는 말이 유행할 정도인데요, 현장에서 수학을 가르치는 선생님으로서 어떤 생각이 드시나요?

A '사교육걱정없는 세상'의 설문조사에 따르면 학생 스스로 자신을 수학 포기자라고 생각하는 비율은 초등학생 11.6%, 중학생 22.6%, 고등학생 32.3%라고 합니다. 이러한 '수포자'의 높은 비율도 큰 문제이지만 그만큼 수학에 거부감을 가지고 있는 학생이 많다는 것이 더욱 큰 문제입니다. 수학을 단지 대학 진학을 위한 수단으로 생각하고, 대부분의 학생들이 수학에 대한 어떤 의미나 흥미도 갖지 못하고 있는 것이 현실입니다. 학습할 내용이 많고 어렵기도 하지만, 수학 개념의 부족한 이해가 자신감을 잃게 하고 스스로를 수포자로 만든다고 생각합니다. 수학을 포기하는 학생들은 내용이 어렵다는 말을 가장 많이 합니다. 학생들에게 내용이 어렵다는 것은 수학 개념이나 문제가 어떤 의미인지를 파악하기 어렵다는 말입니다. 이런 문제점을 해결하기 위해서는 수학 교과의 내용을 축소하고 쉽게 만들 필요도 있지만, 학생들이 기본적인 용어나 개념에 익숙해져야 합니다. 수학을 더 잘하고 조금 못하는 학생들은 있어도 수포자라는 말은 없어지길 희망합니다.

Q 중학교에서 배우는 수학은 수학이라는 학문을 배워나가는 과정에서 어느 부분에 해당하며, 어떻게 공부해야 할까요?

A 초등학교 수학은 앞으로 수학을 공부해나가는 데 필요한 도구인 기초 연산을 배우는 시간이 많습니다. 반면 중학교 수학은 초등학교 때 배웠던 기초 연산을 이용해 학문으로서의 수학 용어와 기본 개념을 정확하게 이해하는 것에 중점을 두고 있습니다. 용어와 개념의 정확한 이해를 통해 문제에 접근해 해결하고 활용하는 방식으로, 초등학교 때와는 다릅니다. 또한 중학교 수학은 고등학교 수학을 공부하기 위한 기본 학문 단계이고, 중1부터 고1까지는 관련된 단원과 내용이 매우 많습니다. 그래서 중학교 수학은 학문으로서의 시작이고, 고등학교를 포함해 수학과 관련된 학문을 공부해나가기 위한 바탕이 되는 과정입니다. 따라서 중등 수학과정은 무분별한 학년별 선행이 아닌, 개념의 관련성을 통해 기본·심화학습으로 연결해 개념 중심으로 공부하는 것이 더 효율적입니다.

Q 수학은 공부하면 할수록, 학년이 올라갈수록 흥미를 잃어버리고 수포자가 되는 경우가 많은데요. 왜 이런 일이 발생하는 걸까요? 그리고 어떻게 하면 극복할 수 있나요?

A 우리나라 수학은 다른 나라에 비해 교과 내용도 많고, 어려우며, 진도도 빠릅니다. 초등학교 수학 공부는 기초 단계인 수의 연산을 주로 배우기 때문에 기본적인 약속만 알면 쉽게 계산할 수 있습니다. 그러나 중학생이 되면 용어와 일반화된 개념을 통해 문제가 요구하는 것이 무엇인지를 찾아내는 개념 학습으로 변화하면서 점차 수학이 넘기 어려운 벽으로 느껴집니다. 그래서 많은 학생들은 학년이 올라갈수록 수학에 흥미를 잃고 자

신감을 잃어버립니다. 수포자는 수학을 못하는 학생이 아니라 수학을 포기하는 학생입니다. 어떤 일이든 첫 단계가 부족하면 그 다음 단계로 나아가기가 어렵습니다. 그렇다고 처음부터 다시 시작하려는 용기를 갖기도 힘듭니다. 그런 만큼 자신을 수포자라고 생각하지 않는 내면의 힘이 극복의 원동력이라고 하겠습니다. 실제로 제가 가르쳤던 학생들 중에 수학이 너무 어려워서 전혀 이해를 못하겠다던 학생이 노트에 수학 용어와 개념을 몇 번씩 쓰면서 개념을 공부해서, 점차 자신감을 찾아 수학을 좋아하고 잘하게 된 경우가 많습니다. 늦었다고 생각하지 말고, 기본 용어와 개념부터 공부하기 시작한다면 결과는 얼마든지 좋아질 수 있습니다.

Q 중등 수학의 중요성이 강조되고 있는데요, 왜 그런지 말씀해주세요.

A 초등 수학이 연산 중심이라면 중등 수학은 학문으로서의 입문 과정입니다. 다시 말해 초등학교에서 배운 기초 연산과 개념을 학문적인 개념으로 일반화해 활용할 수 있도록 중요 개념들을 이해하는 과정입니다. 예를 들어 초등 수학의 방정식 개념은 미지수를 이용하지 않고, 직접 가능성이 있는 수들을 넣어보고 결과를 찾아냅니다. 그러나 중학교에서의 방정식은 미지수를 사용해 문제에서 요구하는 적합한 결과를 찾아낼 수 있습니다. 즉 중학교 수학은 수학 개념을 일반화하고, 표현하고, 활용하기 위해 정확한 용어의 의미와 사용에 대해서 배우는 기초 학문단계입니다. 이러한 중등 수학은 앞으로 배우게 될 고등학교 수학에 도움이 될 뿐 아니라, 어느 분야에서든 논리적인 사고를 하는 힘을 키울 수 있으며, 더 나아가 수학과 관련된 다른 학문을 배울 때 유용한 기초 학문입니다.

Q 중등 수학과 고등 수학의 연관관계는 어떻게 되나요?

A 초등학교 수학이 중학교 수학을 공부하기 위한 기초 단계라면 중학교 수학은 고등학교 수학을 공부하기 위한 기본 개념들을 배우는 단계입니다. 수학 교과는 단계형 교육과정으로, 학년별·단원별 연계성이 높은 과목입니다. 학년이 올라갈수록 이전 단계의 수학 개념을 이해하고 있어야 현재 학년의 개념을 활용해 문제를 해결할 수 있습니다.

중학교 수학은 고등학교 1학년 수학과 직접적으로 연결되어 있는 단원이 많습니다. 즉 고등학교 1학년 수학은 중학교 수학의 심화 과정이라고 볼 수 있습니다. 고등학교 2·3학년의 교과내용 중 직접적으로 중학 교과의 심화인 것은 일부이지만, 고등학교 전 학년의 개념과 문제를 이해하기 위한 기본 지식이 중학교 수학에서 비롯되기 때문에 중등 수학이 중요하다고 할 수 있습니다.

Q 수학 실력의 향상을 위해 고민하는 학부모와 학생들에게 해주고 싶은 말이 있다면 한 말씀 부탁드립니다.

A 수학 성적과 상관없이 모든 학생들이 수학 실력을 더욱 향상시키기를 바랍니다. 수학 실력 향상을 위한 첫 걸음은 수학 공부의 목적을 찾는 것입니다. 대학 진학이라는 하나의 목표만을 향해 과도한 선행학습을 하다 보니, 학생들은 수학 공부의 참맛을 느끼기도 전에 수학을 재미없고 공부해도 성적은 잘 나오지 않는 과목으로 인식해서 아예 포기하는 경우가 많습니다. 물론 대학 진학은 의미 있는 목표이지만, 자신만의 의미 있는 수학 공부의 목적을 세워본다면 좀더 즐겁게 공부할 수 있는 열정이 생길 겁니다.

다음으로는 자신의 수학적 이해도를 점검해보는 것입니다. 수학적 이해도를 단순하게 시험 성적으로만 판단하면 안 됩니다. 문제가 주어지면 그 문제에서 사용된 용어를 정확히 이해하고, 필요한 개념들을 이용해 해결방안을 찾아낼 수 있는지가 수학 실력의 척도가 됩니다. 지나친 선행학습보다는 이전 학년과 현재 학년에 배운 개념을 정확하게 이해하고, 관련 내용을 깊이 있게 학습하는 것이 중요합니다. 이렇게 공부한다면 문제해결력뿐만 아니라 수학을 적용할 수 있는 다양한 분야에서 응용력과 창의력도 길러진다고 생각합니다. 기본에 충실하며 문제 풀이를 통해 해결방법을 찾아내는 학습을 해나간다면 어느새 수학 실력은 향상되어 있을 것입니다.

확실하게 수학 공부 잘하는 법

최강의 수학 공부법

조규범 지음 | 값 15,000원

20년 넘게 학교 교육현장에서 학생들에게 수학을 가르치는 수학교사인 저자는 자신만의 수학 공부법을 갖게 하는 것, 이것이야말로 최강의 수학 공부법이라고 말한다. 이 책에는 수학을 잘하는 학생들의 공통점을 비롯해 학생들에게 꼭 필요한 효율적인 수학 공부법을 담았다. 수학 공부를 열심히 하고 싶은데 무엇을 어떻게 해야 할지 모르는 학생들이나, 열심히 공부하는데도 좋은 결과로 연결되지 않는 학생들에게 방향을 제시해줄 것이다.

EBS 스타강사 정유빈 쌤의 수학 1등급 받기 프로젝트

수학 1등급은 이렇게 공부한다

정유빈 지음 | 값 15,000원

EBS 수학 스타강사이자 <YTN사이언스 수다학>에서 수학 고민을 상담하고 <세상을 바꾸는 시간, 세바시>에서 수학 공부법 강연을 한 정유빈 쌤의 획기적인 수학 공부법 책이다. 시기별, 영역별로 수학에 대한 모든 고민에 대해 지금 무엇을 해야 하는지 자세한 방법을 알려준다. 수학을 잘하고 싶은데 어디서 어떻게 시작해야 할지 몰라 고민하고 있는 학생들에게 큰 도움이 될 것이다.

핵심만 쏙쏙 짚어내는

1일 1페이지 수학 365

배수경·나소연 지음 | 값 18,000원

흔히 학생들이 수학 시험을 위해 문제 푸는 연습에 전력을 다하지만 이 방법은 한계가 있다. 조금이라도 문제의 유형을 비틀어 변형을 주면 쉽게 틀릴 수 있기 때문이다. 보다 현명한 방법은 수학 개념을 정확히 이해하는 것이다. 이 책은 수학 영역에 따라 공부법이 다르다는 것을 세심하게 알려주어 학생들이 제대로 수학을 공부할 수 있도록 돕는다. 효율적이고 효과적으로 수학 실력을 키우고 싶은 학생들이 꼭 읽어야 할 책이다.

핵심만 쏙쏙 짚어내는

1일 1페이지 국어 365

장동준 지음 | 값 18,000원

국어 과목에는 6개의 하위 영역(화법, 작문, 언어, 독서, 문학, 매체)이 존재한다. 이 책은 영역별로 챕터를 나누어 하루에 한 개념씩, 쉽고 재미있게 국어 개념 공부를 할 수 있도록 만들어진 '국어의 기본서'이다. 이 책으로 국어의 기본을 튼튼히 다지고 실력을 향상시킨다면, 중학생부터 고등학생까지 내신과 수능에서 1등급을 얻는 것은 물론, 공무원 시험을 준비하는 이들도 국어 과목에서 원하는 점수를 얻을 수 있을 것이다.

핵심만 쏙쏙 짚어내는

1일 1페이지 영어 365

정승익·이재영 지음 | 값 18,000원

많은 학생이 중학교 때는 영어를 잘하다가 고등학교 1학년이 되면 대개 중하위권 성적으로 떨어진다. 이 책은 이런 충격을 미리 알고 대비할 수 있도록 매일 공부할 수 있는 내용을 한 페이지에 담았다. 필수영문법, 필수동사, 필수구문, 듣기, 독해에서 꼭 알아야 할 핵심 내용을 쉽게 설명했고, 수능영어를 경험할 수 있도록 수능빈출 문제도 실었다. 이 책을 통해 영어의 기초부터 수능까지 고득점 유지를 위한 고민을 해결할 수 있을 것이다.

국어 없이 좋은 대학 없다

국어 1등급은 이렇게 공부한다

강혜진 지음 | 값 15,000원

EBS 프리미엄, 금성 푸르넷, 비타 캠퍼스 등에서 다수의 국어 강의를 인기리에 진행한 '깡쌤' 강혜진이 일찍이 볼 수 없었던 획기적인 국어 공부법 책을 출간했다. 이 책은 국어 공부를 잘 하고 싶은데 어떻게 공부해야 할지 몰라 고민하는 학생들에게 꼭 필요하다. 국어 공부 궁금증과 그에 대한 저자의 구체적인 노하우를 담은 이 책을 통해 어쩌면 사소한 공부 습관 같은 것이지만 본인에게 맞는 작은 국어 학습법 하나를 발견해 실천해나간다면 큰 변화를 이끌어낼 수 있을 것이다.

영어 없이 좋은 대학 없다

영어 1등급은 이렇게 공부한다

정승익 지음 | 값 15,000원

EBS와 강남인강의 스타강사이자 현직 고등학교 교사인 정승익 선생님의 획기적인 영어 공부법 책이다. 영어 공부를 어디서부터 어떻게 시작해야 할지 몰라 고민인 학생들이 꼭 읽어야 할, 영어 공부법에 대한 모든 것이 담긴 책이다. 무작정 공부하라고 다그치지 않는다. 무지막지한 영어 공부법이 아닌, 영포자들도 따라할 수 있는 영어 공부법을 알려주는 이 책을 통해 영어 공부에 대한 자신감을 가지게 될 것이다.

중학생이라면 꼭 알아야 할 교과서 영어

30일 만에 마스터하는 중학교 영어

박병륜 지음 | 값 16,000원

이 책은 중학생이라면 꼭 알아야 할 개념을 담은 중학교 영어 학습서다. 현재 중학교 교육과정을 반영해 실제 중학교 영어 교과서에 수록된 모든 내용들이 담겨 있어 학생들은 이 책을 학교 수업과 병행해 사용할 수 있다. 저자는 학생들을 위해 본문에 다채로운 일러스트를 넣고 마치 옆에서 직접 가르쳐주는 듯한 입말로 내용을 설명한다. 현직 교사가 집필한 이 책으로 멀고 먼 영어공부의 첫발을 가볍게 내딛어보자.

기후위기 시대의 청소년들이 꼭 알아야 할 과학 교양

십대를 위한 기후변화 이야기

반기성 지음 | 값 15,000원

지구촌 곳곳에서 기후변화로 인한 이상징후가 나타나고 있다. 이 책은 저명한 기후 전문가가 들려주는 기후 이야기로, 기후변화에 관한 모든 것을 담았다. 기후변화가 극심해진 원인은 무엇이며 그로 인해 어떤 피해가 발생하는지에 대해 과학적인 분석을 통해 구체적으로 설명한다. 더 늦기 전에 기후변화 저지와 환경보호에 적극적으로 동참해야 한다. 그렇지 않으면 지금 청소년들이 지구의 마지막 세대가 될 수도 있다.

미래를 결정할 십대의 좋은 습관 만들기

게으른 십대를 위한 작은 습관의 힘

장근영 지음 | 값 15,000원

이 책은 게으른 십대 시절을 보내고 심리학자가 된 저자가 자신의 경험을 토대로 알려주는, 습관이 가진 힘에 대한 이야기다. 심리학적 지식을 기반으로, 습관의 기본개념에서부터 생활습관, 마인드습관 등 인간의 행동심리와 갈망을 습관과 구체적으로 접목시키는 방식이 흥미롭다. 십대는 차츰 가족의 테두리에서 벗어나 자신만의 삶을 시작하는 시점이다. 작지만 좋은 습관들이 쌓여서 어느 순간 나의 삶을 충만하게 할 것이다.

인공지능 시대의 스마트한 공부법

챗GPT로 공부가 재미있어집니다

박경수 지음 | 값 17,000원

이 책은 미래사회의 주역인 십대를 대상으로 AI 챗봇 서비스 '챗GPT'를 활용한 공부법과 직업전망, 미래핵심역량 등 챗GPT가 가져올 여러 변화들을 '교육'의 관점에서 탐구하는 청소년 필독서다. 저자는 실제 챗GPT와 주고받은 대화를 예시로 보여주며 독자들의 이해를 돕는다. '잘' 질문하는 법을 알려주는 이 책을 따라 챗GPT를 200% 활용할 수 있다면 챗GPT 시대에 맞는 창의적인 인재로 거듭날 수 있을 것이다.

청소년을 위한 인생수업

십대, 지금 있는 곳에서 시작하라

방승호 지음 | 값 15,000원

세계적인 방송사인 BBC, NHK와 세계적인 유력지 <가디언>이 주목한 '괴짜' 교장선생님이 대한민국의 십대들을 위한 책을 펴냈다. 호랑이 탈을 쓰고 함께 노래하며 적극적으로 학생들과 소통하는 '괴짜' 교장선생님의 십대를 위한 성장과 치유보고서다. '나답게 살기'에 도전하고 있는 십대들에게 이 책은 믿음직한 지도이자 내비게이션이 되기에 충분하다. 내면의 힘을 가지는 데 따뜻한 위로와 실질적인 도움을 줄 것이다.

■ 독자 여러분의 소중한 원고를 기다립니다

초록북스는 독자 여러분의 소중한 원고를 기다리고 있습니다. 집필을 끝냈거나 집필중인 원고가 있으신 분은 khg0109@hanmail.net으로 원고의 간단한 기획의도와 개요, 연락처 등과 함께 보내주시면 최대한 빨리 검토한 후에 연락드리겠습니다. 머뭇거리지 마시고 언제라도 초록북스의 문을 두드리시면 반갑게 맞이하겠습니다.

■ 메이트북스 SNS는 보물창고입니다

메이트북스 홈페이지 www.matebooks.co.kr

책에 대한 칼럼 및 신간정보, 베스트셀러 및 스테디셀러 정보뿐만 아니라 저자의 인터뷰 및 책 소개 동영상을 보실 수 있습니다.

메이트북스 유튜브 bit.ly/2qXrcUb

활발하게 업로드되는 저자의 인터뷰, 책 소개 동영상을 통해 책에서는 접할 수 없었던 입체적인 정보들을 경험하실 수 있습니다.

초록북스 블로그 blog.naver.com/chorokbooks

화제의 책, 화제의 동영상 등 독자 여러분을 위해 다양한 콘텐츠를 매일 올리고 있습니다.

메이트북스 네이버 포스트 post.naver.com/1n1media

도서 내용을 재구성해 만든 블로그형, 카드뉴스형 포스트를 통해 유익하고 통찰력 있는 정보들을 경험하실 수 있습니다.

STEP 1. 네이버 검색창 옆의 카메라 모양 아이콘을 누르세요. STEP 2. 스마트렌즈를 통해 각 QR코드를 스캔하시면 됩니다. STEP 3. 팝업창을 누르시면 메이트북스의 SNS가 나옵니다.

__________________ 님의 소중한 미래를 위해
이 책을 드립니다.